# 이상하고 거대한 뜻밖의 질문들

# 이상하고 거대한 뜻밖의 질문들

## 생명의 탄생부터 우주의 끝까지

모리 다쓰야 지음 | 전화윤 옮김

아날로그

## 일러두기

1. 본서는 잡지 〈PR 지쿠마ちくま〉에 연재한 〈우리는 어디서 왔고 어디로 가는가私たちはどこから来て、どこへ行くのか〉를 가필·수정한 것이다.

2. 주는 모두 괄호 처리했으며 옮긴이 주는 '—옮긴이'로 표시했다.

3. 주요 인명과 책명, 용어는 처음 1회에 한해 원어를 병기했다.

차례

## 들어가는 말

문과 쪽인지 이과 쪽인지 묻는다면 나는 두말할 필요 없이 문과다. 지금 하는 일 중 하나인 글쓰기도 (기본적으로) 문과 쪽 일이고, 대학에서도 문과 계열 학부에서 가르치고 있다.

고등학생 때도 일말의 망설임 없이 문과를 선택했다. 그때부터 지금까지 산수는 잘 못하는 편이다. 어떻게 해도 숫자라는 것에 흥미를 가질 수 없었다. 수학 수업을 더 이상 듣고 싶지 않았고 물리나 화학, 그러니까 옴의 법칙이나 샤를의 법칙에는 결국 관심도 흥미도 가지지 못했다. 전류에 변화가 생기면 전압이 어떻게 달라지고, 온도와 기체 분자의 운동량 사이의 관계가 어떻고 하는 것은 나의 삶이나 일상과 아무런 상관이 없다고 생각했다.

그렇게 문과를 선택해 현대 일본어와 고전문학 수업을 듣는 동안 (이건 이것대로 또 지루하다) 교실 창밖을 내다보며 '우주의 끝은 어떤 모습일까' 같은 생각을 때때로 하곤 했다. 이과는 아니지만 곤충과 작은 동물을 좋아해서, 습지나 논에서 가져온 물을 확대경이나 현미경으로 들여다보면 완전히 다른 세계가 펼쳐진다는 것도 알고 있었다.

《이상한 나라의 앨리스》를 읽으면서 앨리스가 먹은 버섯을 내가 먹는다면 세상이 어떻게 바뀔까 하는 상상도 했다. 의자와 책상이 점점 커질 것이다. 나뭇결이 순식간에 눈앞으로 다가오고, 마루를 기어가던 진드기와 좀 등 아주 작은 벌레들이 커다란 괴물이 되고, 공기 중의 먼지와 티끌이 엄청나게 큰 부유물이 되어 마침내 분자가 보이고 원자마저 거대하게 보일 것이다. 그다음으로는 전자가 시야에 들어오고 멀리 원자핵도 보이겠지.

엄밀히 따지면 분자를 보기 전에 이미 숨을 쉴 수 없겠지만, 그런 것은 생각하지 않기로 한다. 그 시절 물리 시간에는 원자핵과 전자의 관계를 태양과 행성처럼 설명했기 때문에, '파동과 입자 양쪽의 성질을 모두 지닌다'라든가 '확률론적으로 존재한다'는 등 양자역학의 관점에 대한 인식은 전혀 없었다.

어쨌든 원자핵이 보인다. 그 안으로 들어가면 양성자와 중성자가 보인다. 하지만 몸은 끝없이 작아진다. 그 표면에는 무엇이 있을까? 내부 구조는 어떻게 생겼을까? 세계는 어떻게 변화하는 걸까?

이번엔 몸이 커지는 버섯을 먹는다. 지구에 머무르면 주변 행성에 피해를 주니 우주 공간에 있기로 한다(물론 호흡은 무시한다). 가까운 행성이 점점 작아지고 마침내 태양계가 내 몸 크기와 같아진다. 그때 시야에 다른 은하가 들어온다. 가끔씩 블랙홀이 피부를 따끔하게 찌른다. 모기에 물린 느낌이다(내가 이런 망상에 젖던 고등학교 시절에는 암흑 물질과 암흑 에너지가 아직 발견되지 않았다). 이윽고 몸이 우주와 같은 크기가 되어 내 정수리가 우주의 끝을 찢고 나간다. 그때 내 눈에는 무엇이 보일까? 무無일까? 그런데 무라는 것은 무엇일까? 다른 우주일까? 그것도 아니면 내 발끝이 보일까? 우주의 끝 너머에는 무엇이 있을까?

사후에 의식이 어디로 가는지에 대해서도 상상했다. 천국은 어떤 곳일까? 지옥이라는 것이 정말 있을까? 그게 아니라면 영혼은 시공을 떠도는 걸까? 어느 순간 휙 하고 사라지는 걸까? 다른 차원으로 가는 걸까? 그럼 자아란 대체 무엇일까? 나는 왜 지금 이 세계에 있는 걸까?

우리는 어디서 왔는가? 우리는 무엇인가? 우리는 어디로 가는가?

폴 고갱Paul Gauguin의 대표작으로 평가받는 이 작품은 그가 신학교 학생이었던 10대 후반 수업 시간에 접한 교리문답에서 영감을 얻었다고 한다.

이 의문은 화가나 기독교 신자만 품는 의문은 아니다. 특정한 신앙의 여부와 관계없이 인류는 줄곧 이 질문을 품어왔다. 500만 년 전 나무 위에서 지상으로 내려온 라미두스 원인Ardipithecus ramidus은 사냥과 교미 등으로 일상을 영위하면서 죽음을 피할 수 있는 사람은 아무도 없다는 사실을 깨달았을 것이다. 조금 더 깊이 사고한 개체라면 자신이 죽으면 어디로 가는지를 궁금해했을지도 모른다. 나는 어디서 왔는가? 죽으면 어디로 가는가? 나는 왜 여기에 있는가?

대부분의 사람들은 이 자문자답을 거듭하며 나이를 먹는다. '나는 무엇을 위해 태어났는가?' 또는 '내가 죽으면 천국에 갈 수 있을까?'처럼 표현과 뉘앙스는 조금씩 바뀌지만 거의 모든 사람이 평생 동안 이 명제의 울림을 끊임없는 통주저음通奏低音으로 듣는다.

그러나 대다수의 사람들은 아무리 생각해도 정답에 다다를 수 없다는 사실 또한 알고 있다. 그래서 생각을 멈춘다. 그러지 않아도 하루하루가 바쁘다. 학교를 졸업하고 취직을 한다. 사랑을 하고 결혼을 한다. 아이가 생기고 작은 집을 산다. 회사에서 승진을 한다. 아이는 어느새 자라고 있다. 슬슬 냉장고도 바꿔야 하고, 연로하신 부모님의 간병 문제도 있다. …그 문제가 아니라도 생각할 일이 너무 많다.

그러면서도 가끔씩 생각한다. 우리는 어디서 왔을까? 우리는 무엇일까? 우리는 어디로 가는 걸까?

문과 쪽 명제이긴 하지만, 문과 출신의 언어와 사고만으로는 아무래도 막다른 골목에 다다르게 된다. 같은 자리를 빙글빙글 맴돌 뿐이다. 하지만 최첨단 과학을 연구하는 이과적 언어와 사고를 가져오면 지금까지와는 다른 답을 발견할 수 있을지도 모른다. 발견까지는 아니더라도, 이 영원한 명제에 숨은 진실 한 자락을 엿보게 될 수도 있다.

연재는 이런 동기에서 시작되었다. 최전선에서 활약하는 과학계 지성과의 대담. 그런데 질문자는 유치할 정도로 순도 높은 문과형 인간이다. 대담이 제대로 이루어질지 자신이 없다. 학계 최첨단에 서 있는 과학계의 지성은 연구실 문이 닫히고 구두 소리가 멀어진 뒤 누가 뭐랄 틈도 없이 한숨을 내쉬며 "맙소사, 대체 무슨 일이 일어난 거지?"라고 투덜거렸을지도 모른다.

이런 불안이 늘 있었지만 어쨌든 연재를 이어갈 수 있었다. 그리고 책으로 정리하게 되었다. 원칙적으로는 마지막에 써야겠지만, 지금까지 도움을 준 지쿠마쇼보의 담당 편집자 오부나이 겐이치로, 마스다 겐지에게 감사드린다.

질문자의 수준이 어떠했든, 오히려 그런 수준이었기에 가능했던 질문도 분명히 있었을 것이다. 최첨단 연구를 이끄는 과학계의 석학들은 어이없거나 곤혹스러워하면서도 최선을 다해 그런 질문에 답해주었다.

대담에 응해준 과학자들에게도 감사의 인사를 전해야 마땅할 것이다. 그리고 지금부터 이 책을 읽을 당신에게도.

1장

# 인간은 왜 죽는가

## 생물학자 후쿠오카 신이치에게 묻다

**후쿠오카 신이치** 福岡伸一

생물학자. 1959년 도쿄 출생. 하버드대학교 의과대학 펠로십, 교토대학교 조교수 등을 거쳐 아오야마대학원 교수로 일하고 있다. 전공은 분자생물학. 산토리 학예상을 수상한 《생물과 무생물 사이》 등 '생명이란 무엇인가'를 알기 쉽게 설명한 저서를 다수 출간했다.

## 생물은 얼마나 정밀하게 만들어져 있는가

"자, 그럼 저부터 시작할까요. 중학교 생물 시간에 인간의 심장에는 혈액의 역류를 막는 네 개의 판막이 있다고 배웠습니다."

명함 교환을 마치고 의자에 앉자마자 나는 바로 운을 뗐다. 맞은편의 후쿠오카 신이치는 살짝 입을 벌린 채 이 남자가 갑자기 무슨 말을 하는 걸까 하는 표정을 짓고 있다. 당연하다. 방금 처음 만나 인사를 나눈 남자가 느닷없이 심장판막 이야기를 꺼내면 나 같아도 어안이 벙벙할 것이다. 하지만 오늘 대담의 도움닫기 차원에서 이 이야기는 꼭 필요하다.

"두 개의 심방과 심실 사이에 방실판이 있습니다. 심방이 수축해서 내부 압력이 높아지면 방실판이 심실 쪽으로 열리고 혈액이 심방에서 심실로 흘러가게 됩니다. 좌우에 하나씩 있는 심실의 혈액은 폐동맥 판막과 대동맥 판막을 통해 동맥으로 흘러들어갑니다. 심실이 수축하면 혈액의 흐름으로 인해 판막이 열리고, 반대로 심실이 확장될 때는 판막이 닫힙니다. 그래서 혈액이 역류하는 일은 절대 일어나지 않죠. …놀랍게도 기계적으로 돌아가는 겁니다. 생물의 몸은 실로 정밀하게 만들어져 있구나 하고 감동을 받았습니다."

후쿠오카의 표정은 변함이 없다. 만화의 말풍선처럼 머리 위에 지금의 생각을 적는다면 '…그래서 어쩌란 말인지?' 정도가 되려나. 그래도 어떻게든 이 도움닫기를 마쳐야 다음으로 넘어갈 수 있다. 나는 말을 이어갔다.

"제 기억으로는 비슷한 시기에 역시 생물 수업에서 다윈Charles Darwin과 진화론에 대해서도 배웠습니다. 단세포로 지구상에 탄생한 생물은 그 후 돌연변이와 자연선택을 거쳐 다양한 형태와 성질로 분화하며 진화를 계속했고 현재에 이르렀습니다. 나름대로 설득력이 있죠. 그런데 저는 그 지점에서 잠깐, 하고 멈출 수밖에 없었습니다.

판막은 완전한 형태가 아니면 제대로 기능하지 못합니다. 부분적인 판막이라는 건 의미가 없고, 어중간한 돌기는 혈액의 흐름을 악화시켜 해만 끼칠 뿐입니다. 이것을 진화론적 관점에서 해석하면, '어느 날 갑자기 심장에 완전한 판막을 가진 생물이 탄생했고 그것이 생존에 유리하게 작용했기 때문에 그 자손이 조금씩 늘어났다'고 말할 수 있습니다. 그런데 이것은 명백히 무리한 해석입니다. 즉 진화 도중이라도 개체에 유익을 가져다주지 않는다면 진화론적으로 설명이 불가능합니다. 그러나 현실에서 그런 요소는 결코 많지 않습니다. 한 부위는 반드시 다른 부위와 연결되어 있으니까요. 단독으로는 의미를 가질 수 없죠.

물론 중립 진화 이론 등을 가져온 신新다윈설이라든가, 종種사회론의 입장에서 돌연변이 및 자연선택과는 다른 진화론을 발표한 이마니시 긴지今西錦司라든가, 적응주의를 비판한 스티븐 제이 굴드Stephen Jay Gould 등 돌연변이와 적자생존만으로는 진화의 메커니즘을 설명할 수 없다고 주장한 과학자도 적지 않습니다. 다윈주의는 여전히 가설이며 실제로 증명되지 않았다는 관점도 가능하다는 이야기인데요. 그 관점을 바탕에 두면서도 여전히 판막의 조직이나 기능을 아는 누군가가 생물의 몸을 그렇게 만들었다고 생각하고 싶어지기도 합니다. 최첨단 연구를 다룬 과학책을 읽으면 읽을수록, 과학사에서는 진작 퇴장당한 창조론적 발상이 특별한 신앙이 없는 제 안에서도 새삼스레 스멀스멀 피어오르는 걸 느낍니다.

그래서 먼저 이것부터 여쭙겠습니다. 후쿠오카 씨는 생물의 진화를 어떻게 봐야 한다고 생각하시는지요?"

몇 초간 침묵이 흐른다. 후쿠오카의 입술 양끝이 천천히 위로 올라간다. 잔잔한 미소. 그 표정으로 잠시 나를 바라보더니, 오른손을 테이블 위의 작은 맥주잔으로 가져간다.

"…느닷없이 거대한 주제를 꺼내시는군요. 건배부터 하고, 생각할 시간을 좀 주시겠습니까?"

이날 대담 자리에는 나와 후쿠오카 외에도 지쿠마쇼보 출판사의 편집자이자 이 연재를 담당하는 오부나이 겐이치로와 후쿠오카를 담당하는 다나카 히사시가 동석했다. 네 남자는 손에 든 맥주잔을 말없이 부딪쳤다. 머리카락을 뒤로 단정하게 빗어넘긴 남자 직원이 모둠회가 담긴 작은 접시 네 개를 가져다준다. 가쿠라자카도오리에서 골목으로 조금 들어간 곳에 위치한 이 작은 가게는 과거에 평범한 민가였는지, 6조(다다미를 세는 단위. 보통 2조를 1평 정도로 본다—옮긴이) 남짓한 방에 조명이 최소한으로 낮춰져 있고 음악 소리 하나 들리지 않는다. 가게라기보다는 누군가의 집에 초대받아 식사하는 기분이다.

테이블 위에는 요리가 담긴 접시와 맥주 두 병, 빨간 램프가 켜진 디지털 녹음기 두 대가 놓여 있다. 맥주를 한 잔 정도 마시고 회 한 점을 씹어서 넘길 만큼의 시간이 지나자, 후쿠오카가 "…생물을 있는 그대로 관찰해보면" 하고 입을 뗐다.

"한 예로 대장균 같은 단세포생물은 보통 세포분열을 통해 둘로 나뉘고, 그 둘이 다시 분열하는 과정을 거쳐 개체 수가 늘어납니다. 옛날에는 이것이 생명의 기본 형태였습니다. 그런 시기가 10억 년 정도 지났을 무렵, 이유는 알 수 없지만 분열해도 따로 나뉘지 않는 세포가 생겨나 덩어리로 뭉쳐진 채 살게 되었습니다. 이때 뭉쳐 있는 세포 집단의 표층에 존재하는 세포는 산소를 다량 호흡할 수 있지만, 안쪽에 있는 세포는 산소 결핍 상태가 됩니다. 여기서 환경의 차이라는 것이 처음 나타났습니다. 같은 유전자를 가진 세포라도 조금씩 역할을 분담하면서 다세포화가 일어났고요. 단세포생물에서 다세포생물로의 이행 배경을 설명하면 현재로서는 이렇습니다.

초기의 다세포동물은 입과 항문이 같은 구球 형태의 생물이었습니다. 그렇게 관입貫入 구조였던 것이 어느 날 가운데가 뚫리면서 속이 빈 원기둥 구조가 되었고, 먹이를 먹는 구멍과 배설하는 구멍이 나뉘었습니다. 이 시기에 생물이 비로소 특정한 방향을 가지게 되죠. 그리고 마침내 얇고 가느다란 관 형태 안에 체절 구조(단위)가 생겨나면서 만들어진 단단한 심 같은 것이 등뼈의 구조를 이루었습니다. 등뼈 덕분에 몸을 지탱할 수 있게 되자 중추신경계가 머리 쪽으로 모이고 무거운 뇌도 떠받칠 수 있게 되었고요. 이런 식으로 다리가 자라고 아가미가 생기는 등 분절 구조가 발달하여 단순한 구조에서 차츰 복잡한 구조로 변하지 않았겠느냐는 설이 생물학자 라마르크Jean-Baptiste Lamarck 등에 의해 제기되었습니다."

잠시 쉬는 틈을 기다렸다가 후쿠오카의 잔에 맥주를 따랐다. 같은 타이밍에 옆자리의 다나카가 내 잔에 맥주를 따른다. 오부나이가 직원에게 새 맥주를 주문하고, 마지막으로 후쿠오카가 오부나이의 잔에 맥주를 따랐다. 말하자면 가쿠라자카의 작은 방에서 자연발생적으로 시작된 네 남자의 분업이다.

물론 완전한 자연발생과는 다르다. 나는 호스트의 입장이고 후쿠오카는 게스트다. 담당 편집자들도 저마다 입장과 속내가 있을 테고, 자리가 자리인 만큼 선입견도 있을 것이다. 후쿠오카에게 맥주를 받은 오부나이는 지나치게 황송해했다. 아마 '다음에는 내가 따라야겠다'고 생각했겠지. 이렇게 진화는 종별로 진행된다. …비유가 조금 틀렸을지도 모르겠다. 아니, 확실히 틀렸다. 어쨌든 후쿠오카의 이야기가 이어진다.

## 변화를 가져오는 생물의 힘은 무엇인가

"현재로서는, 생물은 저마다 처한 환경에 적응하는 성질을 가지고 있으므로 환경과의 상호작용을 통해 계속 새로운 시스템을 만들어간다고 생각하고 있습니다. 그런데 그 원동력인 '변화를 가져오는 힘은 무엇인가?'라는 질문에 대해서는 아무도 답하지 못했습니다.

이 대목에서 라마르크는 '기린의 목은 왜 긴가?'라는 질문에 대해 높은 곳의 잎사귀를 먹으면 경쟁 상대가 없어질 거라 여긴 기린의 선조가 필사적으로 목을 길게 빼려고 노력한 결과 목이 조금씩 길어졌다고 설명했습니다. 즉 환경에 적응하려는 특정한 종의 노력 또는 의지에서 비롯된 힘이 오랜 시간 동안 생물을 변화시켰을 거라는 이론입니다. 그런 라마르크를 계승한 사람이 다윈이고요."

"하지만 다윈이 주장한 기본 원리는 자연선택이죠."

내가 말했다. 고개를 살짝 갸웃했는지도 모른다. 후쿠오카가 조용히 미소 짓는다.

"다윈의《종의 기원On the Origin of Species》을 잘 읽어보면, 생물이 환경에 적응하고자 변화해왔다는 노선을 완전히 버리지는 않고 계승했다는 사실을 알 수 있습니다. 그런데 경제학자들이 마르크스를 읽지 않듯 다윈을 제대로 읽은 생물학자는 많지 않을 겁니다."

"그러고 보니 저도《종의 기원》은 안 읽었네요."

"거의 안 읽죠. 다윈은 제뮬gemmule을 가정했습니다. 몸 전체를 돌아다니는 입자를 말하죠. 그는 생물이 우연히 처한 환경과 그때 겪은 어려움 등을 제뮬이 파악하고 그 정보를 난자와 정자 등 생식세포로 가지고 돌아온다는 가설을 주장했습니다. 그는 이 정보가 다음 세대로 이어지고 다시 제뮬이 몸속으로 흩어져 환경에 적응한 형질을 전달한다는 '획득형질의 유전'—환경에 따라 어떻게 변화하면 더 잘살 수 있는지를 체험한 세대의 형질이 다음 세대에 베낀 듯이 그대로 전달된다는 것—을 고민했죠. 상당히 이해하기 쉬운 생명관입니다.

제뮬은 유전자의 콘셉트라고도 할 수 있는데, 그 후 멘델Gregor Mendel이 발견한 유전법칙과 다윈이 주장한 자연선택설이 합쳐져 통합적 진화론이 탄생합니다. 돌연변이로 인해 유전자에 일어난 변화가 무작위로 진행되면서 최종적으로는 환경에 적응한 것만 선택받는다는 형태로 진화론이 정비된 것이죠. 획득형질이 유전된다는 설은 부정되고, 환경에 적합하게 변화한 것만이 자손을 더 많이 남길 기회를 얻기 때문에 다음 세대에 계승되도록 자연선택된다는 이론이 오늘날 진화론의 금과옥조金科玉條처럼 여겨집니다."

후쿠오카는 금과옥조라는 말을 썼다. 겉으로 드러난 뜻 외에도 부정적인 뉘앙스가 살짝 느껴진다. 그래서 나는 맥주잔을 비우고 "한 가지 확인해도 될까요?"라고 물었다.

"라마르크는 개체가 후천적으로 획득한 형질이 유전된다는 용불용설用不用說을 주장했습니다. 아버지가 근육을 단련해서 근육질이 되면 그 자식도 근육질이 된다는 주장이라고 할 수 있겠죠. 그런 점에서 방금 전 후쿠오카 씨의 말씀을 '이렇게 되고 싶다는 생각이 형질이 되어 유전된다'고 이해했는데, 라마르크가 그렇게까지 언급했나요?"

후쿠오카가 몇 초 쉬었다가 빙그레 웃는다.

"…공부 많이 하셨네요. 그러고 보니 모리 씨는 곤충과 생물에 관한 글도 쓰고 계시죠?"

나도 모르게 고개를 끄덕였다. 아마도 2010년에 나온《수도권 생물

의 기록首都圏生きもの記》을 말하는 것이겠지. 그 책에서는 주로 플라나리아와 실지렁이, 두꺼비, 대벌레, 연가시 등 상당히 마니아틱한 생물들을 다루었다. 그런 탓인지 판매는 저조했다. 그 생각을 하고 있는데 후쿠오카가 "그래도 모리 씨는 다른 쪽 이미지가 강하니까요"라고 덧붙인다. 미묘하게 좋지 않은 예감. 말문이 막힌 나를 대신해 옆에 앉은 오부나이가 "어떤 이미지 말씀입니까?"라며 총대를 멘다. 묻지 않는 게 좋을 텐데. 후쿠오카는 아주 잠깐 망설이다가 "…과격파 인사 같다고나 할까요"라고 작게 말한다.

과격파. 사용하는 어휘를 보면 연령대를 어느 정도 알 수 있다. 그러고 보니 나도 후쿠오카와 비슷한 세대다. 다나카가 "아무리 그래도 과격파는 아니죠"라고 말하며 웃자 분위기가 조금 풀어진다. 후쿠오카는 맥주잔을 입으로 가져가며 미소 띤 얼굴로 "그래서 말인데요"라고 말을 잇는다.

"이렇게 되고 싶다는 표현을 의지로 해석하는 건 확대 해석일 수 있어요. 기린이 높이 달린 잎을 먹고 싶다는 생각에 필사적으로 목을 늘인 건, 예를 들면 트레이닝을 통해 근육을 키우는 일과 비슷합니다. 웨이트 트레이닝을 통해 상완 이두근을 단련하면 그 단련된 근육이 다음 세대에 계승되는가 아니면 리셋되는가 하는 문제인데, 라마르크는 계승된다고 생각했던 겁니다. 현대의 다윈주의는 그걸 전면 부정하고 있고요."

다음 요리가 나왔다. 테이블의 소형 화로 위에 놓인 작은 냄비에는 녹은 유바(두유를 끓이면 생기는 얇은 막을 건져올린 것—옮긴이)가 들어 있고, 같이 나온 작은 접시에는 삶은 감자와 당근, 브로콜리, 작은 바게트 빵 조각과 닭고기 등이 담겨 있다. 쇠꼬챙이에 꽂은 재료를 녹인 유바에 담갔다가 입으로 가져간다. 유바 퐁뒤인 셈이다. 아, 이거 맛있는데요, 라고 후쿠오카가 말한다. 화이트와인이 나왔다. 나는 벽에 걸린 시계에 눈길을 주었다. 후쿠오카와의 인터뷰를 겸한 회식이 시작된 지 벌써 한 시간이 지나 있다. 눈 깜짝할 사이다. 네 남자는 맥주와 와인 덕에 기분이 꽤 좋다. 그러나 이야기는 아직 다윈주의 초기까지도 가지 못했다. 큰일이다. 다시금 느낀다. 이거 엄청난 연재를 시작해 버린 것 같은데.

## 내가 사라지고 없다는 것은 무슨 뜻인가

초등학교에 들어간 직후, 아니면 그보다 더 어린 시절에 죽음이라는 개념을 처음으로 알았을 때 나는 스스로 느끼기에도 제어가 되지 않을 만큼 공포에 사로잡혔다.

죽음의 개념을 알게 된 그 순간에는 괜찮았지만, 밤이 되어 자려고 이불 속에 들어가니 언젠가는 내가 죽어서 사라진다는 사실이 다시 떠올라 무서워서 잠들 수가 없었다. 죽는 것 자체가 무서웠다기보다는 내가 사라지고 없다는 것이 무슨 뜻인지 이해되지 않았다는 표현이 더 정확할지도 모르겠다. 심지어 내가 사라진 후에도 세상은 존재한다니, 그게 무슨 뜻인지도 이해가 되지 않았다. 이해할 수 없지만 언젠가는 그 사태가 틀림없이 벌어질 터였다.

불안과 공포를 견딜 수 없어 곁에 자고 있는 아버지와 어머니를 흔들어 깨워 "무서워, 내가 사라질 거잖아"라며 울고불고했던 기억이 있다. 그러자 두 분은 (눈을 비비며) "그냥 잠자는 거랑 똑같은 거야"라고 몇 번이나 말씀하셨다. 그 말은 정확히 기억난다. 두 분은 당황하면서도 최선을 다해 어린아이를 달래려고 하셨겠지. 그러나 나는 그 답도 이해가 가지 않았다. 자는 건 무섭지 않다. 몇 시간 후에 분명히 깨어날 거니까. 하지만 죽으면 눈을 뜰 수 없다. 잠드는 것과는 근본적으로 다르다. 내가 사라지는 것이다. 그런데 그게 무슨 뜻인지 아무리 생각해봐도 알 수가 없었다.

그러고는 어느새 (아마도 두 분의 이불 속으로 기어들어가) 말 그대로 곯아떨어졌다. 하지만 그 후 얼마 동안 친구와 놀고 텔레비전을 보고 밥을 먹는 일상을 보내면서도 나는 결국 죽을 거라는 사실을 갑자기 떠올리고는 그때마다 숨도 제대로 못 쉴 만큼 공포에 시달렸다.

받아들일 수 없어. 왜 사라져야만 하는 건데? 그렇다면 나는 무엇 때문에 생겨난 거지? 무엇을 위해 지금이 있는 거야?

이런 질문을 거듭하며 어쩌면 사라지는 게 아닐지도 모른다고 생각했다. 육체는 그대로 두고 의식만 어딘가 먼 곳으로 가는지도 모른다고. 그렇다면 어디로 가는 걸까? 생겨나기 전에 나는 어디에 있었던 걸까? 어디서 와서 어디로 가는 걸까?

…어린 시절의 일이니 물론 어휘는 더 빈약했을 것이다. 하지만 나

**그림 01** | 폴 고갱, 〈우리는 어디서 왔는가, 우리는 무엇인가, 우리는 어디로 가는가〉
1897~1898년, 보스턴 미술관 소장

는 큰 맥락에서 그런 생각을 하며 고뇌했다.

그야말로 '우리는 어디서 왔는가? 우리는 무엇인가? 우리는 어디로 가는가?D'où venons-nous? Que sommes-nous? Où allons-nous?'였다.

고갱은 현재 보스턴 미술관이 소장하고 있는 이 작품을 완성한 뒤 "지금까지 내가 그려온 그림들을 뛰어넘을 만한 작품은 아닐지 모르지만, 지금의 나로서는 이 이상의 그림은 그릴 수 없다"라는 글을 남긴 채 비소를 먹고 자살을 시도했으나 결국 미수에 그쳤다.

나도 이 그림이 역사에 길이 남을 걸작이라고 생각하지는 않는다. 구도는 명백히 실패했고, 지나치게 의미심장한 하얀 새와 푸른 코끼리 등의 배치는 촌스럽고 거칠다. 이 작품이 고갱의 대표작으로 꼽히는 이유는 작품 자체 때문이라기보다는 '왜 아무것도 없지 않고 무언가가 있는가?Why is there something rather than nothing?'라는 가장 유명한 형이상학적 명제를 많은 사람들에게 상기시켰기 때문이리라.

고대 그리스의 철학자 파르메니데스Parmenides가 제기한 '왜 아무것도 없지 않고 무언가가 있는가?'라는 질문에 대해, 훗날 서구 세계의 정신적 기반이 된 유대교와 기독교, 이슬람교는 전지전능한 유일신이 이 세계와 우주를 창조했다는 답을 준비했다. 그러므로 이런 의문을 품는 행위 자체가 신을 모독하는 일이 된다. 신학자 아우렐리우스Marcus Aurelius와 아우구스티누스Aurelius Augustinus는 "신은 그런 질문을 하는 자를 위해 지옥을 만들었다"고까지 말했다.

그러나 완전히 이해하지는 못하겠다. 만약 내가 그 시대의 서민이었다면 입 밖에 내지는 못하고 '무슨 말인지는 알겠지만 그래도'라고 생각했을 것이다. 의문은 계속 피어난다. 그래서 서양에서 출발한 근대 과학은 환경에 맞춰 스스로를 다윈주의적으로 변화시켜 '신이 구축한 자연의 섭리를 밝혀내는 것을 최대의 목적으로 한다'는 수사修辭를 내걸었다. 그렇게 되면 과학은 신성모독이 아니다. 이런 연유로 당시의 진리 탐구는 17세기 독일의 철학자 고트프리트 라이프니츠Gottfried Leibniz가 밝혔듯 신의 의도를 이해하는(존재증명을 강화하는) 일과 동의어가 되었다.

신과 과학의 밀월 시대는 코페르니쿠스Nicolaus Copernicus, 갈릴레이Galileo Galilei, 뉴턴Isaac Newton의 등장으로 서서히 종언을 고한다. 이제 인간은 신의 조화로 여겨온 현상들의 대부분을 물리운동으로 설명할 수 있게 되었다. 하지만 과학은 아슬아슬하게 뒤를 쫓아가면서도 결국 신을 향한 마지막 일격을 가하지 못했다.

## 과학은
## '왜'에 답하지 못한다

왜냐하면 결국 과학은 '왜?'에 답하지 못하기 때문이다. 만유인력은 거리의 2승에 반비례한다는 사실은 증명되었다. 그러나 왜 3승이 아니고 2승인지는 아직 아무도 답하지 못한다. 갈라파고스핀치의 부리 형태가 어떤 먹이를 먹느냐에 따라 미묘하게 달라진다는 사실은 설명하지만, 왜 핀치가 존재하는지는 설명하지 못한다. 무엇보다 가장 기본적인 명제인 '왜 아무것도 없지 않고 무언가가 있는가?'라는 질문에 과학은 거의 답하지 못하고 있다. 하물며 '인간은 어디서 와서 어디로 가는가?'라는 질문에는 두 손 들었다 해도 과언이 아니다. 그리하여 신들이 또다시 무대에 등장한다.

물질의 운동은 확률적으로만 예측 가능하다는 하이젠베르크Werner Heisenberg의 양자론에 대해 아인슈타인Albert Einstein이 "신은 주사위 놀이를 하지 않는다"고 반론하자, 하이젠베르크는 "주사위 놀이를 좋아하는 신이 있을지도 모른다"고 거듭 반론했다. 물론 두 사람 다 메타포로 신에 대해 말했겠지만, 어딘가 모르게 약간의 절박함이 느껴진다.

현대에 들어와서도 교황 요한 바오로 2세Johannes Paulus II는 빅뱅 이후의 우주에 대한 탐구를 긍정하면서도 빅뱅은 신의 조화라고 했고, 이어서 교황 자리에 오른 베네딕토 16세Benedictus XVI는 인간이 왜 존재하는가 하는 질문에 인간은 답할 수 없다며 '왜 아무것도 없지 않고 무언가가 있는가?'에 답하는 행위가 무의미함을 강조했다. 현 교황 프란치

스코Francisco는 빅뱅과 진화론이 창조주의 존재와 모순되지 않는다고 밝혔다. 어떤 경우든 신학은 흔들리지 않는다. 오히려 과학이 발달하면 할수록 (진화론과 지동설을 전면 부정하는 기독교 근본주의는 차치하고) 그 존재증명이 강화되고 더욱 뿌리 깊은 자신감을 가지는 듯한 인상마저 받게 된다.

내가 '인간은 왜 죽는 걸까?'를 물으며 흐느껴 울던 어린 시절로부터 거의 반세기가 지났다. 그 사이 많은 일이 있었다. 힘든 일도 기쁜 일도 있었다. 배우기도 했고 후회하기도 했다. 하지만 이 질문에 대한 답은 아직도 얻지 못했다. 물론 나만 그런 것은 아닐 것이다. 대다수의 사람들이 그 답을 갖고 있지 않다. 어릴 때는 '어른이 되면 알 수 있을까?' 하고 생각했다. 하지만 여전히 알지 못한다. 이미 반세기 넘게 살았으니, 앞으로 답을 얻을 거라는 낙관적 예측도 할 수가 없다. 나는 인간은 어디서 와서 어디로 가는지 모르는 채로 죽어가는 것인가. 현재로서는 그것이 거의 확실하다.

그렇다면 발버둥 치고 싶다.

발버둥 친다 해도 발끝이 물속 바닥에 닿을 가능성이 있으리라고는 기대하지 않는다. 그렇게까지 낙관적이지 않다. 하지만 바닥에 닿지는 못한다 해도, 그곳에서 자라는 해조류 끝자락에 혹은 부유하는 무언가에 발끝을 조금 대볼 수는 있을지도 모른다. 그리고 만약 발끝이 닿는다면 어떤 감촉을 느껴볼 수 있을지도 모른다. 인간은 어디서 왔고 어디로 가는지 명확한 해답을 얻지는 못해도, 고민에 대한 힌트나 대강의 길이 희미하게나마 보일지도 모른다.

그런 생각으로 이 연재가 시작되었다. 발버둥인 동시에 (나에게는) 절실한 염원이기도 하다. 어릴 때 곁에서 자고 있던 아버지와 어머니에게 하던 질문을 이제는 최전선에서 활약하는 과학자들에게 던지고 그 답을 듣는다. 나는 끊임없이 물을 것이다. 거기서 무언가를 발견하거나 보게 될지 아니면 결국 멈춰 서버릴지 지금은 알 수 없다. 그것은 그야말로 신만이 알 것이다.

## 어차피 진화는 완전히 밝혀지지 않았다

"다윈이 태어난 1809년에 라마르크의 《동물철학 Zoological Philosophy》이 출간되었습니다." 후쿠오카가 말했다.

"그 책에서 획득형질이 유전된다는 주장이 전개되었죠. 다윈은 라마르크의 설을 받아들이고 《종의 기원》에서 제뮬의 존재를 언급했습니다. 그러니까 그 시점에 다윈은 획득형질의 유전을 절반쯤 믿고 있었던 셈입니다."

이렇게 말하면서 후쿠오카가 몇 잔째 잔을 비운다. 일본 분자생물학계의 일인자는 아무래도 꽤나 주당인 모양이다. 나도 잔을 비웠다. 누가 권한 건 아니지만, 오늘밤에는 마음 놓고 취해도 되지 않을까 하는 생각이 들었다.

술을 마시며 쓴 원고는 어김없이 이튿날 홍당무가 된 얼굴로 다시 쓰

**그림 02 |**
다윈이 갈라파고스 제도에서 발견한 네 종류의 핀치
1 큰땅핀치 Geospiza magnirostris
2 중간땅핀치 Geospiza fortis
3 작은나무핀치 Camarhynchus parvulus
4 솔새핀치 Certhidea olivacea

게 된다. 경험을 통해 그것을 배웠다. 예외는 거의 없다. 대담과 좌담회도 마찬가지다. 브레이크가 걸리지 않는다. 며칠 후에 녹취록을 받아 읽으면서 '망했다'라든가 '이건 수정도 못하잖아' 라며 머리를 싸맬 것이 뻔하다.

그런데 이날 밤에는 조금은 취해도 되지 않을까 하고 생각했다. 긴장이 풀려 있었다. 이유는 잘 모르겠지만, '인간은 어디서 왔고 어디로 가는가' 같은 주제와 마주하려면 얼마간의 알코올 섭취도 나쁘지는 않겠다 싶었다.

고백하자면 이번 대담을 하기 전에 진화론을 주제로 한 책을 여러 권 읽고 내가 다윈주의에 관해 상당한 착각을 해왔다는 사실을 깨달았다. 예를 들어 다윈이 비글호를 타고 항해하다가 갈라파고스 제도에서 다양한 모양의 부리를 가진 핀치들을 발견하고 진화론에 착안했다는 일화. 매우 유명한 일화다. 하지만 이 이야기는 사과가 떨어지는 순간 뉴턴이 만유인력을 발견했다는 에피소드와 거의 같은 수준이다. 말하자면 '전설'인 셈이다. 실제로 다윈은 부리 모양이 다른 새들이 모두 같은 종의 핀치라고는 생각하지 못했고, 각기 다른 종이라고 오해한 상태에서 항해를 마쳤다.

물론 최종적으로 다윈은 "모든 생물은 공통의 선조에서 발생했고 자연선택(적자생존)에 따라 여러 종으로 진화했다"는 주장을 발표하지만, 당시에는 (후쿠오카가 지적했듯이) 돌연변이라는 발상은 없었다. 멘델의 유전학은 다윈보다 훗날의 일이다. 즉 다윈은 진화의 뼈대인 유전 메커니즘에 대해 확실히 라마르크를 답습하고 있다.

마침내 다윈주의는 그 핵심인 자연선택과 도태를 근간으로 돌연변이와 집단유전학, 유전자 부양, 성 선택설 등의 관점을 도입해 거대하고 종합적인 이론으로 진화했다. 바로 신다윈주의다. 물론 신다윈주의에도 확립된 이론이 있으나, 비판과 논쟁이 끊임없이 제기되고 있다.

세포생물학자 린 마굴리스Lynn Margulis(쓸모없는 정보지만 칼 세이건Carl Sagan의 첫 번째 부인이기도 하다)는 진화의 주요 원동력은 공생이며 진화가 경쟁과 도태의 메커니즘을 기반으로 삼는다는 신다윈주의는 명백한 오류라고 주장했다.

생태학자이자 문화인류학자인 이마니시 긴지는 진화는 개체에서 시작되는 것이 아니라 종種사회를 구성하는 종 개체의 대부분이 동시다발적으로 변화한다는 설을 제창했다.

유전학자 기무라 모토오木村資生가 발표한 중립 진화 이론(분자 수준에서의 유전자 변화는 대부분 자연선택에 유리하지도 불리하지도 않으며, 돌연변이와 유전적 부동genetic drift이 진화의 주요 원인이라는 학설—옮긴이)도 자연선택을 부정하는 학설로 엄청난 논란을 불러일으켰다.

단속 평형 이론(새로운 종은 단시간에 또는 갑자기 형태의 변화를 수반하며 생겨난다는 학설—옮긴이)으로 대표되는 적응주의(생물의 거의 모든 형질은 적응적이고 최적에 가까운 상태라는 사고방식으로, 현대에서는 특히 생물의 형질을 만들어가는 데 자연선택의 힘을 중시하는 입장을 말한다—옮긴이)를 부정한 스티븐 제이 굴드는 그 실질적 증거로 캄브리아기 생물의 폭발적 진화를 들었고, 그의 저서 《생명, 그 경이로움에 대하여*Wonderful Life*》는 세계적 베스트셀러가 되었다.

생식적 격리(다른 군에 속한 개체 간에 교배가 불가능한 현상—옮긴이)와 배수화(생물의 염색체 수가 2배수가 되는 것—옮긴이), 잡종 형성 등의 수학적 요소를 더해 고찰한 브라이언 굿윈Brian Goodwin은 결국 자연선택은 보조적 역할을 하는 데 지나지 않는다고 주장했다.

몇 가지 예를 열거해보았다. 이 밖에 진화론의 단순함에 의문을 제기하는 학자도 적지 않다. 다윈은 비글호 항해를 마치고 귀국한 뒤 영국의 경제학자 맬서스Thomas Robert Malthus가 발표한 《인구론*An Essay on the Principle of Population*》을 바탕으로 자연선택과 적자생존을 구상했다고 알려져 있다. 시장 원리, 다윈주의적 사회론이다. 그렇기에 다윈주의는 훗날 전 세계적인 거대 이데올로기가 된 자본주의와 궁합이 잘 맞는다. 다만 지나친 자본주의는 오늘날 폐해와 불균형을 낳고 있다.

어쨌든 진화의 메커니즘은 아직 완벽하게 밝혀지지 않았다. 진화론과 빅뱅을 부정하는 기독교 근본주의자들은 고집불통의 대명사이긴 하지만, '인간은 어디서 와서 어디로 가는가'를 고찰하기 위한 단계로서의 다윈주의는 강도로 볼 때 아직 충분하지 않다. 비집고 들어갈 여지가 너무 많다. 여전히 흔들리며 얽히고설켜 있을뿐더러, 무엇보다도 자연선택과 적자생존을 검증할 화석 등의 증거가 현재까지 발견되지 않았다.

## 기린의 목은 정말 서서히 길어졌나

후쿠오카가 말했다. “현 시점에서 진화의 메커니즘은 획득형질이 유전되지 않는다는 것을 전제로 돌연변이만을 진화의 직접적 원인으로 생각합니다. 기린의 목은 길어지기도 했고, 짧아진 경우도 있었겠죠. 완전히 무작위였을 겁니다. 목이 길어지는 돌연변이가 생겨났다면 다른 동물이 닿지 않는 높은 곳의 이파리를 먹을 수 있으니 경쟁이 발생하지 않았겠죠. 즉 자손을 남기는 데 유리했기 때문에 기다란 목이라는 형질이 선택되었다고 설명하고 있습니다.

그런데 모리 씨가 예로 든 심장판막과 비슷한 정도로 혹은 그 이상으로 목이 길어진다는 것은 보통 일이 아닙니다. 목을 구성하는 근육이 늘어난다고 목이 길어지진 않으니까요. 대다수 포유류의 경추는 7개의 뼈로 이루어져 있습니다. 기린도 마찬가지고요. 목이 길어지려면 뼈가 길어져야 합니다. 그건 뼛속을 지나는 신경도 늘어나야 한다는 얘기죠. 동시에 높은 위치에 있는 뇌에 혈액을 공급하려면 심장의 힘이 증강되어 혈압도 올라가야 합니다. …이렇듯 목이 길어지는 거시적 변화는 많은 유전자가 일제히 특정 종에 변화를 가져와야 일어날 수 있습니다. 하지만 획득형질은 유전되지 않는다고 생각하는 사람들은 많은 유전자가 관여하는 변화가 매우 오랜 시간 동안 조금씩 진행되었다고 설명합니다.”

“…목이 조금이라도 길어지면 기린의 생존에 어느 정도 유리하게 작용할 테니 목이 조금씩 길어지면서 변화가 서서히 축적되어 지금과 같이 길어졌다는 논리가 일단은 성립합니다. 하지만 심장동맥의 판막은 조금씩 변하는 것으로는 의미가 없기 때문에 어느 날 갑자기 완성형이 만들어졌다고 할 수밖에 없습니다. 확실히 무리가 있죠."

후쿠오카는 고개를 크게 끄덕였다.

"맞습니다. 점진적 변화로 설명이 가능한 사례도 있지만 진화가 일어나더라도 조금씩이 아니라 단번에 일어나지 않는 한 대부분의 경우 환경에 선택받지 못할 수 있다고 저도 생각합니다. 예를 들어 '눈이 생기는' 커다란 변화가 일어날 때, 수정체(렌즈) 같은 기관이 생겨나지 않으면 빛을 모을 수 없고 망막처럼 빛을 받아들이는 시스템이 없으면 상이 맺히지 않죠. 신경망을 세포 하나하나와 연결해 뇌로 보내는 시스템이 없으면 정보를 보낼 수 없고, 뇌에도 그 패턴을 인식하는 체계가 생겨나야 하는 등 여러 하위 시스템이 필요합니다. 망막과 수정체가 생겨났다고 해도, 그것만으로는 아무런 의미가 없습니다. 각각이 서로 연결될 때 시각이라는 형질이 발생하죠. 하지만 하위 시스템이 발생한 단계에서는 그것이 환경에 유리하게 작용하는지 불리하게 작용하는지만으로는 도태되지 않습니다. 그렇기 때문에 '조금씩 서서히'만으로는 설명이 불가능하죠."

나는 와인에서 일본 술로 주종을 바꿨다. 후쿠오카가 설명을 이어갔다. 어쩐지 즐거워 보인다. 그저 술이 맛있어서인지도 모르지만.

"또 다른 포인트는 라마르크가 주장한 용불용설의 불용不用 쪽입니다. 예컨대 외부의 빛이 전혀 들어오지 않는 동굴 속에서 눈이 퇴화해버린 생물이 있죠. 맹어盲魚 등 지금은 혐오 표현으로 여겨질 법한 이름이 붙은 이 생물들에 대해 현재 우리는 그 기능이 '불용'해져서 퇴화했다고 설명합니다."

나는 고개를 끄덕였다. 여기까지는 지극히 당연한 해석이다.

"다윈주의의 관점에서는 퇴화도 진화이므로 돌연변이에 의해서만 일어나고 물론 도태되기도 합니다. 하지만 눈이 보이지 않게 되는 건 불리해지는 일이지 유리해지는 일은 아니죠. 그래서 동굴 속에서 생존해야 하는 경우, 눈을 포기함으로써 눈이 주는 부담도 버리겠다는 선택이 유리하게 작용하지 않으면 그 형질은 선택되지 않습니다. 하지만 퇴화의 대부분은 그 기관이 불용하기 때문에 일어난 것으로 보입니다. 이 부분은 좀처럼 설명이 안 되죠."

"눈이 있다는 건 그만큼 에너지를 소비하는 대가를 치러야 한다는 의미입니다. 그런데 눈이 없어지면 그 에너지를 다른 곳에 사용할 수 있으니 유리해집니다. 이것이 퇴화에 대한 일반적 설명이죠."

"그렇게 설명할 수밖에 없으니까요. 하지만 눈을 포기하는 것이 에너지 측면에서 얼마나 유리한지에 관해서는 제대로 검증된 바가 없습니다. 진화생물학자 하세가와 에이스케長谷川英祐는 2010년에 출간되어 이슈가 된《일하지 않는 개미働かないアリに意義がある》에서 한 개미 집단 중 약 20퍼센트는 바쁜 척할 뿐 실제로는 일하지 않고 이리저리 왔다갔다 하면서 꾀를 부린다고 했습니다. 이 현상을 진화론의 관점에서 설명하면, 이 20퍼센트의 개미들이 놀면서 노동력을 보존하고 있기 때문에 만에 하나 외부의 적에게 습격을 당하더라도 싸울 수 있다는 겁

니다. 항상 20퍼센트 정도의 노동력을 보존해두는 편이 집단 전체에 유리하기 때문에 그런 시스템이 이어진다고 해석하는 것입니다.

하지만 10년이 지나도 아무 일이 없을 가능성도 있습니다. 진화론의 관점에서 형질이 보존되려면 자연선택과 자연도태의 그물망에 끝없이 걸려 살아남아야 하므로, 앞으로 도움이 될지도 모른다는 가능성 하나만으로 그 형질을 몇 세대가 지날 때까지 보존해 다음 세대로 전달할 수는 없습니다.

인간 사회에서도 몇몇 시스템을 포함한 모든 것을 진화론적 선택의 결과로 볼 수 있는가? 아니면 다른 시스템을 고려해야 하는가? 이런 문제로 볼 수도 있습니다. 그런 점에서 저는 신다윈주의가 지나치게 교조적으로 가지 않았나 하고 생각하지만, 이기적 유전자론을 주장한 리처드 도킨스Richard Dawkins는 꼭 그렇게 보지만은 않았죠."

잠자코 이야기를 듣던 세 남자는 도킨스의 이름이 등장하자 고개를 크게 끄덕였다. 도킨스는 '생물은 유전자에 지배당하는 생존 기계에 불과하다'는 말로 널리 이름을 알렸으며, 앞서 언급한 굴드와 벌인 유명한 논쟁과 밈Meme 이론(인간의 문화를 전달하고 복제하는, 유전자와 비슷한 기본 단위. 도킨스가 《이기적 유전자*The Selfish Gene*》에서 처음으로 주창한 개념이다—옮긴이) 등으로 스티븐 호킹Stephen Hawking만큼 세계적으로 유명한 과학자이자 신다윈주의에 관한 논의를 주도하는 진화생물학의 선구자이다. (이 부분이 제일 흥미로운데) 그는 저서 《만들어진 신*The God Delusion*》과 《눈먼 시계공*The Blind Watchmaker*》 등에 나타나듯 매우 강경한 무신론자이기도 하다. 후쿠오카가 이어서 말한다.

"다만 현재로서는 상황이 조금씩 변하고 있다는 생각이 듭니다. 하나의 예로 후성유전학epigenetics이라는 개념이 있습니다. 지금까지는 유전자 ABCD라는 세트를 물려받으면 ABCD가 작용해서 이전과 같은 결과를 가져온다고 생각했습니다. 새로운 형질의 변화가 일어나려면 A의 돌연변이인 A′가 포함된 조합, 즉 A′BCD를 물려받아야 한다고 생각했죠. 하지만 A가 A′가 되는 돌연변이 없이 ABCD의 스위치가 켜지는 순서와 타이밍, 혹은 각각의 볼륨이 변하기도 합니다. 이것을 '유전자의 발현'이라고 하는데, 지금까지는 어느 타이밍에서 어느 정도의 볼륨으로 유전자에 불이 들어올 것인지가 환경에 달려 있다고 여겼습니다. 그런데 그 순서와 타이밍, 볼륨을 제어하는 시스템이 유전자 바깥쪽epi에 있어서, 이것이 전달된 경우 특정 종의 획득형질이 유전되듯 유전자를 발현시킬 수 있다는 사실을 설명하는 연구 결과들이 최근 하나씩 발표되고 있습니다. 저는 거기에 희망을 걸고 있습니다."

이후 후쿠오카는 침팬지와 인간의 유전체(게놈) 차이는 겨우 2퍼센트라는 사실을 예로 들면서 후성유전학에 대해 설명했다. 대다수의 사람들은 그 2퍼센트가 인간과 침팬지의 특징을 결정짓는 특별한 유전자일 거라고 생각한다. 그러나 실제로는 그렇지 않다. 유전자 조합의 스위치가 켜지는 순서 혹은 타이밍의 차이에 따라 인간은 인간이 되고 침팬지는 침팬지가 된다. 그 차이인 2퍼센트의 유전자를 모두 인간의 유전자로 바꾼다 해도, 발현 순서나 타이밍이 다른 이상 침팬지는 인간이 되지 못한다. 즉 생명 현상의 근간은 유전자만이 아니라 전체적 거동에 달려 있다는 뜻이다.

## 생명이 왜 발생했는지는 아무도 설명할 수 없다

"다윈주의가 직면한 두 번째 과제는 현재의 생명 현상이 발생한 경위를 설명하는 것입니다. 기본적으로 다윈주의는 '종교적 세계관에서 어떻게 벗어날 것인가'를 놓고 벌인 인간의 지적 투쟁이기도 했습니다. 그래서 기독교를 무척 싫어하는 도킨스는 이 경계를 사수하고 있죠. 조물주의 손이 아니라 기계론적 시스템에서 다양한 생명이 생겨났다면 최초의 생명이 발생한 이유에 대해서도 기계론적 설명이 가능해야 합니다. 가령 원시의 바다에서 아미노산이 생겨났다 해도, 혹은 핵산의 단위인 뉴클레오타이드nucleotide 같은 물질이 화학반응을 거쳐 자연적으로 만들어졌다 해도, 특정 사이클을 가지고 자기복제가 가능한 평형 상태에 도달하기 위해서는 별개의 시스템을 고려하지 않으면 최초의 메커니즘 성립이 쉽지 않습니다. 그런데 아무도 그 시스템을 생각해내지 못하고 있죠.

게다가 기계론적 설명을 따르면 시간이 절대적으로 부족합니다. 지구의 역사는 대략 46억 년 전으로 거슬러 올라가며, 가장 오래된 단세포생물은 약 38억 년 전에 태어났습니다. 생물의 세포는 그 시점에 이미 모든 것을 갖추고 있었습니다. DNA도 단백질도 세포막도 있었죠. 46억 년 전에서 역산하면 그 세포의 탄생까지 겨우 8억 년밖에 걸리지 않았습니다. 화학적 진화가 이루어져 최초의 생명 사이클이 완성된 시간으로 보기에는 너무 짧죠. 이 지점에서 '우주에서 씨앗이 날

아왔다'는 범종설panspermia(배종발달설, 포자범재설 등으로 번역되기도 한다—옮긴이) 등이 등장합니다. 어떤 점에서는 책임 회피지만, 이런 설로 시간의 모순을 해결할 수 있는 건 사실입니다. 어쨌든 말은 되거든요. 하지만 최초에 어떤 일이 일어났는지는 결국 설명할 수 없습니다. 현재의 생물학은 최초의 '왜Why'에 대해, 바꿔 말해 생명 현상이라는 질서가 있는 시스템, 그러니까 제가 쓰는 표현으로 '동적 평형이 유지되고 있는 상황'에 대해 전혀 밝히지 못하고 있습니다. 아무도 이 모순을 설명하지 못하고 있죠."

후쿠오카식 표현인 '동적 평형이 유지되고 있다'는 다르게 표현하면 생명 현상을 시간이 흘러가는 도중에 있는 웅덩이로 파악하고 있다는 말일 테고, '우리는 무엇인가Que sommes-nous'에 대한 하나의 답으로 볼 수도 있겠다. 그러나 이 경우에도 우리가 '어디서 왔고 어디로 가는지'는 알 수 없다.

"요컨대 프랑켄슈타인을 만드는 데까지는 성공했는데, 어떻게 생명을 불어넣을 수 있는가 하는 문제가 남았다고 이해하면 될까요?"

지금까지 거의 듣는 역할에만 충실하던 오부나이가 불현듯 입을 열었다. 시체의 조각을 이어붙인 프랑켄슈타인은 이론적으로는 살아 있는 사람과 다르지 않은 조성으로 재현될 수 있다. 만약 그것이 자동차라면 문제없이 도로를 달릴 것이다. 하지만 혼자 움직이지는 못한다. 생명이 깃들지는 않는다. 무엇이 빠져 있어서? 프랑켄슈타인까지 갈 필요도 없이, 사체死體는 생체生體와 무엇이 다른가? 정말이지 '신의 일격' 같은 주장을 끌어오고 싶어진다. 후쿠오카는 "으음…" 하며 생각에 잠겼다.

"우리는 단순한 것에서 시작해 차츰 복잡한 것이 만들어진다는 일종의 인과율 비슷한 어떤 것을 상정하기 마련입니다. 하지만 현존하는 생명의 발생을 보조하던 시스템이 과거에 있었다가 생명이 잘 돌아가기 시작하자 사라졌을 수도 있습니다. 정보가 DNA에서 RNA로 복제되고 다시 RNA에서 단백질의 아미노산 배열을 통해 옮겨지는 데서 볼 수 있듯이, 여기서는 한 방향으로만 움직입니다. 방향이 역전되지는 않는다고 해요.

그런데 먼 옛날 단백질의 아미노산 배열 정보를 DNA배열로 되돌리는 시스템이 있었다고 가정해보면 어떨까요? DNA가 그 정보를 다음 세대에게 남길 수 있겠죠. 지금의 생물학에서는 말도 안 되는 것으로 여겨질 법한 회로가 과거에 존재했다는 가정도 결코 황당무계한 것만은 아니라고 봅니다. 뭐, 이건 전적으로 저의 망상입니다만…."

핵심은 '시간의 흐름'이라는 걸까? 잔에 절반쯤 남은 찬술을 단번에 들이켠 뒤, 나는 줄곧 하고 싶었던 질문을 한다. 혹시나 "당신도 결국 그 정도 수준이군요"라고 어이없어하면 취기 탓으로 돌리면 된다.

"…방금 전 후성유전학도 그렇고, 발현 순서를 누군가가 조절하고 있다고 생각하면 설명이 아주 쉬워지지 않습니까? 물론 과학적 관점에서 보면 그런 지점에 머물러 있어서는 안 되겠지만, 생명의 발생에 대해서도 조물주라든가 신의 섭리라든가 하는 말을 쓰고 싶어지곤 합니다. 적어도 저는 그렇습니다. 다는 아니지만 불가사의나 모순 등을 상당 부분 해결해주니까요. 아마도 그래서 도킨스가 이런 발상을 그토록 혐오하겠지만…."

"그렇죠."

후쿠오카는 몇 번이나 고개를 끄덕이며 대답한다. 조금 놀랐다. 취기가 오르고 있는 건 후쿠오카도 비슷한 듯하다. 물론 내가 큰맘 먹고 던진 이야기를 전면적으로 긍정하지는 않는다. 굳건히 버티고 있다.

"결국 과학은 최초의 '왜', '그것이 왜 존재했는가?'라는 질문에 답할 수 없기 때문에 '어떻게How'에 대해 최선을 다해 고민하면서도 어떤 면에서는 얼버무리고 있죠. 거대한 '왜'에 답하려고 하면 언어가 조잡해지고, 대개 '신께서 만드셨습니다'라든가 '우주의 의지가 만들었습니다'라고 말하게 되잖아요. 그런 말을 하고 싶은 욕망을 되도록 억제하고 해상도 높은 언어로 '어떻게'를 설명하지 않는 한, '왜'에 도달하지 못하리라 봅니다. 그러니 억지로 버텨서라도 신 혹은 '위대한Great' 무언가를 경유하지 않고 '왜'를 설명하려는 태도를 견지해야 하지 않을까요."

여기까지 말하고 나서 후쿠오카는 어조를 살짝 낮췄다.

"…20세기 분자생물학의 갑작스러운 등장에 큰 기여를 했다는 평가를 받는 물리학자 슈뢰딩거Erwin Schrödinger는《생명이란 무엇인가?*What Is Life?*》에서 이 세상에 전자파와 전기가 오가고 있다는 사실을 100년 전에는 아무도 몰랐다고 말했습니다. 만약 그 시대 사람들이 전자유도로 움직이는 모터를 봤다면 유령이나 신이 그것을 움직인다고 생각할 수밖에 없었을 거라고 말입니다. 하지만 이후 전자파의 존재가 증명되고, 전기의 파장이 발생해 모터와 코일이 작동하는 원리가 발견되었습니다. 그러면 유령이나 신은 불필요하죠. 그러니 보이지 않는 힘과 구조가 있으리라 가정하고 탐구하는 편이 역시 낫습니다. 거창한 담론으로 가기 전에요. 과학이란 바로 그런 것이 아닐까 합니다."

직원이 두 병째 와인을 테이블로 가져온다. 아니, 세 병째인가. 다나카가 병에 담긴 찬술을 주문한다.

"…그 탐구에 대해 후쿠오카 씨는 어떤 견해를 가지고 계십니까?"

내가 던진 이 질문에 후쿠오카는 몇 초 동안 생각에 잠기더니, 이윽고 천천히, 마치 작은 배가 선착장을 떠날 때처럼 조용히 운을 뗐다.

"…예를 들면 엽록체는 수백 개의 단백질 복합체입니다. 광양자의 에너지를 빠짐없이 흡수해 이산화탄소의 전자를 변화시켜 전분으로 바꾸죠. 그 전자의 움직임을 관찰하면 '전자의 위치를 알 수 없는 양자론적 상태를 유지하고 있을 가능성이 있다'는 사실이 새로 관측되었습니다."

"양자론요?"

나도 모르게 확인차 물었다. 이 연재에서 양자론이 중요한 키워드가 될 거라는 예감은 했다. 하지만 생명과 진화를 주제로 한 오늘 인터뷰에서 소립자의 거동을 설명하는 개념이 나올 거라는 예상은 하지 못했다.

"코펜하겐 해석(닐스 보어Niels Bohr와 베르너 하이젠베르크 등이 주도한 정통 양자역학 해석. 20세기 전반에 걸쳐 가장 영향력이 컸던 해석으로 꼽힌다. 전자를 예로 들면 전자의 상태를 서술하는 파동함수는 측정되기 전에는 여러 상태가 확률적으로 겹쳐 있는 것으로 표현되지만 관측자가 전자를 측정하면 그와 동시에 '파동함수의 붕괴'가 일어나 전자의 파동함수가 중첩이 아닌 하나의 상태로 결정된다는 해석이다—옮긴이)에 따르면, 전자는 확률적으로만 존재하는 물질입니다. 있다 없다를 따지는 이원론이 아니에요. 관측과 동시에 붕괴됩니다. 하지만 그 현상이 생명 활동과 어떤 관계가 있는지는 잘 이해가 안 됩니다만…."

"양자 얽힘Quantum Entanglement이라는 개념이 있습니다. 어디에 있는지 모르고 모든 것과 관련되어 있다는 개념이지요. 이쪽에서 반응이 일어날 때 저쪽에서도 일제히 반응이 일어나요. 일제히 반응이 일어나는 건 전자가 서로 연결되어 있기 때문입니다."

양자론적 생물학, 확실히 새롭다. 와인 잔을 비운 후쿠오카가 찬술이 담긴 잔을 든다.

## 과학의 최첨단은 미지투성이

"…이런 이야기를 너무 강한 어조로 하면 오컬트 취급을 당할 테니 큰 소리로 말하고 싶지는 않지만요, 양자 수준에서의 유전자 발현 메커니즘을 관측하면 앞으로 특정 종의 일제성과 연관성을 뒷받침하는 시스템이 발견될 가능성도 있으리라 생각합니다."

후쿠오카가 조금 작은 목소리로 말했다. 나 역시 작게 이야기했다.

"사실 오컬트 영역은 예전부터 제 관심 주제 중 하나였습니다."

"알고 있습니다. 《직업란은 초능력자職業欄はエスパー》가 아주 흥미로웠어요."

"2012년에 쓴 《오컬트オカルト》를 위한 취재 때문에 몇 년 동안 점술이며 초능력이며 심령이며 UFO며, 아무튼 오컬트 분야는 다양하게 조사했습니다. 결론은 역시 대부분 착각이나 속임수였어요. 그런데 매우 드문 경우지만, 본인의 체험도 그렇고 현재의 과학으로는 도무지 합리적 설명을 찾을 수 없는 현상이 확실히 있긴 했습니다.

물론 슈뢰딩거가 말했듯이 그것들도 그 옛날 전기의 존재를 몰랐던 사람들에게 전기가 일어나는 현상이 불가사의했던 것과 마찬가지일 가능성도 있죠. 지금은 밝히지 못하지만 언젠가 새로운 정리나 법칙이 발견되면 설명이 가능할지도요. 그렇게 볼 때 양자론적 발상이 새로운 정리와 법칙 면에 실마리를 제공해줄지도 모르겠네요."

이때의 내 발언을 보충하자면, 오컬트 영역에만 미해결 과제들이 있는 건 아니다. 한 예로 태양의 표면 온도는 섭씨 6,000도인데, 그 주위를 둘러싼 코로나의 온도는 100만 도가 넘는다. 이것의 열원은 수소가 헬륨으로 변환(열핵융합반응)된 반경 10만 킬로미터의 중심핵인데, 태양의 인력이 닿는 곳에서 벗어난 플라스마의 흐름이기도 한 코로나의 온도가 이렇게 높은 이유는 현재까지도 밝혀지지 않았다. 원숭이의 염색체가 24쌍인데 비해 인간은 1쌍이 적은 23쌍인 이유도 알 수 없다. 하품의 원인과 의미조차 아직 완전히 밝혀지지 않았다. 우주를 구성하는 요소의 근간인 힉스 입자와 암흑 물질 등도 아직은 실제로 존재한다고 백 퍼센트 단언할 수는 없는 상황이다.

결론적으로 과학과 물리학의 최첨단 영역은 미지투성이라고 해도 과언이 아니다. 우주는 137억 년 전 빅뱅으로 시작되었다. 하지만 이것 역시 이론이며 검증된 것은 아니다. 빅뱅 이전에 대해서도 많은 가설이 있지만, 결정적인 것은 알 수 없다.

우주의 종말은 또 어떤가. 모든 에너지가 균등해지는 열사Heat Death인가, 아니면 모든 물질과 시공이 무차원無次元의 특이점singularity으로 수렴되는 대붕괴Big Crunch인가. 이 밖에도 다양한 설이 있다. 이것 역시 알 수 없다. 아마도 인류는 영원히 해답을 얻지 못할 것이다.

역사적으로도 근세의 과학은 갈릴레이의 예처럼 신앙을 거스르기도 하고 함께 달리기도 하며 끊임없이 발전해왔다. 그러다 마침내 지동설과 진화론이 일반적 개념이 되면서 신은 불가피하게 이전까지의 자리를 과학적 합리성과 근대적 이성에 넘겨주었다. 과학의 발전 앞에서 신은 죽어갔다.

## 이 세계는 인류를 위해 설계되었나

그러나 20세기 이후 상대론과 양자론과 분자생물학이 검증되는 과정에서 이 세계는 인류에게 너무도 유리하게 만들어져 있다는 것이 서서히 밝혀지기 시작했다.

예컨대 만유인력상수가 그렇다. 중력의 세기가 지금과 약간만 달라져도 태양과 지구 사이의 거리는 바뀐다. 태양과의 거리가 지금보다 아주 조금이라도 가까웠다면 지구의 물은 수증기로 변했을 것이고, 조금이라도 멀었다면 얼음이 되었을 것이다. 어느 쪽이든 생명은 탄생하지 않았을 것이다. 본래 물은 얼면 부피가 커지는 예외적인 물질인데, 만약 그런 물질이 아니었다면 얼음은 바다와 호수에 잠긴 채로 녹지 않아 결국 지구상의 물이 모두 얼음이 되었을 테고, 그렇게 되었을 경우 역시 지구에 생명이 탄생하지 않았을 것이다. 그럼 왜 운 좋게도 물만 그런 예외적인 속성을 얻었는가. 그 이유는 아무도 모른다.

그 밖에도 플랑크상수(자연의 기본 상수 중 하나로, 양자역학 현상의 크기를 나타낸다—옮긴이)와 빛의 속도, 전자와 양성자의 질량비와 빅뱅 초기의 팽창 속도 등 많은 물리상수 중 하나라도 현재와 달랐다면 이 세상과 인류는 출현하지 않았을 거라는 연구가 발표되고 있다.

우주가 탄생하고 태양계가 형성되고 지구가 생겨나고 생명이 발생하여 현세 인류로 진화한 이 상황에 다다를 확률은 10의 마이너스 1,230승이라는 계산도 있다. 100분의 1이나 1,000분의 1 수준이 아니다. 10의 1,230승분의 1이다. 확률로 보면 거의 있을 수 없는 일이라 할 수 있다. 하지만 지금 우리는 그 있을 수 없는 확률 위에서 살아가고 있다.

> 그러나 현실에서는 모든 법칙이 별과 인간이 태어나는 데 '딱 맞게' 만들어져 있습니다. 지능을 가진 생명체가 없다면 물리 법칙도 생각할 수 없으므로 당연하다고 하면 당연한 일이겠지

만, 이것은 역시 불가사의한 일이지요. 아무리 생각해도 인간이 탄생하지 않았을 가능성이 높지만 우리는 이렇게 존재하고 있습니다. 우연치고는 대단한 것입니다.

무라야마 히토시村山齊,
《우주는 왜 이렇게 잘 만들어져 있는가宇宙はなぜこんなにうまくできているのか》

그런데 우리 인간은 이 '대단한 것'을 큰 행운으로 여기고 기뻐할 만큼 겸손하지는 못한 모양이다. 아무래도 이 세계와 우주는 인류를 탄생시키기 위해 설계되었다고 생각하고 싶어지기 때문이다. 즉 '인류 원리Anthropic Principle'이다.

혹시나 우주가 설계'되었다'면 당연히 설계한 주체가 있어야 한다. 거기에는 의도가 있었음이 분명하다고 생각하고 싶다. 그러면 '우리는 어디서 왔고 어디로 가는가?'에 대한 답이 주어진다.

이런 식으로 최첨단 과학과 물리학 현장에서 다시 한 번 신의 '위대한 의지'가 존재감을 드러내기 시작했다.

물론 인류 원리는 결코 지배적인 설은 아니다. 방향이 너무 손쉽다. 많은 과학자들은 여전히 뭔가 다른 메커니즘이 있으리라 믿고 있다.

그중 하나가 다중 우주multi-universe 가설이다. 우주가 단 하나universe라고 보면, 인류가 탄생할 확률은 10의 마이너스 1,230승이라는 있을 수 없는 수치가 된다. 그런데 만약 10의 1,230승만큼의 우주가 존재한다면 우리는 그중 하나의 우주에 있는 셈이라는 설명이 가능해진다. 결코 SF나 공상 수준의 이야기가 아니다. 어떤 현상이 어떤 확률로 일어날 때 세계는 그 가능성의 수만큼 분기한다는 다세계 해석은 양자론에서 중요한 가설이다.

아슬아슬하게 인류 원리 쪽으로 다가간 내 이야기에 후쿠오카는 말없이 고개를 끄덕인다. 쉽게 동의하지는 않는다. 그런 태도는 바람직하다. 신중하게 거리를 두어야 한다. 최첨단 연구를 이끄는 지식인과 과학자일수록 오컬트 영역에 빠져드는 경향이 있다.

철학자 앙리 베르그송Henri Bergson과 대작가 아서 코난 도일Arthur Conan Doyle, 아서 케스틀러Arthur Koestler 등은 오컬트와 친했던 대표적 지식인이다. 토머스 에디슨Thomas Edison은 죽은 자와 교신하는 기계에 관한 아이디어를 과학 잡지에 발표했다. 19세기 미국의 철학자이자 실용주의 철학의 일인자인 윌리엄 제임스William James, 정신분석의 아버지인 지그문트 프로이트Sigmund Freud와 카를 융Carl Jung, 심리학자 한스 아이젱크Hans Jurgen Eysenck를 비롯해 탈륨 원소를 발견하고 영국 심령현상연구협회와 왕립학회장을 지낸 윌리엄 크룩스William Crookes, 전자파 연구의 선구자로 에테르의 존재를 최초로 실험을 통해 부정한 올리버 로지Oliver Lodge 등도 초자연현상을 매우 진지하게 긍정한 과학자들로 알려져 있다. 초전도체의 터널효과 계산식을 고안한 브라이언 데이비드 조지프슨Brian David Josephson은 그 업적으로 1973년 노벨물리학상을 수상했으며 현재는 텔레파시 등의 초자연현상을 착실하게 연구하고 있다. 호킹과 함께 블랙홀의 특이점 정리를 증명해 사건 지평선Event Horizon(일반상대성이론에서 그 너머의 관찰자와 상호작용할 수 없는 시공간 경계면을 말한다—옮긴이)의 존재를 주장한 로저 펜로즈Roger Penrose는 뇌 내 정보처리에는 양자역학이 깊이 관련되어 있는데, 소립자에 관해 밝혀지지 않은 속성인 파동함수의 붕괴가 의식 발생의 메커니즘이며 인간의 의식은 원자의 거동과 시공 속에 중첩되면서 존재한다고 주장했다.

성격은 다소 다르지만, 아폴로 우주선 등에 탑승한 우주 비행사들 대부분이 이 분야에 빠져 있다는 사실도 알려져 있다. 닐 암스트롱Neil Armstrong 다음으로 달 표면에 착륙한 버즈 올드린Buzz Aldrin이나 아폴로 14호에 탑승해 달 표면 최장시간 체류 기록을 세운 에드거 미첼Edgar Mitchell은 "미국항공우주국NASA은 다른 행성의 생명체와 접촉하고 있다"고 공식적으로 발언했다. 아폴로 15호의 비행사 제임스 어윈James Irwin은 달 표면에서 신을 실제로 느꼈다고 인터뷰에서 말한 바 있다.

옴진리교의 지하철 사린가스 테러 당시, 신자 가운데 이과 출신 고학력자 청년들이 많다는 점을 들면서 일본의 학력 편중 시스템과 안일한 방송 등이 그들을 양성했다고 말하는 평론가와 해설자가 여럿 있었다. 물론 그것도 요인일 수 있다. 그러나 여러 요인들 중 하나에 불과하다. 딱히 근대 일본에만 국한된 이야기도 아니다. 이과 출신 고학력자이고 최첨단 분야에 종사하는 성실한 청년들은 '어떻게'뿐 아니라 '왜'에 계속 관심을 가지면서 오컬트나 종교에서 어떤 예감 혹은 개연성을 느꼈을 것이다. 이유는 그들의 공통된 자질이나 속성이 아니다. 학력 편중 시스템이나 방송 때문도 아니다.

그러나 나는 심령 모임을 빈번하게 주최한 로지와 크룩스, 요정을 합성한 사진에 속아넘어간 코난 도일 등은 그렇다 치더라도, 조지프슨과 펜로즈 등을 한꺼번에 부정하고 싶지는 않다. 거듭 말하지만 세상에 알려진 불가사의한 현상들은 대부분 억측이나 착각, 속임수인 반면, 어떻게 해도 설명되지 않는 현상도 분명히 있다. 그리고 여기에 양자역학의 발상을 대입하면 어느 정도 정합성이 성립하는 것이 사실이다(그러니 안이한 대입은 더욱 삼가야겠지만).

20세기 이후 발전한 분자생물학은 원핵생물과 진핵생물의 세포가 구조식상 거의 차이가 없다고 밝혔다. 즉 지구상의 생물은 박테리아에서 인류에 이르기까지 기본 메커니즘과 구성 요소가 거의 같다는 사실이 증명되었다.

여기서는 시계열時系列(진화)이 존재하지 않는다는 의견도 가능하다. 모든 생물은 그 환경에 적합한 형태로(또는 환경을 선택하여) 현재형으로 존재한다. 고등도 없고 하등도 없다. 즉 다윈주의는 현재까지 가설인 셈이다.

## 생물은 왜 죽는가,<br>죽음이란 무엇인가

"진화에 관해서는 여기까지 하겠습니다." 내가 말했다.

"오늘 또 하나 후쿠오카 씨에게 여쭙고 싶은 것이 있습니다. 인터뷰 초반에도 언급한 '죽음'에 대한 질문인데요, 생물은 왜 죽는가, 죽음이란 무엇인가. 그 문제를 계속 생각 중입니다."

후쿠오카가 손에 든 찬술 잔을 천천히 테이블 위에 내려놓았다. 이

때 그의 머릿속에는 아래와 같은 상념이 떠올랐을 것이다.

① 큰일이네. 그만 좀 끝내지. 하긴 어차피 이 남자는 뺏속부터 과격파 인사니까. 가볍게 취급했다가 원한을 품고 나중에 집에 불이라도 지르면 안 되지.

② 이번에는 죽음인가. 대체 어떻게 설명하면 이 남자를 이해시킬 수 있을까. 술맛 떨어진다. 적당히 했으면.

③ 하기야 진화와 발생 이야기가 나왔으니 다음엔 이 주제가 나오는 게 당연하지. 다 어려운 문제네. 쉽지 않아. 어디서부터 설명할까.

되도록 ③이면 좋겠지만 ①이나 ②일 가능성도 있다. 후쿠오카의 표정에 ①이나 ②의 기색은 없다. 다소 당황한 느낌은 있지만, 입꼬리가 희미하게 웃고 있다. 그렇다면 ③이라고 생각하기로 한다. 안 그러면 대담이 진행되지 않을 테니.

인류의 선조는 나무 위에서 생활하다 지상으로 내려와 집단생활을 선택했다. 땅 위에는 나무 위보다 천적의 종류와 수가 많았기 때문이다. 집단으로 생활하면 교대로 망을 볼 수 있고 사냥도 분업으로 할 수 있어 효율적이다.

이렇게 인류는 무리 지어 생활하는 동물이 되었다. 송사리, 정어리, 참새, 오리, 양 등 무리 지어 사는 동물은 무수히 많다. 이런 동물들의 공통점은 약하다는 것이다. 특히 날카로운 발톱과 어금니가 없는 호모사피엔스는 다른 동물들과 비교가 되지 않을 만큼 약하다. 게다가 발도 느리다. 날개도 없다. 대형 육식동물 앞에서는 한입거리도 되지 않는다. 그래서 무리 본능이 더욱 강하다.

지상에 내려와 이족보행을 시작한 인류의 선조는 자유로워진 두 손을 이용해 도구 만드는 법을 익히고, 불을 사용하고, 화약을 발명해 무기를 만들면서 어느새 지구상에서 가장 강한 생명체가 되었다. 이제는 천적 때문에 두려움에 떨 필요가 없게 되었다. 하지만 천적에 대한 공포와 불안은 유전자 수준에 각인되어 있다. 불안과 공포가 사라지지 않았다. 주위에 적이 보이지 않아도 찾는다. 찾아서 먼저 공격해 존재를 지워버려야 안심한다. 그래서 인간은 손에 무기를 들고 위험한 적을 찾아 나선다. 필사적으로 찾아 헤맨다. 그리고 발견했다. 가장 위험한 적을.

바로 동족이다. 다른 호모사피엔스 무리(공동체). 피부와 눈동자의 색이나 모시는 신 또는 언어가 자신들과 조금 다른 공동체. 이 점이 그들을 위험한 적의 위치로 밀어놓는다.

이렇게 인간은 동족 간 살육을 일상화했다. 그러나 다른 공동체라는 이유로 서로 죽이기를 반복한다면 평화로운 일상을 얻을 수 없다. 게다가 산에 사는 무리는 바다에서 채취한 식량과 포획물을 원하고, 바닷가에 사는 무리는 산에서 채취한 식량과 포획물을 원한다. 다른 공동체와 물물교환을 하려면 우선 내게 적의가 없다는 것을 보여줘야 한다.

그리하여 인류는 친밀함의 감정을 얼굴에 나타내게 되었다. 바로 미소다. 입술 양 끝을 조금 올리고 이를 드러낸다. 적의가 없다는 신호. 세계 공통이다. 미소는 문화와 민족과 종교의 차이를 뛰어넘는다.

지구상에는 수백만 종의 생물이 있지만, 미소를 짓는 생물은 호모 사피엔스뿐이다. 개와 고양이와 원숭이는 적의를 드러낼 수는 있지만, 명확하게 미소를 짓지는 못한(다고 생각한)다.

그래서 나는 후쿠오카의 미소를 긍정적으로 해석하기로 했다. "단세포생물은 이론적으로는 수명이 없다고들 하죠." 내가 말했다. 후쿠오카가 미소를 지으며 고개를 끄덕인다. "기본적으로는 그렇습니다."

"그런데 다세포생물은, 유성생식 후 다시 폴립(자포동물에서 볼 수 있는 기본 체형 중 하나) 상태로 돌아가는 작은보호탑해파리Turritopsis nutricula는 예외로 치더라도, 생식의 대가로 죽음에 처합니다. 일단 저는 이 부분이 이해가 안 됩니다. 인류의 선조가 죽음을 선택했다, 이것은 단세포로 남지 않으려고 했다는 뜻이죠. 물론 진화가 개체의 의지대로 진행되지는 않겠죠. 하지만 기계론적으로 볼 때, 종 전체의 관점에서 생식이 죽음과 교환할 정도로 메리트가 있다고 판단했다는 건데요."

"기계론적으로 설명하기는 어려울 겁니다. 예를 들어 대장균은 20분당 1회 분열합니다. 세대가 바뀌는 거죠. 그렇다면 분열 전의 세포는 어떤 의미에서는 이미 죽어 있었다고 볼 수도 있습니다. 그런 관점에서 다세포생물의 생식도 '오래된 세포 집단은 죽고 새로운 세포 집단에 동적 평형을 전달한다'는 측면에서는 똑같이 세대교체를 하는 거라고 생각할 수도 있습니다. 구세대 쪽이 언제나 버림받는다는 의미에서는 매일 죽음이 일어난다고 해석할 수도 있죠."

"말하자면 3년 전의 후쿠오카 씨와 저는 어떤 의미에서는 이미 죽은 것이다."

"그렇습니다. 그래서 생물학적으로는 엄격하게 말해 본인 인증이 불가능합니다. 우리는 은행이나 관공서에 가서 신분증을 보여주거나 사인을 해서 본인임을 증명하지만, 엄밀히 보면 그건 증거가 될 수 없습니다. 지문과 망막 등의 패턴도 사실은 항상 조금씩 변하고, 자기동일성이라든가 자기일관성 같은 개념은 생물학적으로는 아무런 근거도 기반도 없어요. 비유가 아니라 실제로 나는 끊임없이 변화하고 있습니다. 극단적으로 보면 우리는 모든 순간에 죽고 모든 순간에 다시 만들어진다는 말이죠. 개체가 존재하니 개체의 세대시간이 수명이라는 개념으로 받아들여지지만, 그건 끝없이 갱신됩니다. 관점을 바꾸면 38억 년의 역사 속에서 생명은 한 번도 죽지 않은 채로 다음 세대에 계속 배턴터치를 하고 있다고 말할 수도 있습니다.

세포의 메커니즘이 어떻게 만들어졌는가 하는 문제는 20세기 분자생물학의 큰 연구 주제입니다. 분자생물학에서는 단백질이 어떻게 구축되었는가, DNA는 어떻게 복제되었는가 하는 '구축build'만을 연구하는 데 열심이었습니다. 그 결과 DNA에서 RNA로, RNA에서 단백질로, 하는 식으로 모든 생물이 기본 원리에서는 같은 시스템을 가지고 있다는 사실이 밝혀졌습니다.

그런데 최근 20년 동안 분자생물학에 세포 내 '구축'보다 '파괴'에 눈을 돌리는 새로운 연구 동향이 나타났습니다. 예를 들면 변성이라든가 산화라든가 손상 같은 현상 말입니다. 오래된 세포뿐만 아니라 생성된 지 얼마 안 된 세포도 계속 파괴되고 있다는 사실을 알게 되었거든요. 게다가 파괴 시스템이 한 가지 방식이 아니라 오토파지(세포 내에서 더 이상 필요 없어진 구성 요소나 세포소기관을 분해해 에너지원으로 재생산하는 현상—옮긴이), 프로테아좀(핵과 세포질에서 단백질 분해 기능을 담당하는 거대한 단백질 복합체—옮긴이), 리소좀(가수분해 효소를 지닌 구형의 세포소기관으로 대부분의 동물세포에서 발견된다—옮긴이) 등 다양한 방식이에요. 끊임없이 에너지를 쓰면서 스스로를 적극적으로 부수고 있어요. 갓 생성된 따끈따끈한 세포라도 결국 엔트로피entropy 증가의 법칙(자연 현상이 언제나 물질계의 엔트로피가 증가하는 방향으로 일어나는 현상을 말한다. '열역학 제2법칙'이라고도 한다. 엔트로피는 열의 가역적 상태를 나타내는 물리량의 하나다—옮긴이)을 벗어날 수 없기 때문입니다. 그래서 산화와 변성과 손상이 일어나기 전에 스스로를 파괴해서 다시 만드는 것이죠. 세포 내 단백질의 수명을 살펴본 결과 불과 몇 초부터 몇 시간까지 다양했는데, 어쨌든 그것들이 전부 다 파괴되고 있는 것은 사실입니다.

이렇게 다시 만들어지고 있긴 해도 역시 완벽하지는 않습니다. 산화된 지질脂質 등 찌꺼기는 반드시 남습니다. 세포 내에 조금씩 축적된 그런 요소들이 동적 평형을 위한 대사회전代謝回轉에 실패해 엔트로피 증가 속도가 재생 속도를 능가해버리는 순간이 바로 세포의 죽음입니다. 최종적으로는 엔트로피 증가의 법칙에 졌다는 뜻이 되죠."

여기까지 단숨에 쏟아낸 후쿠오카가 찬술 잔을 입으로 가져간다. 실내는 아주 조용하다. 나도 찬술을 입안에 머금는다. 맛있네요, 후쿠오카가 혼잣말처럼 말한다.

엔트로피 증가의 법칙(열역학 제2법칙)은 우주 전체를 관통하는 보편적 진리다. 우주 전체의 엔트로피가 최대치가 되는 열사가 우주 최후의 상태라는 설도 이 법칙으로부터 도출되었다. 그러나 (앞서 말했듯) 이것 역시 가설에 불과하다. 상수 우주론과 빅뱅과 대붕괴 등을 영원히 반복하는 사이클릭 우주론을 비롯해 우주의 종말에 관한 가설은 이 밖에도 많다. 즉 우주는 어디서 왔고 어디로 가는가 하는 문제의 답은 여전히 밝혀지지 않았다는 뜻이다. 그야 그렇다. 아무도 우주의 시작과 종말을 볼 수 없다. 영원한 가설일 뿐이다.

하지만 그렇다면, 아니, 그럴수록 더욱 우리는 어디서 왔고 어디로 가는지를 조금 더 실감하고 싶다. 우리는 우주에 대한 가설을 여럿 가지고 있다. 그러면서도 우리 자신의 존재와 본질에 대해서는 가설조차 갖고 있지 못하다. 아무것도 알지 못한다.

"…엔트로피에 패배하지 않고 엔트로피를 끌어올리기 위해 우리 자신을 파괴하고 있는 셈이죠."

후쿠오카가 덧붙여 말했다. 볼과 눈 주변이 불그스레하다. 그래봐야 아주 살짝이다. 나는 슬슬 내 주량을 넘을 듯하다. 주량으로 겨루는 자리라면 지고 있음이 분명하다. 주당 생물학자는 변함없는 어조로 말을 이어간다.

"파괴하려면 당연히 에너지를 써야 합니다. 그 에너지는 식물에서 옵니다. 광합성요. 식물이 광합성으로 태양에너지를 고정해주기 때문에 지구상의 생물들이 살아갈 수 있습니다. 하지만 지금부터 약 50억 년이 지나면 태양은 완전히 불타버릴 겁니다. 태양에너지의 감소는 훨씬 일찍부터 시작될 거고요. 50억 년까지 기다릴 것도 없이, 지구상의 생명은 거의 모두 사라질 겁니다. 그건 틀림없습니다."

"왜 스스로를 계속 파괴합니까?"

오부나이가 물었다. '어떻게'가 아니라 '왜'. 후쿠오카는 몇 초 동안 침묵했다.

## 우리는 끊임없이 죽고 다시 만들어진다

"역설적이지만 생물에게는 그것이 살아남는 유일한 방법이기 때문입니다. 생명은 스스로를 튼튼하고 견고하게 만드는 작업을 멈출 수 없었죠. 그러나 아무리 튼튼하게 만든다 해도, 결국 엔트로피 증가의 법칙에 따라 질서가 파괴됩니다. 이를테면 조명 기구는 망가지기 전에 알아서 전구를 교환해야 합니다. 그렇게 일부를 늘 빛나게 하는 방법으로 어떻게든 살아남아 생명을 얻은 겁니다. 그런 의미에서 우리는 끊임없이 죽고 다시 만들어진다고도 할 수 있어요."

"그러니까 개체를 넘어선 종의 동적 평형이로군요."

내가 말했다. 후쿠오카는 고개를 크게 끄덕였다.

"생명의 질서를 배턴터치하고 있다는 측면에서 모든 생물은 계속 살아 있습니다. 생식에만 한정되는 것이 아니라, 이 순간에도 우리의 몸을 관통하는 여러 분자가 다른 생명체의 새로운 동적 평형에 참여하고 있습니다. 즉 '나'라는 분자적 실태가 다음 순간에는 식물의 일부가 되고 벌레와 지렁이의 일부가 되면서 순환하는 셈이죠.

우리는 상록수는 항상 푸르고 낙엽수는 일제히 잎을 떨군다고 생각하지만 사실은 상록수도 끊임없이 잎을 떨구면서 새로운 잎을 만듭니다. 잎을 한 번에 떨어뜨리는지 조금씩 떨어뜨리는지 하는 차이가 있을 뿐이죠. 줄기도 가지도 잎도, 오래된 것을 버리고 새로운 것을 만들고 있다는 점에서 쉼 없이 교체되고 있어요. 식물이 가진 삽목 혹은 접목 가능한 성질은 같은 장소에 있으면서 움직이지 않는다는 선택에 대한 트레이드오프trade-off로서 다분화 기능을 보존하고 있는 겁니다."

"세포를 파괴한다. 혹은 세포가 스스로 파괴된다. 말하자면 아포토시스apotosis(세포 자살)네요."

내가 말했다. 아포토시스는 다세포생물의 몸을 구성하는 세포가 더 나은 전체를 유지(혹은 전환)하기 위해 스스로 죽음을 선택하는 현상으로, 태아의 손가락 형성과 올챙이 꼬리의 소멸, 생긴 지 얼마 되지 않은 암세포의 사멸 등이 전형적 사례로 알려져 있다. 동물에만 해당되는 현상은 아니다. 낙엽도 아포토시스의 한 예이다. 흔히 세포의 자연사라고 번역되기도 하지만 조금 거부감이 느껴진다. 적어도 자살을 자연사라고 부르지는 않는다. 아포토시스에는 명확한 목적이 있다. 마음 같아서는 목적이 아니라 의도라고 쓰고 싶지만, 아무래도 그건 피해야겠지(결국엔 이렇게 써버렸지만).

"맞습니다. 적극적인 죽음이죠."

"그렇다면 개체의 죽음은 잎이나 세포 일부가 아니라 전체의 아포토시스라고 생각하면 되려나요."

"네. 아포토시스는 개체 안에서도 일어나지만, 개체의 죽음을 통해 생태적 지위ecological niche를 새로운 개체에게 넘겨준다는 의미로 보면 이타적 죽음이기도 하죠."

수초 동안의 침묵. 죽음은 이타적인 것이기도 하다지만 역시 쉽게 받아들여지지 않는다. 아니, 실감이 나지 않는다.

"암세포는 불로불사不老不死하지 않습니까? 만약 전신에 암세포가 번진다면 이론적으로 그 개체는 불로불사하는 것이 되나요?"

"샬레에 배양되는 세포를 상상해보면 세포 집단으로서는 불로불사입니다. 그러나 현실에서 암세포는 자신의 정체를 모르는 상태라, 다른 세포와의 커뮤니케이션을 거부하고 증식 일로를 걷습니다. 말하자면 간이나 폐, 신장 등에 분화되어 있던 세포가 역행하여 무개체적 상태로 돌아가 끝없이 늘어나죠. 전신의 세포가 암세포화하면 분화 체계가 완전히 무너져 하나의 세포 덩어리가 될 겁니다. 그런데 그 상태를 살아 있다고 해야 할지는…."

"요약하자면 간세포였지만 그것이 분화해서 다시 간세포가 되기 전의 배아 줄기세포 같은 상태가 되어버리는 것이 암세포라고 할 수 있겠네요."

"그렇죠. 그래서 궁극적으로 암을 치료한다고 하면 암세포를 떼어내거나 태우거나 화학물질로 없애는 게 아니라, 그 암세포에게 '너는 원래 간세포였잖아? 떠올려봐' 하고 조언해서 암세포가 '아, 맞다. 나 원래 간세포였지' 하고 본래의 자신으로 돌아가게 하면 되는 거죠. 그런데 웬일인지 암세포는 다른 세포와의 커뮤니케이션을 완전히 단절하고 아무 말도 듣지 않기 때문에 계속 증식하면서 다른 정상 세포가 밀려나게 되고 개체의 질서가 붕괴되어버립니다."

후쿠오카의 이야기를 들으니 문득 떠오르는 기억이 있다. TV 방송 PD였던 이십여 년 전 동물 실험을 주제로 다큐멘터리를 제작한 적이 있다. 취재차 방문한 대학 연구실에서 등이 희한한 모양으로 솟은 누드마우스(T세포가 없어 면역거부반응을 일으키지 않는 쥐로, 가슴샘의 기능이나 종양 연구를 할 때 실험용으로 사용된다—옮긴이)를 보았다. 수십 년 전 유방암으로 사망한 미국 여성의 암세포를 증식한 쥐라고 했다. 물론 그 쥐도 결국 죽지만, 죽기 직전에 암세포를 다른 쥐에게 이식한다. 실험자는 이 실험을 반복하면 암세포는 영원히 살 수 있다고 설명했다. 여성의 이름은 헨리에타. 미국 메릴랜드 주에서 1951년에 사망한 흑인 여성이다. 사육장 안에서 미동도 하지 않는 쥐를 보는 동안 나는 이상한 느낌에 사로잡혔다. 무려 반세기 전 서른한 살의 나이로 세상을 떠난 헨리에타의 세포가 여기에 살아 있다. 물론 그녀의 의식은 사라지고 없다. 감정도 사고도 없고, 분노나 수치심도 없다. 하지만 그 세포는 과거에 엄연히 살아 있던 그녀의 세포다.

이치상으로는 장기이식도 마찬가지이다. 하지만 그 경우에는 이식받은 대상이 쥐라는 사실 때문에 자기동일성과 생명의 윤회 같은 생각이 훨씬 더 강렬하게 내 의식을 뒤흔들었는지도 모르겠다.

생명은 연쇄적이다. 38억 년 전 태고의 바다에서 발생한 원시 생명은 모습을 조금씩 바꾸고 수를 늘리면서 지금의 생명으로 이어졌다.

이것은 분명한 사실이다. 그런 의미에서 후쿠오카의 말처럼 생명은 한 번도 죽지 않은 채 38억 년에 걸쳐 배턴터치만 반복하고 있다는 생각도 가능하겠다. 또는 (세포 수준에서는) 한시도 쉬지 않고 계속 죽고 있다고 말할 수도 있다. (문학적 수사가 아니라) 계속 죽기 때문에 계속 살아 있다.

그러므로 삶과 죽음은 대립되는 개념이 아니다. 같은 지평에 있다. 이 발상의 연장선상에 있는 것이 도킨스의 이기적 유전자론이다. 우리는 생명 기계에 불과하다. 본질은 유전자다.

이치로는 알겠다. 하지만 '이치상으로는'이다. 애를 써봐도 실제적인 느낌이 들지 않는다. 인간이 생명 기계에 지나지 않는다면 지금과 같은 의식은 필요 없다. 자동차와 비행기에 지성과 감성은 불필요하다. 그런 것이 있으면 오히려 승객을 위험에 빠뜨릴 수 있다. 더 기계적이어도 좋을 것이다. 그러면 '우리는 무엇인가?'로 고민할 필요가 없고, 사랑하고 고뇌하고 분노하고 원망할 이유도 없을 것이다. 그냥 먹고, 자고, 배설하고, 생식하고, 자극은 반사하면 된다. 정확하게 반사하려면, 백번 양보해서 약간의 지성은 필요할 것이다. 그렇다 해도 감정은 필요 없다. 질투와 절망으로 감정이 어지러운 비행기에는 절대 타고 싶지 않다. 자신이 무엇을 위해 태어났는지 고민하는 배에도 타고 싶지 않다. 더 즉물적이어도 좋겠다. 곤충은 (아마도) 인간과 같은 감정은 없을 테지만 사는 데 지장은 없다. 유전자의 생명 기계로서는 오히려 호모사피엔스보다 더 우수할지 모른다.

## 생물을 양자역학의 동시성 측면에서 보면

얼굴을 드니 후쿠오카가 생각에 골몰하는 나를 가만히 바라보고 있다. 나도 모르게 그 시선을 피해 "…역시 잘 모르겠네요"라고 말했다. 그렇게 말하긴 했지만 목소리가 목 안에 얽혀 있는 느낌이다. 제대로 발성이 안 된 것 같다. 그래서 다시 한 번 말했다.

"결국엔 잘 모르는 거네요. 인간은 어디서 왔고 어디로 가는가. 생물은 왜 죽는가. 애초에 인간은 무엇인가. 이 명제에 대한 후쿠오카 씨의 생각을 듣고 싶습니다."

말투는 정중하지만 내용은 취객의 헛소리에 가깝다. 그러고 보면 인터뷰 초기와 비교해 질문에 거의 차이가 없지 않나. 이런 자각은 있다. 있지만 피할 수가 없다. 다른 화제로 전환할 수도 없다. 오랫동안 침묵이 이어졌다. 편집자 두 사람도 입을 굳게 다문 채로 후쿠오카의 답변을 기다린다. 후쿠오카는 찬술을 조용히 들이켠 후 천천히 입을 열었다. 침묵 전에 비해 어조가 바뀌어 있다. 의식의 회로 어딘가에 딸깍 하는 소리가 나면서 스위치에 불이 들어온 모양이다.

"…어렸을 때 저는 모리 씨처럼 곤충을 참 좋아했습니다. 신기한 곤충과 예쁜 나비를 매일같이 쫓아다니며 놀았죠. 파브르나 둘리틀, 이마니시 긴지 같은 삶을 살고 싶어서 생물학의 길로 들어섰는데, 너무 순진한 생각이라는 걸 깨닫게 되었어요. 대학에 들어가보니 이마니시 긴지는 물론 파브르도 둘리틀도 멸종 위기 종에 가까운 취급을 받더군요. 실용 생물학만을 원하는 분위기였습니다. 낙담했죠. 그래도 제가 대학에 입학한 1980년대 전후는 마침 분자생물학이 테크놀로지로 구현되기 시작한 시기여서 깊은 숲을 헤치고 세포 안으로 들어가보니 잡히는 유전자의 대부분이 신종이었습니다. 새로운 곤충을 잡고 싶다는 소년 시절의 꿈은 이루지 못했지만, 유전자의 숲속으로 들어가면 신종 유전자를 몇 개고 잡을 수 있으니 '그것을 빠짐없이 기록하면 생명의 수수께끼가 풀릴지도 모른다'는 낙관을 품고 지금까지 분자생물학 연구를 해왔습니다.

그런 흐름 안에 미국이 중심이 되어 진행한 인간 게놈 프로젝트가 있었죠. 그 프로젝트를 통해 모든 유전자를 기록했지만, 밝혀진 건 결국 생명의 수수께끼를 무엇 하나 풀지 못했다는 사실입니다. 그래도 '유전자를 하나하나 연구하다 보면 생명 현상의 수수께끼는 풀릴 것'이라는 전제 아래 분자생물학은 발전해왔고 앞으로도 그럴 거라고 믿습니다."

여기까지 단숨에 말한 뒤 후쿠오카는 몇 초 동안 말이 없었다.

"…하지만 거기에 거대한 착오가 있다면 '하나의 유전자가 하나의 기능을 담당한다'는 기계론적 속박이라고 저는 생각합니다. 물론 기계나 기기라면 분해하거나 해체함으로써 그 부품이 어떤 기능을 담당하는지 알 수 있습니다. 이런 접근법을 생물학에 대입하면 '인슐린 유전자를 파괴하면 동물은 당뇨병에 걸린다. 그러므로 인슐린 유전자는 당뇨병을 막는 기능을 한다'는 식의 일대일 관계가 만들어지죠. 그야말로 이해하기 쉬운 기계론입니다. 하지만 현실은 하나의 유전자가 하나의 기능만을 담당하는 것이 아니라 다른 유전자가 그 기능을 대체할 수 있을뿐더러, 복수의 유전자가 하늘의 구름처럼 일정한 기능을 잠정적으로 담당하고 있어요. 다른 팀이 그 기능을 맡을 수도 있고 같은 팀이 다른 기능을 맡을 수도 있다는, 다시 말해 훨씬 유연하게 기능한다는 사실이 밝혀졌습니다. 생물은 기계가 아닌 거죠.

그래서 우리는 지금 우리 학계를 일컫는 명칭인 분자생물학에서 '분자'를 떼고, 나아가 분해가 아니라 통합의 방향을 생각하려고 합니다. 이 팀들, 그러니까 유전자와 유전자, 또는 요소와 요소를 엮는 힘은, 방금 전에도 말씀드렸듯이 잠정적 예측이긴 하지만, 현재로서는 양자론적 동시성의 방향에서만 풀 수 있다는 생각이 듭니다."

이렇게 답변을 마무리한 후쿠오카의 얼굴을 보면서 나는 이런 생각을 했다. 상대성이론 이전까지 고전물리학은 우리 주변의 물리 현상을 설명하는 것을 과제로 삼았다. 그 범위는 고작 지구의 거대함부터 분자와 원자의 미세함까지였다. 이 범위 안에서 모든 것은 웬만하면 법칙대로 움직인다. 위치와 운동량을 정확히 알면 그 물질의 운동은 전부 예측할 수 있다고 믿었다. 그래서 18~19세기 프랑스의 수학자 피에르시몽 라플라스Pierre-Simon Laplace는 1814년에 발표한 《확률에 대한 철학적 시론*Essai Philosophique sur les Probabilités*》에서 "만약 어떤 순간에 모든 물질의 역학적 상태를 알 수 있고 그 데이터를 분석할 지적 능력을 가진 누군가가 존재한다면 그에게 불확실한 것은 아무것도 없을 것이며 그의 눈에는 모든 현상의 미래와 과거가 보일 것"이라고 주장했다.

이 유명한 말을 설명할 때 비유로 자주 드는 것이 당구다. 당구대 위와 벽, 큐대 끝부분에 왜곡이나 돌출 또는 파임이 전혀 없다고 가정하고 어떤 순간 당구대 위 모든 공의 위치와 움직임(속도와 회전)을 정확히 파악할 수 있다면, 당구공을 큐대로 맞춘 뒤 모든 것이 정지하기까지의 움직임을 계산을 통해 오차 없이 예측할 수 있다.

당구공의 역학적 상태를 세상에 존재하는 모든 원자의 위치와 운동량으로 치환하면 고전물리학의 법칙을 활용해 원자의 시간적 움직임을 모두 예측할 수 있다는 이야기가 된다. 즉 미래를 알 수 있다. 게다가 시간적 움직임을 역산하면 과거로 거슬러 올라갈 수도 있다. 인과율의 끝. 다시 말해 신은 불필요해진다.

이 궁극의 계측 장치(지성)가 라플라스의 악마이다.

인간의 의사와 감정도 뇌 내 신경전달물질과 전위의 전달에 따라 일어나는 현상이며, 메커니즘으로서는 원자 간의 상호작용이다. 그렇다면 라플라스의 악마는 이것 역시 예측할 수 있다. 따라서 당신의 감정은 당신의 것이 아니다. 질투도 환희도 분노도 실망도 모두 물리적 현상이다. 한술 더 떠 라플라스의 악마는 내가 몇 년 뒤에 죽을지, 당신이 언제 어떤 병에 걸릴지, 내가 오늘 저녁으로 무엇을 먹을지, 2년 뒤 밤 8시에 당신이 무엇을 하고 있을지, 지구는 앞으로 몇 년 후에 소멸될지, 에티오피아에서 발견된 오스트랄로피테쿠스 화석 인골 루시는 어떻게 죽었는지, 예수가 처형되기 전날 밤 올리브나무 아래에서 정말 울었는지, 100년 후 세계의 에너지 정책은 어떨지 모두 알 수 있다.

세상의 모든 사건과 현상을 고전물리학만으로 설명할 수 있다면 라플라스의 악마는 그 후로도 명성을 떨쳤어야 한다. 하지만 20세기에 제창된 상대성이론은 시간과 공간이 불가분의 관계에 있다는 것을 증명했고, 나아가 중요한 양자론 정리인 하이젠베르크의 불확정성원리는 '측정'이라는 행위 자체가 소립자에 영향을 준다는 것을 지적했으며 양자론 차원에서 완전한 미래 예측은 불가능하다는 것과 물질의 궁극적 모습은 입자와 파동의 중첩이라는 것을 증명했다. 위치와 운동량 모두를 정확히 아는 것은 불가능하며, 전자는 원자핵 주변을 행성처럼 회전하고 있는 존재가 아니라 확률적인 존재다.

이 시간대에 전자군電子君이 집에 있을 확률은 20퍼센트이다. 이것이 의미하는 바는 전자군이 5분의 1의 확률로 집에 있다는 것이 아니라 20퍼센트의 확률로 집에 있다는 것이다. 5분의 1과 5분의 4는 떼어낼 수 없게 겹쳐져 있다.

이렇게 라플라스의 악마는 현대물리학에 존재를 부정당했고(엄밀히 말해 카오스 현상에 따른 예측 불확실성을 감안하면 고전물리학의 틀 안에서도 라플라스의 악마를 부정할 수는 있다), 한때 존재를 위협받은 인간의 자유의지는 그 후로도 존속할 수 있었다.

위치만 그런 것이 아니다. 소립자는 파동인 동시에 입자이기도 하다는 명제가 나타내듯이, 또는 예로 든 전자군의 실재實在 확률 20퍼센트가 보여주듯이, 양자론은 일상적인 감각과 유리된다. 그러나 소립자라는 미시론적 측면이나 우주라는 거시적 측면에서는 그 사건이 일어난다. 거시 세계와 미시 세계는 두말할 것 없이 우리 일상의 연장선상에 있다. 우리를 구성하는 근원은 소립자이며 우리는 우주의 일부다.

나는 분자생물학과의 결별을 암시하는 듯한 후쿠오카의 결의 표명을 기계론적 발상을 넘어선 메커니즘에 생명의 본질이 있다는 문제 제기로 해석했다. 그리고 양자론적 접근을 받아들인 생물학이 새로운 연구 분야로 인정받으면 인간은 어디서 왔고 어디로 가는지에 관해서도 해답을 얻을 수 있을지 모르겠다고 생각했다.

## 자아와 자유의지는 지금도 아슬아슬한 위치에 있다

"자, 그럼 이쯤에서 인터뷰를 마치는 걸로 할까요?"

오부나이가 말했다. 시계를 보니 인터뷰를 겸한 회식을 시작한 지 두 시간이 지나고 있었다. 줄곧 질문 세례를 받은 후쿠오카의 입장에서는 취조나 다름없었겠지. …그렇게 생각하면서도 확인하고 싶은 부분이 하나 더 있었다.

"마지막으로 하나만 더 여쭤도 될까요?"

내가 물었다. 후쿠오카는 체념한 듯 고개를 깊이 끄덕였다.

"후쿠오카 씨는 텔로미어telomere에 대해 어떻게 생각하십니까?"

진핵생물의 염색체 말단에 있는 텔로미어는 염색체 말단을 보호하는 기능을 하는 동시에, 세포분열이 일어날 때마다 짧아지는 성질이 있다. 텔로미어가 일정한 길이 이하로 짧아지면 세포는 분열을 멈춘다. 세포의 죽음이다. 따라서 텔로미어는 한때 인간의 노화나 죽음과 큰 관련이 있다고 여겨졌다.

"생명이 왜 존재하는가에 대한 가설은 몇 가지가 있습니다. 조금 전 언급한, 엔트로피가 세포 내에 축적되다가 마침내 동적 평형이 무질서해진다는 '무질서 증가설'도 그중 하나입니다. 또 하나는 세포분열을 할 때마다 DNA의 양 끝이 짧아져 결국 그것이 분열 한계로 작용해 세포가 사멸한다는 개념입니다. 암세포가 무한 증식할 수 있는 이유는 텔로머레이스telomerase라는 텔로미어 재생효소가 재활성화되어, 세포분열이 일어날 때마다 텔로미어가 짧아지는 것을 방지하기 때문입니다. 텔로미어가 생물학적으로 중요한 연구 대상임은 틀림없습니다. 하지만 저는 그것이 수명을 본질적으로 규정한다고 생각하지는 않습니다."

"그럼 가령 텔로미어가 제 기능을 하지 않더라도 수명은 다할 수 있다는 말씀이군요."

"그렇습니다."

"하지만 텔로미어가 수명의 한 축을 담당하고 있는 것은 사실입니다. 말하자면 회수권 같은 것이잖습니까? 인류는 그런 불편한 것을 무슨 조건으로 받아들였을까요?"

후쿠오카의 설명대로 인간의 체세포는 발생 과정에서 텔로머레이스 사용을 포기했다(생식세포 등의 예외는 있다). 그러나 인류 이외의 생물 대부분은 텔로머레이스를 세포 내에 가지고 있다.

이유는 알 수 없다. 적어도 텔로머레이스를 포기하는 쪽의 장점이 있었겠지. 하지만 의미 없는 계약을 한 조상을 원망하고 싶어진다. 어떤 사기 수법에 넘어가기라도 한 걸까. 쿨링오프(계약 파기)라도 신청

하고 싶어진다. 후쿠오카는 잠시 생각에 잠겼다가 말했다.

"…각각의 세포들은 엄청난 속도로 죽고 있습니다. 그래서 기억도 끊임없이 갱신되지요. 기억의 메커니즘은 분자 수준의 기억물질이 뇌 속에 보관되어 있는 것이 아닙니다. 마치 별자리 같은 세포와 세포의 회로에 전깃불이 들어오면 그 기억이 재생되는 방식의 메커니즘입니다. 다만 회로를 형성하는 세포도 변하고, 연결 시냅스의 단백질 등도 항상 교환되기 때문에, 장기적 관점에서 보면 별자리도 서서히 변화하고 있죠. 다시 말해 기억은 저장되어 있다기보다는 떠올릴 때마다 불이 들어와 재생된다고 생각하는 편이 좋습니다. 지금 이 순간 만들어지는 거죠. 그런 의미에서 기억은 환상입니다. 사람들은 흔히 '나는 어릴 적의 일을 지금도 선명하게 기억하고 있다'고 말하지만, 사실 그 기억이 매번 재생되기 때문에 저장되어 있다고 착각하는 겁니다. 실제로는 재생될 때마다 조금씩 변하는 것이 아닐까 해요."

"…그 말을 들으니 자아라는 것이 무엇인지 더 모르겠네요."

후쿠오카 옆에 앉은 다나카 히사시가 한숨처럼 중얼거린다. 나도 그런 느낌을 받은 적이 있다. 라플라스의 악마는 퇴장했지만, 그래도 자아와 자유의지는 지금도 아슬아슬한 위치에 있다.

현 단계에서는 아는 것도 있고 모르는 것도 있다. 요는 이것일 터다. 이유와 의미를 무리하게 따져봐야 소용없다. 아니, 오히려 실수만 축적될 뿐이다. 지금은 우리 선조가 그런 계약을 맺은 이유를 알 수 없다. 억지로 알려고 하지 않는 편이 낫다. 기억에 관한 후쿠오카의 생각을 나는 이렇게 해석했다.

삶과 죽음을 정의하기는 어렵다. 현실에서 사람들은 여전히 이 두 개념에 대해 확실한 정의를 내리지 못하고 있다. 말은 같아도 사람에 따라 의미가 다르다. 개념의 정의가 공유되지 않기 때문에 논의는 늘 평행선을 달린다. 하지만 확실한 정의를 내리기 위해서는 삶과 죽음에 대해 더 자세히 알아야 한다. 논의해야 한다. 출구 없는 루프다.

이후는 잡담. 곤충에게 감정이 있는지 등 매우 흥미로운 이야기와 체험담을 서로 들려주었다. 어렸을 때 나는 하굣길에 주운 수컷 호박벌과 제법 친해진 일이 있다. 그 이야기를 하니 후쿠오카는 기분 좋게 "그런 일이 생길 때도 있죠"라고 공감했다.

각자 찬술을 한 잔씩 더 주문하고 나서 보니 시간이 훌쩍 지나 있었다. 후쿠오카도 싱글벙글 웃는 것이 즐거워 보였다.

그러나 허락된 지면이 다하고 말았다. 오늘은 여기까지.

2장

# 인간은 어디서 왔는가

## 인류학자 스와 겐에게 묻다

**스와 겐** 諏訪元

인류학자. 1954년 도쿄 출생. 도쿄대학교 종합연구 박물관 교수. 동 대학교 대학원 이학계연구과 박사 과정 수료, UC버클리 박사 과정 졸업. 현재는 라미두스 카다바 등 가장 오래된 인류 화석의 1차 연구, 인류와 유인원의 치관齒冠 구조에 관한 비교형태학 연구 등에 매진하고 있다.

## 440만 년 전 인류의 선조 라미두스 원인

혼고本鄕 산초메 역에 도착한 뒤에야 알았다. 도쿄대는 5월 축제가 한창이었다. 혼고도오리에 있는 아카몬(1827년 이 지역의 영주였던 마에다가 도쿠가와 가문과 결혼하면서 세운 문으로, 도쿄대와는 아무 관련이 없으나 캠퍼스 내에 있어 도쿄대의 상징으로 자리 잡았다—옮긴이)에서 오부나이를 기다리는 동안, 많은 대학생들이 들뜬 표정으로 웃으며 내 눈앞을 지나갔다.

그러나 안내 데스크에서 알려준 총합연구박물관으로 향하는 길은 양쪽으로 나무들이 울창하게 가지를 뻗고 있어 그 일대에만 결계라도 친 듯 고요하게 가라앉아 있었다.

그런 느낌은 총합연구박물관 안에 발을 들여놓자마자 더욱 짙어졌다. 인기척이 거의 없었다. 넓은 공간에 구두 소리만 울려퍼졌다. 골격 표본과 토기 등이 진열된 선반에 슬쩍슬쩍 눈길을 주며 걷다가 오부나이와 함께 작은 엘리베이터를 타고 위층으로 올라갔다. 인류형태연구실 문 앞 복도에 놓인 선반에도 토우와 석기 등이 빼곡하게 들어차 있었다. 중학교 사회 교과서 등에서 본 듯한 토기도 많았다. 연구실에서 나온 스와 겐에게 나도 모르게 "이건 복제품인가요?"라고 물었다.

"진품입니다."

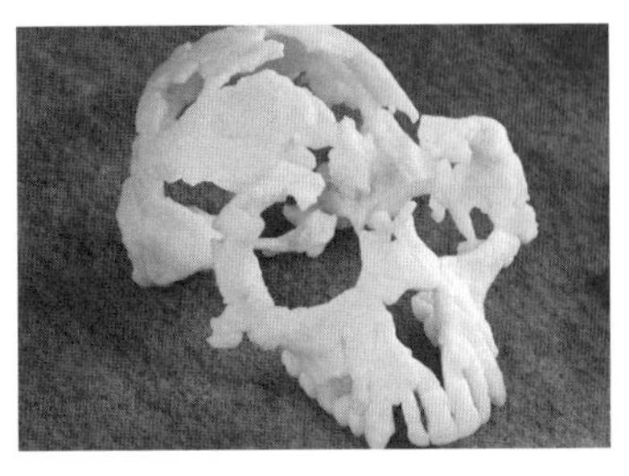

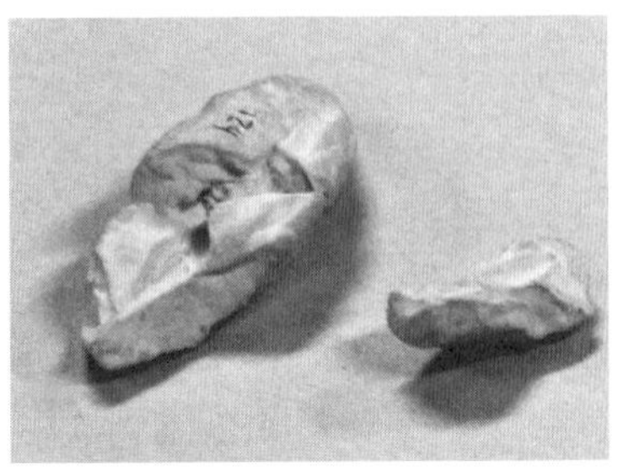

**그림 03** | 라미두스 원인의 두개골 복제품

**그림 04** | 라미두스 원인의 상악 어금니 복제품

"저 화염토기火焰土器(일본의 선사시대인 조몬시대 중기를 대표하는 토기 중 하나로, 타오르는 불꽃을 형상화했다—옮긴이) 같은 건 어쩌면 교과서에서 사진으로 봤는지도 모르겠네요."

말하면서 내가 약간 들뜬 것 같다. 복제품이 아니라 진품이라는 사실도 그렇지만, 화염토기의 무늬가 확실히 사람의 기분을 동요시키는 것 같다. 하지만 스와는 차분했다. "(여기에는) 고고학과 자연과학을 융합해 연구를 진행하는 곳이 많으니까요"라고 말하며 연구실 문을 천천히 열었다.

문 바로 뒤 선반에도 수많은 두개골과 치아 화석이 진열되어 있다. 스와가 "이 줄은 오스트랄로피테쿠스(약 400만 년 전부터 200만 년 전까지 생존한 최초의 원시 인류)의 모형입니다"라고 말하며 그중 몇 개를 손가락으로 가리킨다. 나는 "이건 복제품이겠죠?"라고 물었다. 똑같은 질문만 하고 있다. 심지어 상대가 "모형입니다"라고 설명했는데도. 하지만 스와는 역시 차분하다. "이건 모형의 모형이라고 할 수 있습니다"라고 담담하게 대답한다. "라미두스는 이겁니다."

스와가 다른 줄에서 들어올린 라미두스 원인의 두개골을 나에게 건네주었다. 진짜는 아니고 세계에 몇 개 없는, 정밀도 높은 연구용 복제 표본이다.

라미두스 원인의 정식 명칭은 '아르디피테쿠스 라미두스Ardipithecus ramidus'이다. 440만 년 전에 살았던 것으로 추정되는 그 인간 조상의 뼈는 매우 가볍고(복제품이니 당연하지만) 매우 작았다. 스와가 조용히 말한다.

"일부러 복제품만 다량 제작하고 있습니다. 예를 들면 이건 유럽의 박물관에서 가져온 보노보의 이빨 모형입니다. 침팬지, 보노보, 고릴라 등 각 개체의 뼈와 이빨을 보면서 각 개체의 차이가 이 정도구나, 개체차 이상의 차이는 이 정도겠구나 하고 머리에 여러 번 입력합니다. 그리고 화석을 발굴할 때 그 개체차를 머릿속에 그리면서 이 정도면 의미 있는 형태 차이겠다, 라고 생각하는 거죠."

"머리에 입력하는 이유는 화석을 동정同定하기 위함이겠죠?"

"맞습니다. 그 작업은 주관적인 판단으로 할 수밖에 없어서—그렇다고 숙련된 달인의 기술처럼 취급하면 곤란하지만—경험과 감각이 중요합니다."

스와 겐은 1992년 2월 에티오피아 아파르 분지 일대 아와시 강 하류의 약 440만 년 전 지층에서 라미두스 원인의 상악부 어금니 화석을 발견했다. 현재로서는 가장 오래된 인류이다.

그 이전의 가장 오래된 인류로는 1974년 역시 에티오피아에서

318만 년 전의 화석으로 발견된 '루시(오스트랄로피테쿠스 아파렌시스)'가 잘 알려져 있다. 그러나 스와가 발견한 라미두스는 루시보다 100만 년 이상 오래되었다.

"라미두스의 크기는 루시와 거의 같습니까?"

"이건 아파렌시스(루시)의 골반 일부입니다. 여기 이 라미두스의 복원 골반이 한층 더 크죠. 라미두스의 평균 체중은 40~50킬로그램으로 추정되는 데 비해, 아파렌시스는 30킬로그램 정도입니다. 그런데 아파렌시스 수컷은 큰 경우에는 50~60킬로그램쯤 되는 경우도 있다고 합니다. 라미두스는 암수간의 개체차가 별로 없고요. 성별차에 대해서는 지금도 논쟁의 여지가 있습니다. 기존에는 인류의 공통 선조에 가까운 쪽이 성별차가 크다고 여겨졌지만, 최근 공통 선조에 가까울 것이 거의 분명한 라미두스가 오히려 아파렌시스보다 성별차가 적다는 것이 밝혀졌습니다."

스와의 말을 들으며 나는 손바닥에 놓인 라미두스의 두개골 복제품을 들여다보았다. 440만 년 전 인류 조상의 성별 차이는 컸을까 작았을까, 송곳니의 크기는 어떻게 변화했을까. 외부인의 입장에서는 이런 것을 규명하는 작업이 어떤 의미일지 궁금해진다. 이런 작업의 축적은 '인간은 어디서 왔고 어디로 가는가'를 고찰하는 데 결정적인 실마리가 될 가능성이 높다.

하지만 그 전에 '인간은 대체 무엇인가?'라는 전제부터 해결해야 한다. 한 가지 정의는 '도구를 쓰는 동물'이다. 그러나 침팬지, 오랑우탄, 까마귀 등 도구를 쓰는 동물은 많다. 언어는 어떨까. 이 정도로 복잡한 언어 체계를 가진 동물은 인간밖에 없을 것이다. 불을 사용한다는 점도 인간의 큰 특징이다.

신체적 특징은 우선 직립보행을 한다는 점. 이건 다른 유인원에게서는 찾아볼 수 없다. 송곳니가 발달하지 않은 점도 중요한 특징 중 하나다.

"예를 들면 침팬지와 라미두스는 신체의 성별차가 작다는 공통점이 있습니다. 하지만 송곳니의 크기는 전혀 다르죠. 라미두스의 송곳니는 아주 작아요. 따라서 (인간과 침팬지의) 공통 조상은 아마 성별차가 그렇게 크지 않고 송곳니는 작은 유인원이었다고 생각할 수 있습니다. 공격성도 크지 않았을 테고요. 거기서 인간과 침팬지가 갈라졌고, 인간이 되는 과정에서 성별차와 송곳니가 더 작아졌죠."

"직립보행은요?"

"인간은 수컷이 암컷과 새끼에게 먹이를 가져다주기 위해 직립보행을 하게 됐다는 가설이 있습니다."

"들어본 적 있습니다."

"아무래도 그런 행동을 선택하는 개체가 지속적인 암수 관계를 유지하기 때문에 번식률과 생존율이 높습니다. 말하자면 가족의 원형과 비슷한 거지요. 기본적으로 영장류는 마모셋 원숭이 같은 예외는 있지만 일부일처제 형태의 번식행동을 하지 않습니다. 그런데 직립보행은 일부일처제 형태의 번식행동과 관련성이 있다고 볼 수 있어요. 그와 동시에 송곳니도 작아졌죠. 이런 특징들이 모두 라미두스 단계에서 발견됩니다. 즉 인간과 침팬지는 공통의 선조에서 갈라져 나왔다

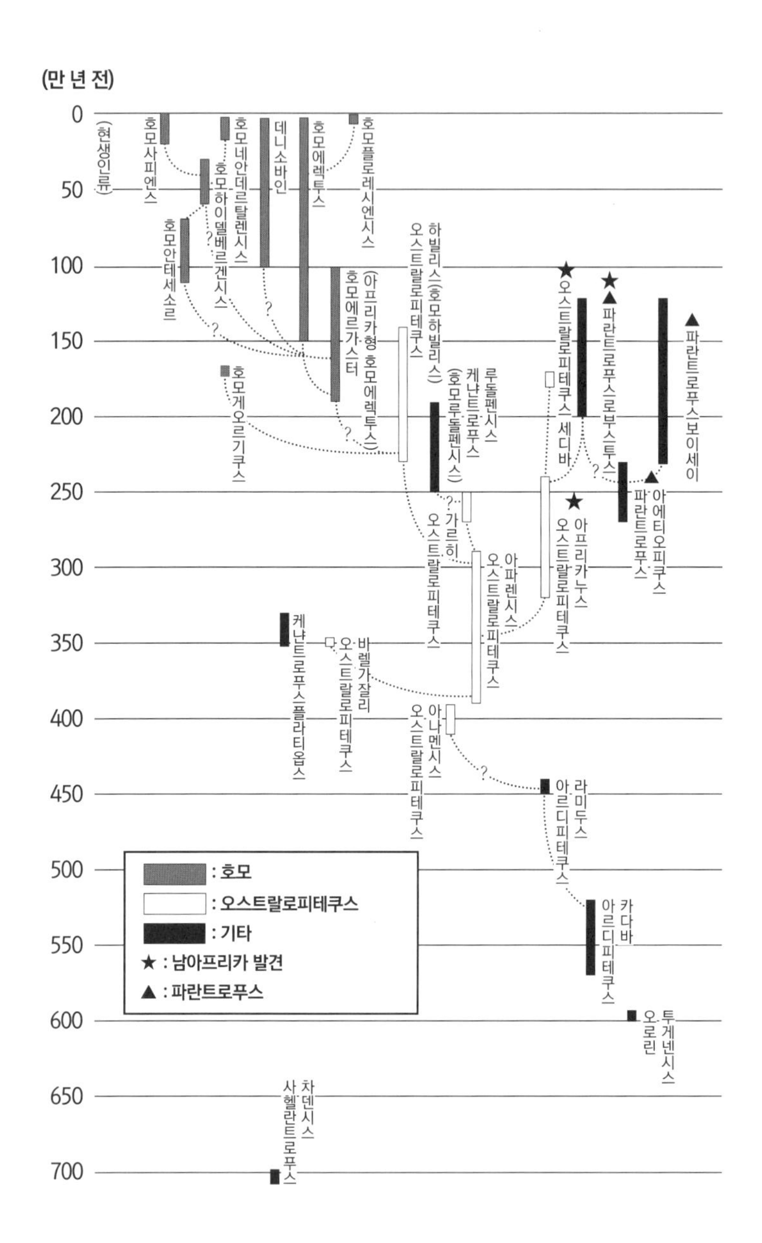


**그림 05** | 인류계통도, 가와이 노부카즈河合信和, 《인류의 진화 700만 년사ヒトの進化七〇〇万年史》에서 인용

는 것을 뼈 화석에서 읽어낼 수 있습니다."

여기서 공부를 조금 해본다. 인간의 진화는 큰 흐름으로 살펴보면 라미두스와 루시를 포함한 유원인類猿人 오스트랄로피테쿠스→원인原人 호모에렉투스→구인舊人 호모네안데르탈렌시스(네안데르탈인)→신인新人 호모사피엔스로 이어져왔다고 한다.

오스트랄로피테쿠스 이전에 살았던 것으로 보이는 오로린 투게넨시스Orrorin Tugenensis(약 600만 년 전에 존재한 것으로 추정되는 인류 선조로 케냐 부근에서 화석이 발견되었다—옮긴이)는 화석 인골은 발굴되었지만 아직 밝혀지지 않은 사항이 매우 많다. 완전히 독립적인 영장류라는 의견도 있다.

호모에렉투스의 등장은 약 180만 년 전으로 추정된다. 이 시기에 인간의 조상은 처음으로 아프리카를 떠나 아시아와 유럽 등에서 번성한다. 그리고 아시아로 이주해 자바 원인과 베이징 원인이 된다. 다만 그들은 현생인류와는 직접적인 관련이 없다. 유럽에 살게 된 호모에렉투스는 호모하이델베르겐시스가 되었고, 같은 시기에 호모네안데르탈렌시스도 나타났다.

수만 년 전까지 생존한 호모네안데르탈렌시스의 뇌 용량은 현생인류에 비하면 놀라울 정도로 크다. 그러나 얼굴은 누구나 떠올리는 원시인의 이미지다. 불을 사용했을 가능성이 크다. 동굴에서 살면서 석기를 썼고, 굴장(시신의 팔다리를 접어 매장하는 방법. 구멍을 파는 노동력을 절약하기 위함이라는 주장도 있고, 태아의 형태로 다시 태어나기를 바랐거나 악령이 되는 것을 막기 위함이라는 설도 있다)을 했을 가능성도 있다.

과거에는 이 정도로 고도의 정신 활동을 하며 살았던 네안데르탈인이 호모사피엔스의 조상일 거라고 모두들 믿었다. 하지만 1997년 화석에서 얻은 미토콘드리아 DNA 분석 결과, 네안데르탈인과 현생인류는 계통이 완전히 다르다는 사실이 거의 명확하게 밝혀졌다.

그러나 최근 《사이언스Science》지에 분기 후의 네안데르탈인 유전자가 현생인류의 DNA에 재혼입되었을 가능성이 있다는 논문이 발표되었다. 또한 네안데르탈인과 동시대에 크로마뇽인 등 현생인류(신인, 호모사피엔스)가 가까운 곳에 서식했을 가능성도 제기되었다. 그들이 사이좋게 공존했는지 아니면 적대적이었는지는 알 수 없다(진화적 공존은 어려웠겠지만). 어떤 경우든 현생인류(호모사피엔스)도 대략 10만 년 전에 아프리카에서 탄생해 전 세계로 퍼져나갔다(두 번째 탈脫아프리카)는 사실은 거의 확실하며, 현재의 인간(호모사피엔스)이 아프리카에 기원을 둔 단일종이라는 것도 분명하다.

## 인간이 인간이 되기 전의 생태는 어땠나

조상의 과거를 시간순으로 따라가는 작업은 '인간은 어디서 왔고 어디로 가는가'를 생각하는 작업과 상당히 비슷하다. 물론 '종으로서의 인간'과 '개체로서의 나'는 같지 않다. 그 사실은 당연히 전제로 하겠지만, 개체발생은 계통발생을 반복한다는 명제가 말해주듯 질문의 답을 고찰하는 데 약간의 실마리와 힌트를 발견할 수도 있다.

여하튼 인간이 인간이 되기까지의 계보에는 아직 밝혀지지 않은 점들이 많다. 대부분 모른다고 하는 편이 나을지도 모르겠다. 스와가 발견한 라미두스도 생태와 관련된 정보는 밝혀진 바가 없다. 그럴 만도 하다. 살아 있는 라미두스가 발견된 것이 아니라, 화석화한 뼈가 발견된 것이니까. 그것도 전신의 극히 일부가. 생태에 관해 아는 것이 오히려 신기하다.

내가 말했다. "이 연재를 구상한 바탕에는… 너무 순진할지 모르지만 '인간은 어디서 왔고 어디로 가는가' 혹은 '우리는 무엇인가' 하는 문제를 풀고자 하는 마음이 있었습니다. 물론 문제가 정말로 풀릴 거라 기대할 정도로 낙관적이지는 않지만, 이 문제를 생각할 때 실마리가 되어줄 만한 이야기들을 최첨단 과학 분야에서 고민하고 연구하시는 분들과 나누며 제 수준에서 여러 각도로 고찰해보고 있습니다.

먼저 한 가지 확인하고 싶습니다. 과거 원시 포유류가 있었고 그 포유류가 진화를 거듭해서 인간이 되었다. 이 전제에 크게 잘못된 점은 없습니까?"

"그렇습니다."

스와는 고개를 살짝 끄덕였다. "그건 틀림없는 사실이죠."

"그래서 오로린 투게넨시스와 사헬란트로푸스 차덴시스Sahelanthropus tchadensis(약 700만 년 전에 살았던 것으로 추정되는 초기 인류. 중앙아프리카 차드에서 화석이 발견되었다—옮긴이)의 시대를 거쳐 침팬지와 인간 계통으로 분화했고요. 일단 여기까지는 알겠습니다. 그런데 그 전, 그러니까 오로린과 사헬란트로푸스 이전의 모습은 전혀 그려지지 않습니까?"

"그 부분은 여전히 공백입니다."

"미싱 링크(생물 진화 과정에서 멸실되어 있는 생물종. 진화 계열의 중간에 해당하는 것으로 추정되지만 화석으로 발견되지는 않은 것을 말한다—옮긴이)라는 말씀인가요?"

"맞습니다. 조금씩 채워지고는 있지만요." 스와는 이렇게 대답하고는 한 호흡 쉬었다. 그런 다음 대각선 위로 잠시 시선을 주고 나서 다시 조용히 말문을 열었다.

"계통이 갈라진 무렵의 화석은 거의 없다고 해도 될 정도로 발견된 것이 거의 없습니다. 그런 의미에서 라미두스, 사헬란트로푸스, 오로린 덕에 약 600만 년 전에서 400만 년 전까지 인류 최초의 단계가 드디어 메워졌죠. 메워졌다고는 해도 여전히 모르는 것투성이라 더 메워져야 하지만 이제 완전한 공백은 아닙니다. 하지만 '인간은 어디서 왔고 어디로 가는가'라는 문제를 생각할 때 다윈 시대 이후 간과할 수 없는 요소는 아무래도 갈라지기 전에는 어땠는가 하는 점입니다. 그 시대의 화석이 아직 발견되지 않았기 때문이죠. 애초에 발굴된 화석의 양 자체가 절대적으로 적어요. 특히 약 1,200만 년에서 800만 년 전까지의 뼈 화석은 발굴되지 않은 것이나 마찬가지입니다. 그런데 라미두스는 오스트랄로피테쿠스가 발견된 지 70년 후에 발견되었습니다. 이어서 오로린과 사헬란트로푸스의 화석도 발견됐고요. 그러니 시간은 걸리겠지만 앞으로 (분기 전의 뼈 화석이) 발굴될 가능성은 충분히 있습니다."

"쥐라기, 백악기 등 공룡의 화석은 상당히 많이 발굴되지 않았습니까? 그에 비해 인간 선조의 화석은 왜 이렇게 적은가요?"

"인간의 선조만 그런 것이 아닙니다. 그 시대의 침팬지와 고릴라 화석도 거의 없습니다. 전무해요. 열대림에서 살았기 때문에 화석화하기가 어렵죠."

열대기후에서는 화석화가 어렵다. 맞다. 그건 그렇다.

"화석화했다 해도 묻힌 상태 그대로 나오기가 힘듭니다. 그에 비해 인류의 화석이 발견된 이유는 그들이 살던 근방인 탄자니아에서부터 케냐, 에티오피아 쪽에 대大지구대, 즉 그레이트 리프트 밸리Great Rift Valley가 경사지게 뻗어 있는데, 그 땅이 단계적으로 벌어지고 사이가 솟아오르면서 오래된 지층이 지상으로 드러났기 때문입니다. 공룡도 마찬가지죠. 그래서 인류의 화석은 제법 발견되었지만 분기 무렵의 화석은 아직 없습니다."

미싱 링크라고 하면 어딘지 모르게 미스터리한 분위기가 느껴지지만 '미싱(발견되지 않은)'에 정합성이 있다는 뜻이겠지. 그렇게 확인하는 나에게 스와는 살짝 고개를 끄덕였다.

"게다가 발견된 것과 인정받는 것은 또 다른 문제입니다. 라미두스와 사헬란트로푸스를 믿지 않는 학계 전문가와 연구자들도 여전히 적지 않아요."

"아직도 논란이 되고 있나요?"

"네. 아무래도 원시적인 것이라서 그 화석이 인간의 조상이 아니라 변종 유인원일 수 있다는 논쟁도 있습니다."

"이 조각이 혹시 그쪽 조각과 일치하지는 않나, 아니면 이 치아는 그쪽 치아와 같은 턱에 있었던 것이 아닐까 하는 식으로 말이죠…. 그러니까 이 분야의 작업은 철저히 아날로그적이네요. 물론 CT(컴퓨터 단층촬영) 같은 기술도 쓰겠지만, 다른 과학 분야에 비하면 컴퓨터 등 최신 기술이 소용될 여지가 거의 없는 분야 같습니다."

"그렇죠. 적어도 우리는 그런 의식을 강하게 가지고 있고, 결국 아날로그로 승부를 보리라 굳게 믿고 있습니다."

스와는 이렇게 말한 뒤 테이블 위에 놓인 뼈 화석 조각 복제품을 집어들었다.

"이건 아르디(라미두스)의 상악 송곳니입니다. 네 개 정도 되는 조각을 (조합해서) 연결했어요. 오랜 시간 이대로 있었죠. 이쪽 건 다른 개체의 작은 조각이라고 생각했던 것인데, 어느 순간 갑자기 이것들이 같은 개체의 일부가 아닐까 하는 생각이 떠올라 맞춰봤더니 딱 맞더군요. 발견 장소가 조금 떨어져 있었기 때문에 다른 개체라고 생각했던 거죠. 그런데 하나가 들어맞으면 다른 부분들도 연결될 가능성이 생깁니다."

오부나이가 감탄했다. "거의 퍼즐이네요."

"그래서 라미두스의 상악 송곳니가 하악 송곳니보다 짧다는 사실이 밝혀졌습니다. 인류의 진화를 고려할 때 매우 중요한 발견이죠. 고릴라와 침팬지 등 대부분의 원숭이는 상악 송곳니가 발달해 있어요. 그런데 라미두스는 상악 쪽이 작죠."

"말하자면 공격 능력이 축소되었다는 의미인가요?"

"그렇습니다. 이미 오래전부터 공격성이 억제되도록 진화해왔으리라고 우리는 추측하고 있습니다. 인류의 큰 특징은 송곳니가 작고 공격성이 완화된 것입니다. 물론 수컷끼리의 경쟁은 있지만, 서로 협력행동을 할 여지가 라미두스 무렵부터 있었던 것으로 보입니다. 라미두스에서 오스트랄로피테쿠스에 이르는 과정에서 송곳니의 크기, 두께, 폭이 점점 작아지고 얇아지고 좁아져서 최종적으로 현대 인류까지 이어져왔죠."

## 성 선택과 직립보행은 함께 진화했다

스와의 설명을 들으며 나는 진화의 메커니즘에 대해 새삼 생각했다. 진화가 계속되는 것은 개체 입장에서 이점이 있기 때문이다. 즉 적자생존이다. 송곳니가 작아지면 단점이 있겠지만(싸움에 불리해진다거나) 이점이 무엇인지는 잘 모르겠다. 나의 이 의문에 스와는 "암컷의 선택, 즉 성 선택입니다"라고 망설임 없이 대답했다.

"암컷과 새끼가 살아남는 데 협조적인 수컷과 비협조적이고 공격성만 높은 수컷 중에 암컷은 어느 쪽을 선택할까요? 특히 라미두스가 지상으로 내려온 시기는 일부일처제로의 이행이 시작되던 시기여서, 수컷이 육아에 기여하기 위해 먹이를 운반했을 가능성이 있습니다. 그렇다면 암컷은 그런 협조적인 수컷을 선택했을 가능성이 높죠. 그러므로 성 선택으로 인한 송곳니 축소는 직립보행과 함께 진화했다고 생각할 수 있습니다."

"그 시대에 라미두스의 천적이라고 할 수 있을 만한 육식동물이 많았습니까?"

"당연히 지금보다 더 다양한 종류의 고양잇과 동물들이 있었습니다. 라미두스가 밤에 나무 위에서 잔 것도 그 때문이었을 겁니다. 오스트랄로피테쿠스는 직립보행에 완전히 특화되어 수면도 지상에서 취했을 가능성이 높고요. 다만 송곳니가 꽤 작아져 있었을 테고, 무기를 가지고 있었다 해도 뗀석기는 아직 없었죠. 그럼 어떻게 몸을 보호했을까. 그 명확한 답을 우리는 아직 얻지 못했습니다. 그냥 라미두스와 비교하면 적어도 오스트랄로피테쿠스는 천적에 대항하기 위해 더 협조적인 큰 무리를 만들지 않았을까 상상하고 있습니다.

이후 사람Homo속屬이 되면 머리가 조금 더 커지고 석기를 사용하기 시작합니다. 행동도 복잡해지고요. 협력 행동이 발달하고, 석기를 쓰기 시작했으니 육식도 늘어납니다. 이렇게 라미두스, 오스트랄로피테쿠스, 사람속의 세 단계가 있었을 거라는 사실이 점차 보이기 시작하죠. 그 이전의 공통 조상에 관한 부분은 여전히 공백이지만 라미두스로부터 공통 조상을 유추할 수 있게 되었다는 점이 중요합니다. 그 전까지는 오스트랄로피테쿠스밖에 알려지지 않았기 때문에 공통 조상을 유추할 수 없었죠."

"불의 사용은 사람속부터 시작되었다고 봐도 되겠습니까?"

"불은 사람속이 된 뒤부터입니다. 어금니가 라미두스부터 오스트랄로피테쿠스에 걸쳐 커져 있습니다. 그리고 사람속에서는 작아집니다. 확 줄어드는 건 약 180만 년 전인데, 최초의 원인原人이 등장하는 시기가 이 즈음입니다. 그러니 이 시기에 불을 사용하기 시작해서 넓은 의미의 조리를 했을지도 모릅니다. 불을 사용해 음식을 익혀 먹으면 저작咀嚼의 부담이 크게 줄어드니까요."

"구체적으로 말하면 호모에렉투스 시대인가요?"

"그렇습니다. 하지만 언제부터 불을 사용했는지 시기를 정확히 판정하는 건 매우 어렵습니다. 석기도 마찬가지입니다. 오스트랄로피테쿠스와 사람속 중 어느 쪽이 석기를 만들었는지 궁극적으로는 알 수가 없습니다. 가령 손에 석기를 쥐고 있는 전신 뼈 화석이나 부분 뼈 화석이 발견되었다 해도, 우연히 날카로운 돌을 손에 쥔 것인지도 모르니까요."

그렇다. 그런 가능성도 배제할 수는 없을 것이다. 그러자 오부나이가 고개를 살짝 갸웃거리며 "더 오랜 옛날로 갈수록 상상으로 메우는 부분이 늘어난다는 말씀이네요"라고 혼잣말처럼 말했다. 스와가 그렇죠, 하고 대답했고, 나는 "스와 씨께서는 처음에 왜 화석인류학에 뜻을 두셨습니까?"라고 물었다.

스와는 잠시 생각에 잠기더니, "…별로 깊은 뜻은 없었습니다"라고 답했다.

"어릴 적에는 공룡이 좋았고, 피라미드 같은 것도 재미있었습니다. 그렇다고 엄청 잘 알거나 하지는 않았고요."

"공룡을 좋아한 건 이해가 되는데 피라미드를 좋아하는 아이라니 신기하네요."

"역시 역사적인 것과 관련이 있겠네요. 《호메로스》 같은 책도 읽었습니다. 그래서 고고학이나 진화와 관련된 무언가를 하고 싶다는 생각으로 대학에 입학했죠."

대학에서 진화를 전공하면서 의학부의 해부학 실습수업을 듣고 근육과 신경과 뼈의 구조를 배운 뒤 특히 비교해부학의 재미에 끌렸다고 한다.

"전문서적에 수록된 논문은 기존의 데이터에 따른 해석이고, 자기만의 독자적 해석도 얼마든지 가능하다는 점을 깨달았습니다. 화석을 새로 발굴하기는 어렵지만, 이미 발견된 화석이라도 연구자의 해석에 따라 다른 관점으로 볼 수 있어요. 그래서 대학원에서는 뼈에 관한 연구를 시작했습니다. 그때는 루시가 발견된 직후였던 데다, 사람속의 새로운 발견과 신종 유인원 때문에 이래저래 떠들썩해지던 시기이기도 했어요."

그 후 캘리포니아대학 대학원에 진학한 스와는 아프리카 화석 발굴에 참여하기 시작했다.

"그 시기에는 오직 화석의 형태를 머릿속에 집어넣기만 했습니다. 인풋이 많으면 많을수록 실제로 현장에 가서 조각을 발견했을 때 이건 무엇이구나 하고 머릿속에서 클릭하듯 바로 조회해볼 수 있거든요. 결국 8년을 미국에 있었습니다. 표본과 화석을 진득하게 살펴보면서 도움닫기하는 기간을 넉넉하게 가졌던 건 정말 운이 좋았다고 생각합니다."

"지금도 일 년 중 절반은 아프리카에 계시는 거죠?"

"요즘에는 그 정도까지는 못 있고요. 일 년에 석 달 정도 되려나요. 교수로서 해야 할 일도 늘어나고 해서."

"이 연재의 주제인 '인간은 어디서 왔고 어디로 가는가? 그리고 무엇인가?'를 조금 더 곱씹어보면 어떤 의미로는 시간을 밝혀내는 일과 중복되는 작업이 아닐까 합니다. 스와 씨께서는 실제로 수백만 년 전의 세계를 연구 대상으로 삼고 계시죠. 그런 장기적 관점은 미래에 대해서도 똑같이 적용될 것 같습니다. 수백만 년이 흐른 뒤, 화석화된 우리의 뼈를 그 시대의 연구자가 발굴할지도 모르는 일이잖습니까. 그러니 고고학자들은 과거와 미래에 대한 시간 개념이 보통 사람들보다 매우 길 것 같은데요."

"그럴지도 모르겠네요. 우리는 시간을 들여야만 좋은 작업이 이루어지니까요."

이렇게 말한 스와의 시선이 잠시 허공에 머물렀다. "하지만 요즘은 너무 빠른 답을 원하는 시대가 되어가고 있는 듯합니다. …그래서 괴롭지 않나 싶군요."

"자신이 영원한 존재가 아니라서요?"

"네. 저도 연식이 꽤 되었으니(이런 표현이 자연스럽게 나오는 점이 스와답다) 예전보다는 더 그렇게 느끼게 되었습니다. 그런 점에서 역시 그때그때 정리를 해둬야 한다는 생각은 들어요."

## 초기 인류는 왜 아프리카에서 발생했나

스와와의 인터뷰가 저녁이었다면(그러니까 술이 눈앞에 있었다면) 그 고민에 대해 더 들어보고 싶었을 것 같다. 하지만 지금은 대낮이다. 게다가 장소는 대학교 연구실. 그러니 다음 기회로 미루자고 생각하며 나는 화제를 바꾼다.

"초기 인류는 왜 아프리카, 그중에서도 특히 에티오피아에서 발생했습니까?"

"에티오피아여야만 하는 필연성은 없습니다. 다만 아프리카에는 필연성이 있습니다. 원래 유인원 집단은 아프리카에서 발생해서 흩어졌고, 그 가운데서 고릴라, 침팬지, 인간이 등장합니다. 오스트랄로피테쿠스 등 직립보행을 했던 초기 인류의 뼈 화석은 지금까지 아프리카에서도 발견되지 않았습니다. 따라서 왜 아프리카인지에 대한 답은 되지 못하겠지만, 본래 아프리카에 있던 유인원들이 인류가 되었다는 가설은 성립합니다."

나는 영원한 존재가 아니다. 하지만 영원한 과거를 생각할 수는 있다. 라미두스는 아니지만 루시의 복원 모형을 우에노의 국립과학박물관에서 볼 수 있다. 신장은 150센티미터고 체중은 25킬로그램. 초등학교 저학년 아동만한 체격이다. 갈색 체모로 온몸이 덮여 있는데, 표정에는 고릴라나 침팬지보다 명확한 감정과 의사가 보인다(모형이지만). 그 표정을 떠올리며 "라미두스 원인은 지능이 어느 정도였다고 추측

되나요?"라고 질문했다.

"적어도 침팬지와 비슷합니다. 공유 집단적 지능과 도구 사용 능력은 당연히 있었을 거고요."

"그 시기에 일부일처제가 시작되죠. 그렇다면 연애 감정 같은 것도 있었을까요?"

"무엇을 연애 감정이라고 부르느냐에 따라 다르겠지만, 연애 감정의 기반은 뇌 안쪽의 감수성 회로입니다. 그 후로도 여러 발달을 거쳤겠지만, 그 시기에 뇌 신경계에도 변화가 일어났을 거라 상상해볼 수 있습니다."

스탠리 큐브릭Stanley Kubrick 감독의 영화 〈2001 스페이스 오디세이2001: A Space Odyssey〉의 오프닝 장면을 보면 털이 덥수룩한 유인원 무리가 황야에서 동물의 뼈를 도구로 사용하는 최초의 순간이 나온다. 영화에서 시대는 명확하게 제시되지 않지만, 그들은 아마도 라미두스 혹은 오스트랄로피테쿠스일 것이다.

공포, 분노, 웃음, 희망과 절망 그리고 반복되는 일상. 무리 지어 생활했으므로 당연히 개체 간의 간단한 커뮤니케이션도 있었을 것이다. 질투와 망설임 등 다소 수준 높은 감정도 있었을지 모른다. 바로 이 시기에 송곳니가 작아지고 체모가 옅어진다. 불을 사용해 사냥감을 익히는 법을 배우면서 인류는 드디어 농경을 시작한다. 그러나 이러한 변화는 서서히 조금씩 진행된 것이 아니다. 지층처럼 급격한 변화의 단계가 있다.

진화는 역시 어렵다. 복잡다단하고 미결 과제가 많을 뿐 아니라, 어던지 모르게 석연치 않다. 깨끗하게 맞아떨어지지 않는다. 하지만 이것을 통과하지 않는다면, '우리는 어디서 왔는가'에 대한 실마리조차 찾을 수 없을 것이다.

## 생태적 지위의 변화 과정에 대해

"이제 와서 생뚱맞은 질문일 수 있지만, 스와 씨께서는 돌연변이와 자연선택만으로 진화를 설명할 수 있다고 생각하십니까?"

"설명할 수 있는 부분이 있다고 보긴 하지만, 최근에는 생물 쪽의 행동 특성도 주목받고 있습니다. 개체가 주체적으로 여러 새로운 활동을 시작하면 용불용설에 따른 후천적 변화도 일어난다고 해석할 수 있죠. 그러한 변화가 다음 세대로 유전되지는 않겠지만, 환경을 바꿀 가능성은 있습니다. 그리고 그 환경 안에서 이점을 제공하는 유전적 변화가 일어나면 그것이 점점 고정되겠죠. 그리하여 나중에 진화가 일어납니다."

"어떤 의미에서는 문화와 비슷하다는 말씀인가요? 집단 전체가 어떤 행동과 의식 등을 기억하면 그것이 자녀와 손주 세대에까지 계승되는 것처럼요. 도킨스가 제창한 밈과 연결될 수도 있겠네요."

"문화뿐 아니라 신체적으로도 일어날 수 있어요. 방금 전의 일부일처제 경향도 예로 들 수 있습니다. 일부일처제는 행동 특성으로 볼 수 있는데, 그것을 보강하는 뇌 신경계 회로의 변화가 가능하다면 유전적으로 발생해서 진화할 겁니다. 유전적 변화가 나중에 따라온다는 뜻입니다. 물론 후천적 변이는 유전되지 않지만, 신체를 많이 사용하면 뼈는 튼튼해집니다. 유전적으로 뼈가 튼튼해지는 바탕에도 개체차가 있고요. 하지만 강한 뼈가 필요한 환경에서 계속 살아간다면 뼈가 튼튼해지는 유전적 변화가 일어나 그것이 선택(도태)되어 고정된다고 보는 겁니다."

"그렇군요. 인류의 조상은 무리 지어 집단생활을 했기 때문에 환경을 변화시켰고 도태는 나중에 일어났을 가능성이 높다는 말씀이군요. 그럼 집단 전체에서 도태와 진화가 일제히 일어났을 가능성도 있다고 보십니까?"

"집단적 도태가 일어났는지 여부는 어려운 논의입니다. 내가 이 길에 들어선 1980, 1990년대에는 무리 도태는 일어나지 않는다고 했습니다. 그런데 요즘엔 다양한 조건하에 무리 도태가 실제로 일어날 수도 있다는 설이 유력해졌습니다. 획득형질은 유전되지 않는다고 하지만, 획득형질을 실현하는 유전적 변화는 있을 수 있습니다. 생물은 다른 생태적 지위로 조금씩 바뀌어가거나 혹은 바꾸어가죠. 생태적 지위 구축, 그러니까 스스로 새로운 생태적 지위를 만들고 자신도 유전적으로 변화해가는 겁니다. 그런 진화의 경우, 겉으로 보기에는 획득형질의 진화와 유사한 요소가 있지 않나 싶습니다."

"말하자면 진화와 생태적 지위의 상호작용이라는 말씀인가요?"

"그렇습니다. 특히 생태학 교수님들과 이야기를 나눠보면, 생태적 지위의 총체적 진화를 어떻게 보느냐가 얼마나 중요한지 실감할 수 있어요. 진화의 교과서적 정의는 유전자 빈도의 변화입니다. 특정한 종種이라는 유전자 그룹이 있고, 그것이 바뀌어가는 거지요. 하지만 그것만으로는 재미가 하나도 없어요. 그게 아니라 생태적 지위가 변화해가는 현상이라고 보는 겁니다. 생태적 지위가 변화하면 유전자도 자연스럽게 변화합니다. 그런 의미에서 (진화는 경쟁보다 공존의 원리에 근거한다고 한) 이마니시의 진화론은 근본적 논리에 다소 무리가 있긴 하지만, 생물 스스로가 환경에 적응하는 주체성을 가지고 있다고 보는 견해는 옳다고 생각합니다. 그래서 우리는 인류의 진화와 기원을 고찰할 때 뼈가 어떻고 하는 것보다는 생태적 지위가 어떻게 바뀌어 갔는가를 알고자 합니다. 그것이 본질입니다. 우리가 하는 일은 그 어려운 사실관계를 뼈 화석을 통해 나타내는 것이고요."

"오스트랄로피테쿠스에서 원인, 구인, 신인으로 가는 과정에서 탈아프리카가 있었고 전 세계로 점점 흩어지지 않았습니까. 그런 구도에서 일본인의 뿌리에 관해서는 어떻게 생각하면 될까요? 현재로서는 오키나와 미나토가와의 사람 뼈 화석이 가장 오래되었죠?"

"정리된 화석 중에서는 가장 오래되었습니다. 불과 얼마 전까지만 해도 두 번째 탈아프리카 과정에서 아프리카를 빠져나온 신인이 유라시아 대륙으로 흩어져 그곳에 남아 있던 원인과 구인—유럽에서는 네안데르탈인—을 내쫓고 그 자리를 차지했다고 생각했습니다. 그런데 화석을 보면 아시아 쪽은 자료가 별로 없어서 실제로 그 자리를 차지했는지 알 수가 없습니다.

요전에 고대 DNA연구가 진행된 적이 있지요. 그때 유럽에서 발굴된 뼈 화석에서 네안데르탈인의 DNA가 검출되었습니다. 그 연구 결과 네안데르탈인의 미토콘드리아 DNA는 현대인과 전혀 다르기 때문에 교배는 없었을 거라 믿게 되었죠. 그런데 최근에는 미토콘드리아뿐 아니라 핵DNA가 검출되었습니다. 그 분석 결과에 따라 시베리아에서 발견된 네안데르탈인의 DNA 일부가 현대인에게 어느 정도 이어져왔을 가능성이 대두되었습니다. 즉 교배가 있었다는 겁니다. 특히 아시아에서 그 가능성이 높아졌죠."

"불과 몇 년 전까지만 해도 텔레비전에서 네안데르탈인은 현생인류의 조상과 유전자가 전혀 섞이지 않았다고 말했는데요…."

오부나이가 지적하자 스와는 조금 곤란한 듯이 웃는다.

"텔레비전 방송에서는 명확하게 말해줘야 하니까 있었다, 없었다, 라고 쉽게 단언합니다. 지금은 '특히 아시아에서는 여러 형태로 교배가 이루어졌다'는 설이 유력해지고 있어요. 그렇다면 일본인의 기원도 상당히 복잡해지겠지요."

## 우리가 가진 단 하나의 유리한 점

이렇게 말한 뒤 스와는 침묵했다. "텔레비전 방송에서는 명확하게 말해줘야 하니까"라는 말은 그 전에 한 "요즘은 너무 빠른 답을 원하는 시대"라는 말과 호응한다. 사건과 현상은 미디어를 거치면 불가피하게 단순해지고 간략해진다. 그 편이 사람들에게 환영받기 때문이다. 요컨대 시장 원리다. 그리하여 미디어로 인해 여러 사건과 현상들이 왜소해진다. 고고학과 역사 인식에도 그런 선입견이 없을 수 없다. 그래서 새삼 생각하게 된다. 이런 시대에 '인간은 어디서 왔고 어디로 가는가? 그리고 무엇인가?'를 진지하게 고민하는 것이 얼마나 의미가 있을까 하고.

당신이 이 세 질문 가운데 하나를 (혹은 세 질문 모두를) 누군가에게 했다고 치자. '누군가'는 말 그대로 아무나를 말한다. 아내도 좋고 남편도 좋다. 부모님도 좋고 친구도 좋다. 회사 상사도 거래처 담당자도 괜찮다. 가능하다면 지나가는 사람이라도 상관없다.

아마도 모든 사람이 일단 질문의 뜻을 되묻고(당신은 "말 그대로야"라고 대답할 수밖에 없다) 고개를 갸웃하며 "왜 그런 걸 물어?"라든가 "몰라"라든가 "지금 피곤하구나"라고 대답할 것이다. "우리는 무엇인가?"에 대해서는 "사람이지" 또는 "호모사피엔스잖아"라고 답하는 사람이 있을지도 모른다. "어디로 가는가?"에 대해서는 욱하며 "집으로 가지" 혹은 "어차피 무덤으로 가는 거야"라고 대답할 수도 있다.

어떤 경우든 당신이 만족할 만한 답이 돌아올 가능성은 거의 없다. 그래서 당신은 고민한다. 나는 어떤 답을 원했던 걸까. 어떤 답이면 만족할 수 있을까.

원시종교라면 "혼란한 세상에서 지상으로 출현해 다시 혼란 속으로 돌아갑니다"라고 대답하겠지. 일신교는 "하늘에서 지상으로 보내 태어났고, 사후에는 심판의 날까지 계속 잠들어 있을 것이다"라는 대답을 준비하고 있으리라. 참고로 요한복음 8장 14절에서 나사렛 예수는 바리새파 사람들에게 "내 증거는 참되다. 나는 내가 어디서 와서 어디로 가는지 알기 때문이다. 그러나 너희는 내가 어디서 왔는지 모르고 또 어디로 가는지도 알지 못한다"라고 말한다. 만약 붓다에게 물었다면 "모든 것은 서로 인연을 맺으며 계속해서 변해간다. 그리고 결코 늘 똑같지 않다. 당신도 예외는 아니다"라며 자신의 가르침을 조용히 설파했을 것이다.

어느 정도는 이해가 된다. 하지만 어느 정도다. 아무리 애써도 완전히 납득은 못하겠다. 예수의 답은 뻔뻔하다. 결국 답하고 있지 않다. 붓다도 마찬가지다. 명확한 답을 피하고 있다(물론 피하는 것이 본질일 수도 있지만). 당신은 애매하게 고개를 끄덕인다. "으음…" 하는 소리가 새어나온다. 그리고 다시 고민한다. 나는 무엇인가? 나는 어디서 왔는가? 그리고 사후에는 어떻게 되는가? 이 우주는 왜 시작되었는가? 시작되기 전에는 어떤 상태였는가? 그리고 어떻게 끝나는가? 그 후 무슨 일이 일어나는가? 그때 나라는 주체는 어디에 있는가? 혹은 아무 곳에도 없는가? 있다면 무엇을 하고 있는가? 의식은 있는가? 애초에 의식이란 무엇인가? 왜 나는 지금 여기에 있는가? 내가 죽은 후에도 세상은 계속되는가? 내가 태어나기 전에도 세상은 존재했는가? 세상은 하나밖에 없는가?

…의문은 꼬리에 꼬리를 물고 끝없이 이어진다. 정신을 차려보니 어느덧 저녁 시간이다. 당신은 고민을 멈춘다. 어차피 답 같은 건 찾을

수 없다. 그보다 오늘은 뭘 먹을까. 어제는 햄버그스테이크를 먹었으니 오늘은 생선이 좋겠는데. 그러고 보니 올해는 아직 꽁치 소금구이를 못 먹었네. 그렇다면 맥주가 있어야지. 사다둔 게 있나? 집 앞 슈퍼 쿠폰이 있을 텐데.

이렇게 나와 당신은 사색을 멈춘다. 역사에 이름을 남긴 철학자와 사상가들도 고민해왔다. 라이프니츠는 완벽한 신의 존재를 전제로 했다. 칸트Immanuel Kant는 그것을 비판하며 철학자는 그런 논의를 억제해야 한다고 주장했다. 베르그송은 '없는' 상태는 처음부터 존재하지 않는다며 또다시 논의에 불을 붙였고, 사색은 하이데거Martin Heidegger와 비트겐슈타인Ludwig Wittgenstein으로 이어진다.

그러나 현재에 이르기까지 나와 당신이 납득할 만한 수준의 명확한 답은 발견되지 않았다. 이것은 영원한 질문일 것이다. 다시 말해 불가지론이다. 이제 와서 우리가 고민해봐야 답이 나올 가능성 따위는 1만분의 일도 되지 않는다.

다만 이 글을 쓰는 나와 읽는 당신에게는 역사에 이름을 남긴 철학자와 사상가들에 비해 엄청나게 유리한 점이 하나 있다.

바로 과학의 진보다.

특히 20세기 이후 상대론과 양자론의 발견 그리고 방대한 양의 데이터를 연산·처리하는 컴퓨터를 양축으로 삼아 과학은 급격히 발전을 이루었다. 우주는 어떻게 탄생했는가? 그리고 어떻게 끝날 것인가? 이 질문들에 관해 몇 가지 가설이 제기되고 있다. 가설이기는 하지만 크게 틀린 부분은 없다는 것이 정설이다.

물리학과 천문학, 생물학과 지구과학 등 자연과학에만 해당되는 이야기가 아니다. 뇌생리학과 유전자공학 혹은 인지심리학 등의 발전도 한 세기 전과는 비교가 되지 않을 정도다.

그러므로 최첨단 분야에 종사하는 과학자와 지식인에게 '인간은 어디서 왔고 어디로 가는가? 그리고 무엇인가?'라고 정면으로 질문하면 새로운 지식과 관점이 열릴지도 모른다. 도쿄대학교 우주물리·수학 연구소Kavli Institute for the Physics and Mathematics of the Universe, IPMU와 대학원 정보학환Interfaculty Initiative in Information Studies, III의 설립을 이끈 발상처럼 뇌과학과 양자론 혹은 유전자공학과 종교론 등 완전히 이질적인 분야의 지식과 관점을 겹쳐놓으면 이 대명제의 해답을 새롭게 스케치할 가능성이 보일지도 모른다.

그렇다면 시도해보는 것이다. 나의 역량과 지식이 어떻든 시도해보는 것만으로도 충분히 가치가 있다. 이 연재는 그렇게 시작되었다. 점심이 지난 무렵부터 인터뷰를 시작했는데, 연구실 창문 너머로 보이는 해가 제법 기울어 있었다.

## 새로운 발견만큼 미지의 영역도 커진다

라미두스 원인 화석 복제품을 손에 든 스와가 조용히 이야기를 이어갔다. "최근의 새로운 발견 중에는 플로레스 원인(호모플로레시엔시스)도 있습니다. 그것도 충격이었죠. 그 기원에 대해서는 원인이 소형화했다 또는 오스트랄로피테쿠스 단계에서 살아남았다 등 여러 가지 설이 있습니다."

2003년 인도네시아 플로레스 섬에서 발견된 플로레스 원인에 관한 뉴스는 매우 충격적이었다. 신장은 1미터 남짓. 마치 신화나 전설에 나오는 생물 같다. 게다가 약 1만 2,000년 전에 살았다고 한다. 고고학적으로는 불과 얼마 전이다. 중앙아프리카 열대우림 지역에는 아직도 피그미가 몇 부족으로 나뉘어 살고 있는데, 그들도 신장은 150센티미터 안팎으로 플로레스 원인보다는 상당히 큰 편이다.

이렇게 작은 원인이 탄생한 이유에 대한 설명은 스와의 말대로 여러 가지가 있다. 가장 유력한 설은 도서 왜소화(고립된 섬에 서식하는 동물에게 일어나는 신체의 왜소화)이지만 이것 역시 현재 정설은 아니다. 코모도왕도마뱀(인도네시아 남부 코모도 섬과 그 주변 섬에 사는 세계에서 가장 큰 도마뱀—옮긴이)처럼 반대로 거대화한 예도 있다.

체격 면에서 대형 침팬지보다도 작은 플로레스 원인은 불을 사용한 흔적이 발견되면서 지능도 상당히 높았던 것으로 추정되고 있다. 플로레스 섬에는 3만 년 이상 전부터 5,000년 전까지 현생인류(호모사피엔스)가 서식했다는 사실이 밝혀졌으므로, 그들과 플로레스 원인이 공존한 것도 확실하다.

플로레스 원인은 대략 1만 2,000년 전에 일어난 화산 폭발로 멸종했다고 알려져 있다. 그런데 현지에는 동굴에 사는 소인족 에부고고 Ebu Gogo에 대한 전설이 있는데, 이 소인족이 바로 플로레스 원인이며 이들을 목격했다는 이야기도 상당수 전해진다고 한다.

여기서 잠시 화제를 돌려보자. 일촌법사(일본 전래동화의 주인공으로, 키가 불과 1촌, 약 3센티미터밖에 되지 않는다고 하여 붙여진 이름—옮긴이), 엄지공주, 코로보쿠르(일본 홋카이도 등지에 사는 아이누족의 전설에 나오는 난쟁이 부족—옮긴이), 드워프dwarf(북유럽 신화나 전설에 등장하는 털이 많고 힘센 난쟁이 종족—옮긴이) 등의 소인 이야기는 그야말로 전 세계에 전해온다. 오컬트와 도시 전설 등에도 소인을 목격했다는 이야기가 적지 않다.

물론 소인 목격담은 시각세포와 시각영역을 관장하는 뇌에서 발생한 버그로 인한 현상이리라 생각한다. 임사 체험도 마찬가지이다. 세계적으로 공통의 요소가 있기 때문에 무의식 영역에 대한 융 심리학적 해석이 가능하다.

플로레스 원인이 지금도 생존해 있을 확률은 지극히 낮다. 낮다기보다 생존해 있을 리가 없다. 그냥 웃고 넘겨도 이상할 일은 아니다. 그러나 그들의 흔적은 불과 얼마 전 발견되었다. 그렇다면 앞으로도 새로운 사실이 발견될 가능성이 없다고 볼 수는 없다. 낡아빠진 체제에 대한 집착과 경직된 사고가 이후의 발견에 얼마나 큰 선입견을 제공하는지 보여주는 사례는 과학사를 살짝 들춰보기만 해도 얼마든지 찾을 수 있다. 그러니 '분명히 있다', '있을 리가 없다' 같은 확신과 단정을 경계해야 한다.

## 우리는
## 우연의 산물일 뿐이다

"새로운 지식을 발견할수록 미지의 영역이 늘어납니다. 그중 하나가 인류 원리지요."

내가 말했다. 슬슬 인터뷰를 마칠 생각이었다. 그렇다면 마지막으로 이것만은 꼭 물어야 한다.

"특히 오늘날 과학이 발달하고 많은 연구가 진행되면서 다양한 물리상수와 자연법칙들이 발견되었고, 그것들 대부분이 인간에게 매우 유리하다는 점이 밝혀지기 시작했습니다. 어떤 의도가 있어서 지구에 생명체가 쉽게 태어날 수 있도록, 또는 현생인류까지 진화하기 쉽도록 이 세계가 설계되었다는 생각까지 들죠. 어떤 의미에서 이것은 오컬트이고 종교로 연결되기도 쉽습니다. 그런데 최첨단 영역에 종사하는 과학자들이 오히려 이런 생각을 하기 쉽다고 들었습니다. 스와 씨는 어떤가요? 우연이라고 하기에는 모든 것이 인간에게 지나치게 유리하다는 생각이 들지 않습니까?"

스와는 팔짱을 낀 채 생각에 잠겼다. 말문이 막힌 것이 아니라, 어떻게 말해야 할지 고심하는 듯 보였다.

"…저는 반대로 우연과 우연의 중첩이라고 해도 괜찮지 않을까 합니다. 매우 희박한 확률이라도 역시 우연이라고 생각해요. 라미두스에서 출발해 단계적으로 하나하나 살펴보면, 각각의 우연들이 겹쳤다고 봐도 결코 이상하지 않을 겁니다."

"배경을 죽 짚어가다 보면 반대로 설득력이 있다는 말씀인가요? 즉 불가사의하지는 않다?"

"그렇습니다. 예를 들어 긴꼬리원숭잇과는 열대림이 축소·분단되는 과정에서 볼 주머니와 위의 구조가 복잡해지는 바람에 열매를 먹는 잡식이 가능해지면서 식사 효율이 올라가게 되었습니다. 침팬지는 긴꼬리원숭이에 대항하기 위해 나무 위와 땅 사이를 왕복하면서 열매를 채취하고 영역을 지키게 되었고요. 그 결과 공격성이 더 강해졌지요. 라미두스는 라미두스대로 잡식을 해야만 하는 상황에 노출되면서 암수 간에 먹이를 공유하는 습성이 선택에 유리하게 작용했습니다. 그런 생태적 지위의 변화 속에서 인류가 등장했지요.

1,000만 년 전부터 500만 년 전까지 아프리카에 기후변동이 일어나는 동안, 수명이 길고 번식 효율이 좋지 않은 대형 유인원이 긴꼬리원숭이에 대항하여 스스로 새로운 생태적 지위를 만들고 있었습니다. 그중 하나가 침팬지, 또 하나는 고릴라, 나머지 하나가 인류지요. 여러 고증을 보면 그 구조가 눈에 들어와요. 그런 의미에서 우연과 우연이 겹쳐 현재가 있고, 우리는 우연의 산물일 뿐이며, 그래서 이렇게 즐겁고 다양한 일을 할 수 있지 않나 생각합니다."

"…그러니까 현재 내가 여기에 이렇게 존재하는 것은 극히 드물게 일어나는 우연들의 중첩에 따른 결과라고 해석하면 될까요?"

"맞습니다."

"저는 그 우연이라는 것에 이상한 점을 느끼는데요. 그런데 최첨단 연구 현장에 몸담고 계신 스와 씨께서는 그 우연에서 필연을 느낀다는 말씀이군요. 하지만 지금 여기 있는 우리가 인류의 최종적 형태는 아니겠지요?"

"네. 진화는 영원히 계속될 테니까요."

"그렇다면 질문의 방향을 조금 바꿔보겠습니다. 이후에는 어떻게 될까요?"

"가끔 받는 질문입니다만, 그 부분은 아무리 생각해도 잘 모르겠더군요."

"인류는 진화를 거듭하고, 문명은 급격히 진보하고, 우주의 구조와 성립에 대한 고찰이 이어졌습니다. 인간 게놈 분석과 유전자공학도 발달했고, 원자력에서 전기를 얻는 수준까지 기술이 실용화되었고요. 하지만 원자력 이용이 커다란 전환점을 맞고 있듯이, 현재 우리는 중요한 터닝포인트에 와 있는 듯합니다. 생태적 지위론의 관점에서 볼 때, 향후 인류는 어느 방향으로 향할 거라 보십니까?"

"매우 걱정스럽습니다. 지금은 변화가 너무 빠릅니다. 지금까지의 생태적 지위론의 관점에서 보면, 생물들은 함께 살면서 다른 생태적 지위에 적응하기 위해 노력하고 세대를 거치면서 유전적 진화에 성공해왔습니다.

변화가 아주 천천히 나타났지요. 그러나 요즘은 인류를 둘러싼 환경이 걷잡을 수 없을 정도로 빠르게 변화하고 있습니다. 불과 얼마 전에 나온 컴퓨터가 최첨단 연구 현장에서는 도움이 되지 못하는 상황입니다. 어떤 생태적 지위를 지향할 것인지, 시행착오를 반복하면서 적응하는 장기적 과정이 전혀 없어요. 지구에서 생물 진화가 처음으로 직면한 상황입니다. 그래서 앞일을 예측할 수가 없어요. 매우 두렵습니다.

이미 힘들어졌는지 모르지만, 조금 더 느린 삶, 느린 사회를 만들어야 하지 않을까 싶습니다. 가장 무서운 건 생태적 지위가 교란되는 상황입니다. 과학기술을 발전시키면서도 생태적 지위를 제어 불능 상태로 만드는 것이 아니라 제어할 수 있어야 한다는 사실을 항상 의식하는 것, 그것이 중요하지 않을까요."

"끝으로 하나만 더 여쭙겠습니다. 인간과 다른 동물의 가장 큰 차이는 자신의 죽음을 확실히 인식하는지, 그렇지 않은지에 있다고 생각합니다. 이 가설을 전제로 한다면 인류는 자신이 언젠가 죽는다는 사실을 언제부터 인식하기 시작한 걸까요?"

"실제 증거로 드러난 건 신인 단계 이후부터입니다. 그건 정신 활동이라서 증거를 어떻게 평가할지 정하기 힘들지만요. 적어도 시신 매장 관습은 신인과 네안데르탈인 이후겠지요. 그 전, 즉 원인과 대부분의 구인 단계에서는 시신을 매장한 흔적이 발견되지 않았으니 죽음에 대한 확실한 개념은 없었다고 봐도 될 듯합니다."

창밖을 보니 해가 더 기울어 있다. 슬슬 돌아갈 시간이다. 약속한 시간은 진작 넘겼다.

마지막으로 '죽음'에 대해 그 분야의 전문가가 아닌 스와에게 질문한 이유는, 이 연재에서 죽음이 핵심 키워드가 될지도 모른다는 예감이 스쳤기 때문이다. 그래서 조금 더 깊이 파고들고 싶었다. 어차피 삶과 죽음에 대해서는 대담자 중 누군가와 한번쯤은 끝까지 이야기하게 되겠지.

스와는 인사를 하고 연구동을 뒤로하는 나와 오부나이를 현관까지 배웅해주었다. 초여름의 시원한 바람이 뺨과 목덜미를 조용히 어루만지고 지나갔다. "근처에서 맥주나 한잔 하고 싶네"라고 중얼거리니, 오부나이도 좋다는 뜻으로 고개를 끄덕였다.

3장

# 진화란 무엇인가

진화생태학자 하세가와 도시카즈에게 묻다

**하세가와 도시카즈** 長谷川利一

행동생태학자. 1952년 가나가와 출생. 도쿄대학교 대학원 총합문화연구과 교수. 도쿄대학교 문학부 심리학 전수 과정 졸업, 동 대학원 인문과학연구과 심리학 전공 수료. 현재는 행동심리학 · 진화심리학 분야에서 인간과 유인원의 생활사 전략과 배우자 전략 등을 연구하고 있다.

## 진화는 변이·경쟁·유전의 조합으로 일어난다

"저의 관심 분야는 진화라는 현상을 중심에 두고 인간을 이해하는 것이고, 학부 수업에서도 인간의 마음과 행동의 진화를 가르칩니다. 수업에서도 그 바탕이 되는 '진화란 무엇인가'에 관해 처음 2~3주를 할애해 설명하고 있어요. 왜냐하면 현재 일본의 중·고등교육에서는 진화에 대해 제대로 가르치지 않기 때문입니다."

도쿄대학교 부학장실에서 명함 교환을 마친 뒤 내가 "하세가와 씨는 진화에 대해 기본적으로 어떻게 인식하고 계시고, 지금은 어떤 생각으로 접하고 계십니까?"라고 질문하자(말문이 막힐 정도로 두서없는 질문이다), 하세가와는 잠시 생각한 뒤 이렇게 대답했다. "게다가 지금까지 다윈적 진화는 가르치지 않다시피 하고 있어요. 오늘날의 생물교육이 분자생물학이나 세포, 발생 같은 미시적 영역에 과도하게 비중을 두고 있기 때문입니다. '시스템에 관한 생물학'이죠. 물론 그것도 그것대로 중요하지만, 그것만으로는 생물 전체를 이해할 수 없어요. 시스템이 왜, 어떻게 진화해왔는지를 알아야 하죠.

다윈은 '생물은 어떻게 변화할 것인가?', '어디서 왔으며 어떻게 될 것인가?'에 대해 밝혔습니다. 기본적으로 같은 생물종—최근에는 '종'이라는 개념이 매우 모호해져버린 감이 있지만—의 교배 가능한 개체군 안에서 개체를 주목해보면 굉장한 변이가 발견됩니다. 여기 있는 세 사람만 해도 같은 인간이지만 완전히 다르잖아요. 다윈은 생물이 살아남을지 살아남지 못할지에 유전적 차이가 영향을 준다는 사실을 형질을 비롯한 다양한 차원에서 고찰했어요. 유전을 통해 어떤 것은 남고 어떤 것은 탈락하는 상황이 점진적으로 쌓이다 보면 적응적 형질에 변화가 일어난다는 겁니다.

변이, 경쟁, 유전. 진화는 이 현상들의 조합으로 생겨납니다. 다윈은 어느 집단 안에서 유전적 형질이 변화하면서 종 분화가 발생한다는 사실을 발견했고, 그 내용을 《종의 기원》—학회 발표는 1858년이고 책은 1859년에 나왔죠—에 발표합니다. 하지만 자연선택만으로는 설명되지 않는 부분도 많았기 때문에, 거기서부터 자신의 이론을 점점 확장해갑니다. 그중 하나가 성 선택과 이타행동이고요.

그래서 저는 인간에 대해 고찰할 때 자연선택설을 전제로 하고 이후 전개된 다양한 논의와 발견을 종합적으로 더해 인간 심리행동의 진화를 다루려고 노력합니다.

'우리는 어디서 왔고 어디로 가는가? 그리고 무엇인가?'라는 질문은 사실 저도 수업에서 자주 쓰고 있어요. 다윈도 고대부터 모든 사람이 품어온 이 질문을 과학적으로 풀어보고자 했죠. 그 시도는 매우 선구적인 아이디어들로 가득 차 있습니다. 현대에 사는 우리는 당시 다윈이 몰랐던 다양한 방법론을 가지고 있고요. 저는 그것들을 잘 활용해서 다윈이 내놓은 아이디어의 원점으로 돌아가 옛 데이터에 숨결을 불어넣는 작업을 나름대로 해왔습니다."

"하세가와 씨는 원래 동물행동학을 공부하셨죠?"

"거기서부터 입문했습니다. 심리학에서 동물 연구라고 하면 흔히 파블로프Ivan Petrovich Pavlov나 스키너Burrhus Frederic Skinner를 떠올리듯이, 동물 연구의 중심은 조건적 학습 연구입니다. 그런데 이런 방법으로는 폭력, 섹스, 협력, 도덕 행동 등을 다 설명할 수 없죠. 그래서 다윈적 접근에 바탕을 둔 동물 행동 연구를 통한 인간 행동 연구로 방향을 틀었습니다. 제 연구가 여기까지 온 배경이라고 할까요."

"학교 교육에서 진화에 대해 적극적으로 다루지 않는 이유는 무엇일까요?"

"미국의 경우는 기독교와의 관계 때문에 진화론 교육에 상당히 특수한 부분이 있습니다. 하지만 그건 차치하더라도, 구미의 표준적 교과서들이 다루는 진화학이 일본에는 많이 보급되지 않았습니다. 이마니시 긴지 선생 같은 분은 '다윈의 진화론은 환원주의가 너무 강해서 생물에 대해 잘 밝히지 못한다'고 주장하고 계시죠.

이 외에도 다양한 주장들이 있지만, 진화의 과학적 측면보다는 진화 사상이라든가 현대 사상 차원에서 여러 논의가 있었습니다. 본래 진화 이론은 공통적인 것일 텐데, 아무나 개별적으로 진화론에 대한 주장을 내놓는 듯한 분위기였어요.

그러다 1970년대 무렵부터 기존의 진화론과 유전학이 융합하면서 도킨스와 윌슨Edward Osborne Wilson이 치열한 논쟁을 벌였고, 그 후 유전자 수준에서의 선택이 개체의 행동을 고찰하는 데 근간이 된다는 생각이 주류가 되었습니다. 이것이 종합설입니다.

그 무렵 저는 영장류 연구를 하고 있었습니다. 박사 논문 주제도 행동생태학과 사회생물학의 관점에서 본 침팬지 사회와 배우자 관계의 분석이었지요. 침팬지도 인간도 곤충도 같은 생물이라는 기본 전제하에 다윈적으로 접근하면서 생물 저마다의 고유 행동을 공통 원리로 도출하는 연구를 했습니다. 대학원에서 조교를 할 때까지요.

해외 연구자들과 만나기도 했습니다. '인간과 동물의 새끼 죽이기infanticide 및 학대와 관련된 워크숍이 있는데 오지 않겠느냐'는 제안을 받고 시칠리아에 있는 작은 수도원을 리모델링한 국제 콘퍼런스 센터에 가서 일주일 동안 서른 명가량의 연구자들과 옹기종기 모여 아침부터 밤까지 토론을 한 적이 있습니다. 그때 마틴 데일리Martin Daly, 마고 윌슨Margo Wilson과 만났습니다. 두 사람은 인간행동진화학의 창시자예요. 그분들이 소개해준 학회에 아내 (하세가와) 마리코와 함께 매년 참석하고 있습니다. 그 학회는 지금까지 접해온 다른 학회들과는 완전히 딴 세상이어서…."

이렇게 말하며 하세가와는 미소를 지었다. 아마도 그때의 풍경을 떠올리는 것이리라.

"아무튼 깜짝 놀랐습니다. 내 옆에는 영장류학자가, 그 옆에는 조류학자가, 맞은편에는 역사학자가, 그 옆에는 언어학자가… 다시 말해 일반적인 경우라면 절대 동석할 법하지 않은 다양한 학계의 사람들이 한자리에 모여 함께 토론 중이었어요. 다윈의 붉은 실로 연결된 듯한 느낌이었죠.

그 시기에 저는 공작의 번식행동을 연구하고 있었는데, 같은 축을 가운데 두고 서로 다른 분야 사람들이 한자리에 모여 인간의 다양한 측면에 관해 이야기를 나눈다는 사실이 너무나 흥미롭고 큰 자극이 되었습니다. 당시 일본에는 그런 연구가 거의 소개되지 않았기 때문에, 전도사 혹은 선교사 같은 마음으로 연구회를 조직했어요. 그러자 동료들이 조금씩 늘어났고, 인간행동진화학과 진화심리학이라는 용어를 일본에 널리 알리게 되었죠."

하세가와 도시카즈와 마리코 부부는 일본에서 인간행동진화학과 진화심리학의 개척자다. 공사公私를 함께하는 파트너라는 점도 두 사람의 연구가 큰 성과를 거둔 요인 중 하나였을 것이다. 비유하자면 존 레넌과 오노 요코, 달리와 갈라 같다고 할까. 두 개의 다른 개성(♂와 ♀라는 것도 포인트다)이 만나 새로운 영역을 개척한 것이다.

"저는 심리학자이니 인간 심리에 관한 것은 거의 알고 있습니다. 마리코는 인류학자라서 생물학적 인간 과학에 관해 알고 있고요. 그러니 바탕을 이루는 플랫폼은 공유하고 있어요. 다양한 동물에 관심이 많다는 공통점도 있고요.

인간 혹은 인간성을 전통적 인문사회과학의 관점뿐 아니라 생물학, 자연과학, 진화학적 관점으로 접근해 연구함으로써 사회과학의 지식과 인문과학의 지식을 접목하는 것이 얼마나 흥미로운지를 학생들에게 말해왔죠."

## 분야 간 융합에서 비롯된 마찰과 균열

여기까지 이야기를 들으면서 어쨌든 하세가와가 여러 분야를 융합하는 작업에 지적 흥미를 느낀다는 것을 알게 되었다. 그런 태도는 현재 자연과학의 주류이자, 모든 분야가 종합적으로 융합되는 다윈주의의 본질 그 자체이다.

그러나 자연선택을 가장 중요한 원리로 삼는 다윈주의는 그렇기 때문에 사회의 근대화가 진행되는 과정에서 사회학의 근거로 이용되었고, 우생학적 논리는 물론 차별과 격차를 긍정하는 사상으로 이어진다는 비판을 받았다. 게다가 종교와는 상극이다. 융합되는 과정이기 때문에 마찰과 균열이 더 커질 수 있다. 내가 이 점을 지적하자, 하세가와는 고개를 크게 끄덕였다.

"종교와 진화론에 대해서는… 방금 전에 말씀드렸다시피 사실 미국의 상황도 한마디로 정리할 수가 없습니다. 서부와 동부 간에도 차이가 있어요. (미국) 중부 지역은 보수파 기독교의 영향이 무척 강한 곳이라 '다윈의 진화론만 가르치는 일은 있을 수 없다, 창조론도 똑같이 가르쳐야 한다'는 주장이 끊임없이 제기되고 있습니다. 임신중절에 강력한 반발이 일어나는 경우도 가끔 있고요."

"다윈 자신도 처음 학설을 발표할 때 신앙과 마찰이 일어날 거라 예상했죠."

"말씀하신 대로입니다. 《종의 기원》을 집필할 때 다윈은 너무도 괴로운 나머지 발표 직전 북잉글랜드로 들어가 황야를 걸으며 자신이 이 책을 낸 뒤 세간에서 어떤 취급을 받을지 심각하게 고민했다고 합니다. 비판의 도마 위에 오를 것을 너무도 잘 알고 있었죠. 그래서 그는 '인간에 대해 진화의 언어로 말할 수 있는 날이 언젠가 올 것이다' 라고만 썼습니다.

그러고 나서 대략 10년쯤 지난 뒤 자연선택만으로는 설명할 수 없는 현상에 대한 고찰을 하게 되었는데, 그중 하나가 성 선택입니다. 대표적인 예로 공작의 꽁지깃처럼 눈에 띄기만 할 뿐 날기 힘들고 공격받기도 쉬워 생존경쟁에서는 불리하기 짝이 없는 기관이 왜 선택되어 후대에 이어지는가 하는 고민을 합니다. 처음에는 다윈도 '공작을 볼 때마다 우울해진다'고 할 정도였어요. 또 다른 예로는 동물계에서 널리 관찰되는 이타 행위가 있죠. '왜 자신의 목숨을 잃으면서까지 상대를 돕는가?' 이것 역시 자연선택으로는 설명할 수 없었습니다.

다윈은 매우 꼼꼼한 성격이었다고 합니다. 자료를 빠짐없이 모으는 데 수고를 아끼지 않았지요. 그가 모은 박물지 기록은 매우 방대하고 다방면에 걸쳐 있습니다. 성 선택에 관한 저서도 쓰기 시작하자 점점 길어져서 결국 (인간의) 표정 진화에 대해서는 별도의 책으로 묶을 수밖에 없었죠."

"진화론에 대한 또 하나의 비판인 사회다윈주의에 대해서는 어떻게 생각하십니까?"

"당시는 산업혁명이 한창인 가운데 자본주의가 융성하던 시기였고, 그에 대한 안티테제로서 사회주의도 등장하지 않았습니까. 경쟁 원리를 강조하는 다윈주의는 자본주의를 정당화하는 매우 좋은 근거가 되었고, 그래서 그런 생각이 널리 퍼진 것 같습니다.

사회개혁가도 사회진화론을 표방했고, 인종차별주의자도 논리의 원리적 배경에 진화론을 가져다 썼고, 나치 우생주의의 근거도 되었죠. 그래서 많은 사회과학자들이 다윈주의에 강한 거부감을 표출하는 듯합니다."

"과거에 그랬다는 사실은 알고 있습니다. 하지만 학계에서도 거부감이 여전히 뿌리 깊은가 보죠?"

"그런 것 같습니다. 1970년대에 윌슨이 《사회생물학Sociobiology》을 발표했을 때 미국 과학진흥협회 기조연설에서 누군가가 차별주의자라며 윌슨에게 물을 뿌린 일화는 유명하죠. 지금은 줄어들었지만, 특히 1990년대까지는 사회과학을 연구하는 사람들에게 다윈주의가 생물학적 결정론으로 비치는 일이 많았어요. 우리는 결정론이라고 전혀 생각하지 않는데 말이죠.

진화론이 생물학의 중심으로 확실하게 들어온 건 역시 종합설 이후겠죠. 유전학과 유기체생명공학organismic biotechnology이 그런 분야인데, 생태학과 무리를 연구하는 생물학이 융합하고 미시 연구와 거시 연구가 접목되면서 유전과 진화는 불가분의 관계에 있다는 사실이 명확히 밝혀졌습니다."

## 레밍은 집단 자살을 하지 않는다

말을 마친 뒤 하세가와가 테이블 위에 놓인 찻잔을 입으로 가져갔다. 나는 대담의 방향을 조금 바꿔보고자, "어린 시절에 레밍(나그네쥐)의 자살에 관한 책을 읽은 적이 있습니다"라고 말했다. "정말 충격적이었어요."

그러자 하세가와가 유쾌하게 웃음을 터뜨렸다. "나도 수업 시간에 유튜브로 그 영상을 학생들에게 보여줘요."

"유튜브에서 레밍의 집단 자살 영상을 볼 수 있나요? 그런데 그거 픽션이죠?"

"디즈니의 영상이었어요. 절벽에서 인위적으로 떨어뜨리더군요."

아아, 역시. 하긴 디즈니가 아니라도 그럴 수 있을 것이다. 동물 다큐멘터리의 작위적 연출은 예전부터 공공연히 행해져왔다.

레밍의 집단 자살 말고 다른 예를 들어보자. 매가 들쥐를 잡는 영상의 경우, 우선 먹이를 노리는 매의 얼굴이 클로즈업된다. 다음은 지상에서 평화롭게 먹이를 찾는 들쥐. 다시 매의 얼굴. 뭔가 발견한 듯하다. 다음 순간 매가 날아오른다. 하지만 들쥐는 여전히 땅에서 먹이 찾기에 여념이 없다. 매가 하늘을 활공하다가 급강하를 시작한다. 마침내 들쥐가 상공의 낌새를 알아차리고 황급히 도망치려 하지만, 다음 순간 매의 발톱이 쥐의 등을 정확히 낚아챈다.

…여기까지 등장한 영상 중 실제로 그런 장면이 펼쳐져서 촬영한

영상이 있을 가능성은 없다. 그러려면 카메라 한 대로는 불가능하다. 그럼 두 대를 동시에 돌리면 될까? 그것도 가능성이 없다. 더구나 예전에는 주로 필름 카메라를 썼으니 그 정도로 필름을 낭비하지는 않을 테고 그럴 기동력도 없다. 카메라는 한 대다. 이런 영상의 경우 여러 마리의 매와 들쥐가 피사체가 된다. 즉 다른 장소에서 찍은 영상들을 짜깁기한 것이다.

소리도 마찬가지다. 야생동물 다큐멘터리는 기본적으로 원경遠景이기 때문에 소리는 녹음할 수가 없다. 그러므로 (우는 소리 등도) 대개 나중에 편집으로 처리한다고 보면 된다.

동물 다큐멘터리 작가들은 대부분 이 작업에 전혀 거부감을 느끼지 않을 것이다. 그도 그럴 것이, 매는 실제로 상공을 활공하다가 급강하하면서 들쥐를 잡기 때문이다. 남은 것은 그 장면을 어떻게 재현하느냐이다. 동물을 촬영할 때만 이런 방법을 쓰는 것은 아니다. 텔레비전에서 방송하는 일반 다큐멘터리에도 이런 의도와 작위가 많이 포함된다.

다만 레밍의 경우는 이런 재현과 다르다. 레밍이 정말로 집단 자살을 하지는 않는다. 이 경우는 진실을 전달하기 위한 표현적 거짓이 아니라, 착각을 자의적으로 재현한 것이다. 하세가와가 말했다.

"그렇게 아름다운 스토리를 만드는 거겠죠."

"그런 세뇌가 미치는 영향이 큽니다."

"크죠. 그렇다면 전쟁에서 국가를 위해 나를 희생하는 일도 당연한 건가 하고 생각하게 되는 겁니다. 무섭죠. 사실은 개체 수가 늘어 포화 상태에 도달한 레밍들이 대규모 이동을 하다가 위험한 지형이 나타난 경우 일어난 사고 또는 재난인 겁니다. 새로운 환경에 도전하는 과정인 거고요."

"그렇다면 인간 이외의 생물 중에서 전체를 위해 자신을 희생하는 종은 없다고 봐도 되겠습니까?"

"종의 정의에 따라 다르겠지만, 없다고 해도 될 듯합니다. 꿀벌은 집을 지키려고 말벌에 맞서다가 죽지만, 그건 혈연선택설로 설명이 가능하거든요.

그렇다면 집단 선택이나 무리 선택은 절대로 일어나지 않는 건가 하면, 일정한 조건이 만족될 경우 일어날 수 있다는 이론도 있습니다. 인간 행동에서는 역시 무리 선택이 영향을 미치는 면도 있겠죠. 저 또한 그런 일이 한꺼번에 일어나거나 하는 일은 없다고 봅니다. 가령 종을 위해 스스로 목숨을 버리는 개체가 있다고 해도, 자연선택으로 인해 바로 사라져버릴 겁니다. 그러면 다음 세대를 남기지 못하고요."

"도킨스의《이기적 유전자》에 대해서는 어떻게 생각하십니까?"

"처음 그 책을 읽었을 때는 눈이 번쩍 뜨이는 기분이었습니다. '이런 생각을 할 수도 있구나' 하는 생각과 함께 '너무나 깔끔한 이론인걸' 하는 생각이 들었죠. 20대 후반의 저에게 매우 큰 자극이 되었습니다.

그때의 사고관이 지금도 제 바탕에 있습니다. 하지만 그와 동시에, 혹은 그럼에도 불구하고, 동물의 사회성이라든가, 협력 행동이라든가, 타자에 대한 배려라든가 하는 (이기적이지 않은) 속성이 진화해온 것도 사실입니다. 협력도 진화했다는 뜻이죠. 이 부분은 2000년대에 들어선 이후 인간행동진화론의 중심 연구 과제가 되었습니다.

으음. 나는 고개를 갸우뚱했다. 아무래도 개운치가 않다. 이기적 유전자 가설로 생물의 이타행동을 설명할 수 있는 걸까? 이 질문에 하세가와는 잠시 침묵했다.

## 유전자를 둘러싼 도킨스와 굴드의 논쟁

지금까지의 인터뷰에서 나는 대부분 도킨스에 관해 어떻게 생각하느냐는 질문을 해왔다. 이유는 단순하다. 도킨스가 주장한 이기적 유전자론을 어떻게 해석하느냐에 따라 그 사람의 학문적 방향성을 어느 정도 엿볼 수 있는 듯해서이다.

리처드 도킨스가 1976년에 발표한《이기적 유전자》는 세계적으로 어마어마한 베스트셀러가 되었고, "생물은 유전자에 이용되는 '기계'에 지나지 않는다"는 표현은 많은 사람들에게 충격을 안겼다.

그러나 이 말이 너무도 널리 알려지는 바람에 인간은 오로지 유전자를 전달하기 위한 목적으로 프로그래밍된 기계적 존재라는 단순한 해석을 유발한 점은 부정할 수 없으며, 항간의 비판도 결코 적지 않다.

도킨스와 굴드의 논쟁을 자세히 살필 만큼의 지면은 허락되지 않지만, 진화를 이기적인 자연선택으로 정리한 도킨스의 이론에 대해 굴드는 "진화에는 우발적인 자연선택도 포함되어 있으며 유전자는 개체뿐 아니라 무리와 종의 계통에도 영향을 미친다(혹은 영향을 받는다)"

고 주장했다. 요약하자면 굴드는 진화를 과학적 합리성과 게임을 시청하는 시선으로만 해석해서는 안 된다고 생각했고, 이에 대해 도킨스는 과학자가 논의하는 문제는 과학을 통해 설명할 수 있는 것으로 한정해야 한다는 입장을 지켰다.

열렬한 무신론자이자 반종교주의자인 도킨스는 2006년《만들어진 신*The God Delusion*》을 발표해 다시 한 번 자신의 저서를 세계적 베스트셀러 반열에 올렸다. 그는 이 책에서 과학적 정신이야말로 자연의 비밀을 밝혀내는 궁극의 방법이며, 모든 종교는 (과학에 대해) 사악하고 유해하다고까지 단언하면서, 그런 정신을 가지지 않는다면 알카에다가 저지른 테러까지도 부정할 수 없게 된다는 논리를 펼친다(나는 전혀 동의할 수 없지만).

만약 도킨스에게 '인간은 어디서 왔고 어디로 가는가?'를 묻는다면 '어디서도 오지 않았고 어디로도 가지 않는다'라고 깔끔하게 대답할 것이다. 그런 발상 자체가 비과학적이므로 고민할 필요조차 없다는 질책을 들을지도 모르겠다.

## 이타행동도 '이기적 유전자'로 설명할 수 있는가

바로 그 도킨스가 자신의 사상적 배경이라고 말한 하세가와는, 그렇다면 이타주의도 이기적 유전자로 설명할 수 있느냐는 나의 질문에 몇 초간 침묵한 뒤 "그건 좀 미묘한데…"라고 혼잣말처럼 중얼거렸다.

"만약 다른 개체에 협력적인 유전자가 있고 최종적으로 윈윈Win-Win의 결과를 낳는다면 그 협력 행동도 진화합니다. 반대로 협력이 착취로 이어진다면 그 행동은 남지 않겠죠.

협력 행동의 진화론에 관해서는 전통적으로 '혈연자는 돕는다'는 혈연선택을 예로 들 수 있습니다. 나아가 1970년대에는 일시적으로 어느 한쪽이 착취당하기만 하는 비혈연관계에 대해서도 의견이 크게 바뀌어 그 경우에도 향후 결과가 윈윈일 거라 예상된다면 호혜적 이타행동이 이루어진다는 이론이 발표되기도 했습니다."

"가까운 혈연관계라면 유전자도 가까우니 이타행동에 어느 정도 합리성이 있겠네요. 그런데 혈연관계도 없는데 이타행동을 한다면 현재가 아니라 미래에 이익을 얻을 것을 기대한 행동이라고 보면 되겠습니까?"

"맞습니다. 1971년 미국의 진화생물학자 로버트 트리버스Robert Trivers가 '호혜적 이타행동'이라는 개념을 제창해 서로 돕고 도움을 받는 관계를 설명했습니다. 이 이론은 인간의 우정에 대해서도 설명해줍니다. 우정이 깊어질수록 두 사람은 서로를 도우며 결과적으로 윈윈할 수 있죠. 하지만 두 사람만의 관계라면 사회 전체로 확산되지는 않습니다. 그렇다면 이타행동은 왜 진화하는가.

이것을 설명하는 유력한 개념이 간접 호혜성입니다. 말하자면 '인정을 베푸는 것은 남 좋은 일이 아니다'라는 거죠. 이타적 행동이 사회적 신호가 된다는 생각입니다. 내가 어떤 사람에게 좋은 행동을 했다고 칩시다. 그것만으로는 당연히 손해겠지만 내 앞에 '좋은 사람'이라는 깃발이 세워지겠죠. 그 평판이 돌고 돌아 많은 사람들에게 협력자로 선택받는다면 결국 나는 득을 볼 수 있습니다."

이 말에 대해서는 보충 설명이 조금 필요할 듯하다. 왜냐하면 '인정을 베푸는 것은 남 좋은 일이 아니다'라는 말을 '인정을 베푸는 것은 남에게 오히려 도움이 되지 않는다'라든가 '인정을 베풀면 오히려 원한으로 돌아온다' 등으로 해석하는 사람이 많기 때문이다. 문부과학성의 통계에 따르면 일본인의 절반 이상이 이렇게 생각하고 있다는데, 사실 이 속담의 진짜 의미는 '(타인에게) 인정을 베풀면 언젠가는 돌고 돌아 나 자신에게 돌아와 결국 남을 위한 일이 아니게 되니 누구에게나 친절하게 대하는 편이 좋다'이다. 다시 말해 간접 호혜성이라는 개념은 누군가에 대한 이타행동이 직접적으로 보답받지는 못하더라도 돌고 돌아 다른 사람으로부터 보답을 받게 된다는 뜻으로 해석할 수 있다.

타자에 대한 이기적 행동보다는 이타적 행동이 최종적으로 자신에게 유리한 결과를 가져다주는 합리적 선택이라는 말이다. A가 B에게 이타적으로 행동했을 때 A의 그 행동을 알게 된 제3자 C가 A에게 이타적으로 행동해 결과적으로 A의 이타행동은 보답을 받는다. 그런데 제3자는 여럿일 가능성이 있으므로, 그 경우 A에게 더 많은 이익이 돌아올 것이다.

여기까지 쓰고 보니 이 발상은 어떻게 보면 다단계 판매 같다는 생각이 들었다. 현실 사회에서 다단계 판매는 법망을 아슬아슬하게 피해가고 있지만, 유전자에는 그런 주저가 없다. 철저하게 과학적이고 이기적이기 때문에 비로소 이타행동이 된다. 그런 의미에서 도킨스는 흔들림이 없다.

다만 이 호혜성이 성립하려면 이타적인 자를 이롭게 하는 환경이 조성되어 있어야 한다. 사회가 이기주의자들만으로 구성된다면 타자에게 한 이타적 행동이 다시 돌아와 당사자가 보답 받지 못할 테니 말이다.

"그런데 '깃발'이 가짜 신호인 경우, 즉 좋은 사람인 척했을 경우도 있겠죠. 그건 결국 착취만 한다는 뜻인데, 그런 사람을 어떻게 알아보는지에 대한 연구가 있습니다."

"그건 이미 진화생물학이 아니라 인간행동학의 범주에 들어가는 모양새네요. 게다가 그런 방향으로 진화가 진행되었다면 인류는 앞으로 악을 꿰뚫어보는 힘을 더 많이 갖게 된다고 봐도 될까요?"

"사람속이 탄생하고 200만 년이라는 기간에 걸쳐 인류는 커뮤니티 단위의 상호부조를 삶의 기본 방식으로 삼는 영장류로 진화했습니다. 저도 과거에 침팬지를 연구했습니다만, 인간은 침팬지와는 다른 차원의 영장류입니다. 그 바탕에는 타자와의 협력, 타자에 대한 이해, 마지막으로 타자에 대한 공감이 있습니다. 그러니 '(악을 꿰뚫어보는 힘을) 더 많이 갖게 된다'기보다는 200만 년 동안 우리가 그런 성향을 몸에 익혀왔다고 생각하는 편이 나을 듯합니다. 영국의 인류학자 로빈 던바Robin Dunbar는 생활 커뮤니티의 단위를 약 150명 규모로 상정하고 있습니다."

“무리의 이상적인 단위로군요.”

“그 정도 규모의 전통사회에서는 타자에 대한 배려와 타자를 꿰뚫어보는 힘이 매우 잘 기능했습니다. 하지만 약 1만 년 전부터 인류의 진화는 다른 단계에 진입했습니다. 문명과 과학기술의 발전으로 전통사회와는 다른 새로운 환경에서 살게 되었죠. 지역 커뮤니티가 부분적으로 남아 있긴 하지만, 일반적인 비즈니스 등은 전통사회에서 몸에 익힌 선의나 신뢰만으로는 돌아가지 않게 되었습니다. 그래서 문명화된 계약, 규범, 법, 제도를 쓸 수밖에 없지요.”

“요컨대 인류가 문명을 손에 넣음으로써 기존의 진화에 새로운 변수를 많이 가져왔다는 말씀이군요.”

“네. 인간은 기본적으로 모두 사이좋게 지내자는 생각을 갖고 있어요. 그런데 과거와는 다른 차원에 들어와버렸으니 앞으로 어떻게 될지 예측할 수가 없죠. 진화론을 연구하는 사람들은 ‘우리는 어디서 왔는가(혹은 우리는 무엇인가)’라는 명제에 관해, 전통사회의 상호부조 안에서 인간의 마음이 만들어졌다고 생각합니다. 그런데 지금은 진화적 환경과 현대 환경의 엇갈림이 발생하고 있어요. 그렇다면 미래에 무엇이 인간에게 새로운 변화를 가져올 것인가 하는 것이 인간행동진화론에서는 중요한 주제입니다.”

## 인간과 동물의 무리는 무엇이 다른가

나는 "제 생각을 조금 말씀드려도 될까요?"라고 말하고 나서 "요즘 일본 사회에서 우려되는 움직임은 빠른 집단화 현상입니다" 하고 덧붙였다.

"예를 들어 9·11 테러 이후의 미국이 전형적인 집단화 현상을 보여주는데요, 저는 불안과 공포를 느끼면 인간은 매우 본능적인 집단화 현상, 즉 무리의 속성을 나타내기 시작한다고 생각합니다. 정확하게 말하면 생각하는 것이 아니라 관찰하고 내린 결론입니다.

인류의 선조는 400만 년 전 나무 위에서 지상으로 내려와 직립보행과 함께 집단생활을 선택했습니다. 그 결과 현재의 인류가 있고요. 그렇다면 오늘날 침팬지와 인류는 집단생활을 선택했느냐 그러지 않았느냐에 따라 갈라진 것이 아닐까 하는 생각이 종종 들 정도입니다. 침팬지도 집단생활을 하지만, 인류의 조상은 사회적 무리를 대규모로 조직한 게 아닐까 하고요. …너무 극단적인 생각일지도 모르지만요."

"기본적으로는 맞습니다. 사회적 뇌 가설에서는 뇌 진화의 원동력이 사회성에 있다는 것이 기본 전제입니다."

"그런데 무리를 짓는 동물들은 많지 않습니까. 그들은 인간과 뭔가 다르겠죠. 예를 들어 아프리카 사바나에 서식하는 누는 그렇게 많은 수가 무리 지어 생활하는데도 사회적 뇌는 발달하지 않았습니다."

"누와 버펄로보다는 얼룩말과 코끼리의 뇌가 더 진화했습니다. 물론 인간의 커뮤니케이션과는 질이 다르지만요."

하세가와는 이렇게 말하더니 잠시 생각에 잠겼다.

"누의 경우 아마 무리의 동료 대부분을 개별적으로 식별하지 못할 겁니다. 주변의 다수가 저쪽으로 가니까 자기도 가는 겁니다. 다들 멈추니까 자기도 멈추고요. 코끼리의 경우는 서로 누가 누군지 알아봅니다. 젊은 코끼리가 나이 많은 코끼리의 지혜에 의지하기도 하고, 새끼를 키울 때 누가 돌볼지 함께 결정하기도 합니다. 집단생활에서 서로를 개체로 식별해 관계성을 인지하죠."

"그러고 보니 코끼리는 미러 테스트(거울에 비친 자기 모습을 자신으로 인식하는지 알아보는 자기 인지 테스트)를 통과했죠. 개나 고양이는 통과하지 못했고요."

"네. 침팬지도 통과했습니다. 고릴라와 오랑우탄도 아마 가능할 겁니다."

"물론 누는 안 될 거고요. 그렇다면 왜 누는 집단 속에서 개체 식별이 가능하도록 진화하지 않았을까요?"

"누에게 집단생활의 이점은 다른 포식자로부터의 방어 정도일 겁니다. 코끼리와 늑대와 영장류 등은 집단으로 생활하는 편이 자원 획득 면에서 유리합니다. 번식 성공률도 올라가고요. 즉 새끼를 잘 기를 수 있습니다. 마모셋 등 신세계원숭이 일부와 인간의 경우는 어머니 외의 개체가 새끼 양육에 적극적으로 관여합니다. 라미두스 원인 등은 삼림 환경에 서식했다고 추정되는데, 삼림이 한랭하여 건조해지면 포식자에 대항하기 위해서라도 무리를 지어 생활했습니다. 다 같이 먹이를 채취하고, 다 같이 먹이를 나누고, 다 같이 새끼를 키웠죠. 그걸 공동 번식communal breeding이라고 부릅니다. 호모 시대에 접어들 무렵, 인간은 사바나에 나와 직립보행을 완성하고 도구도 사용하며 커뮤니티의 기초를 만들었습니다. 그때부터는 서로 돕지 않고는 살아갈 수 없게 되었지요.

침팬지는 다른 개체를 앞지르려고 할 때, 그 개체가 무엇을 생각하는지 알아차리려고 매우 노력합니다. 그렇다고 다른 개체가 곤란한 상황이거나 고통을 호소할 때 그것을 알아주는가 하면, 그렇다고 할 수 있는 긍정적인 증거는 거의 없습니다. 따라서 침팬지에게 교육은 없다고 할 수 있지요."

"교육을 하지 않나요?"

"침팬지는 도구를 사용하잖습니까. 하지만 부모가 적극적으로 새끼의 도구 사용을 돕지는 않아요. 마치 초밥 장인이 '어깨너머로 보고 알아서 배워라' 하는 느낌입니다. 그런데 인간은 '그쪽이 아니야, 이쪽을 써야지', '이렇게 두드리는 거야' 하면서 쓸데없을 정도로 자세히 가르쳐줍니다. 무엇 때문에 곤란한 상황인지 아니까 돕는 거죠. 다른 동물에서는 거의 찾아볼 수 없는 행동입니다."

"침팬지는 동료가 아파서 물이 간절히 필요해도 별 관심을 보이지 않는다는 말을 들은 적이 있습니다."

"관심은 있겠지만 돕지는 않죠. 그냥 '평소와 좀 다른데' 정도로 생각할 겁니다."

"하지만 침팬지는 먹이를 분배하죠."

"네. 그런데 인간은 아버지나 어머니가 가장 맛있는 부분을 아이에게 주지만, 침팬지는 새끼가 한 입 먹는 걸 봐준다든가 마지막에 남은 부스러기를 준다든가 하는 정도예요. 자기가 중심이죠."

"그럼 코끼리는 어떻습니까?"

"코끼리는 애매하네요. 우리 연구실에도 코끼리를 연구하는 대학원생이 있었는데, 적극적인 이타행동을 한다고는…. 맞네요, 유튜브에 코끼리들이 진흙 속에 빠진 아기 코끼리를 다 같이 건져내는 동영상이 있어요. 그건 완전한 구조 행동이죠."

"침팬지는 못하나요?"

"글쎄요. 부모라면 자식을 구하러 가겠지만, 어떤 경우든 인간만큼은 아닙니다. 인간은 상대가 왜 곤란한지 바로 알아차리지만, 침팬지는 상대의 표정을 꿰뚫어보지 못하고 공감도 나타내지 않는 편이죠."

"어떤 경우든 공감은 호모사피엔스, 즉 인류의 커다란 특징이라는 말씀이군요."

"물론입니다."

"누의 경우 공감 능력을 갖지 못한 이유는 역시 비용과 이익의 관점에서의 자연스러운 귀결로 생각하면 되려나요."

"인간의 뇌는 무게가 체중의 약 2퍼센트밖에 안 되지만, 하루에 소비하는 칼로리는 전체의 20퍼센트에 달합니다. 즉 에너지(비용)가 아주 많이 들죠. 연비가 나쁜 기관입니다. 그래서 식생활에 여유가 있는 동물이 아니면 신경계는 진화하지 않습니다. 즉 조건이 웬만큼 좋지 않으면 뇌는 진화할 수 없다는 뜻입니다. 그렇다면 인간에게는 어떻게 뇌를 진화시킬 만큼의 여유가 생겼을까요? 이 문제에 대해 우리는 역시 공동 번식 사회였기 때문일 거라고 생각하고 있습니다."

"아, 그렇군요."

"침팬지 어미는 새끼에게 젖을 먹이지만, 젖을 뗀 다음에는 새끼가 자력으로 먹이를 찾을 수밖에 없습니다. 하지만 인간은 10대 중반, 때로는 20세가 넘어도 부모의 보호를 받죠. 현대사회만이 아니라 전통 사회에서도 그랬어요.

인간과 침팬지의 음식을 비교했을 때, 침팬지의 먹이 준비가 훨씬 편합니다. 입으로 들어가기까지 별도의 가공을 할 필요가 없어요. 하지만 인간은 손질하고 조리하고 해독하는 과정을 거쳐야 하죠. 그래서 다섯 살 아이는 자기가 먹을 음식을 스스로 마련하지 못합니다. 하지만 인간은 공동체 안에서 '게더링gathering'—채집과 수렵 활동—으로 얻은 음식을 공동체에 속한 모두에게 평등하게 분배하기로 선택했습니다. 그러면 인간의 아이는 아무런 기여를 하지 않고도 영양가 높은 음식을 섭취할 수 있게 됩니다. 침팬지 세계에서는 있을 수 없는 일이죠.

인간의 뇌가 진화한 데는 장의 영향도 있습니다. 사람속은 조리를 통해 소화가 잘되는 식사를 하게 되었습니다. 그러자 장의 길이가 단숨에 짧아졌습니다. 장은 뇌처럼 엄청난 에너지를 필요로 하는 기관인데, 그렇게 되자 뇌가 에너지를 더 많이 쓸 수 있게 되었죠. 이렇듯 인간 뇌의 진화는 공동체 안에서 이루어졌다는 것이 오늘날의 주류 학설입니다."

## 인간 집단은 무리 지어 있기 때문에 폭주한다

인간은 타자를 필요로 한다. 혼자서는 살 수 없다. 어린 시절에 읽은 《로빈슨 크루소Robinson Crusoe》를 떠올린다. 무인도에 표류해 몇 년 동안이나 혼자 살아가던 로빈슨이 가장 기뻐한 순간은 타자인 프라이데이의 발자국을 발견한 순간이었다.

왜 무리를 만드는가? 약하기 때문이다. 나무 위에 살다가 육식동물이 우글우글한 지상으로 내려왔을 때 인류의 조상은 무리 짓기를 선택했다.

무리 지어 사는 동물은 매우 많다. 앞서 말한 누·순록·양 등의 초식동물, 정어리·꽁치·송사리 등의 어류, 오리·참새·찌르레기 등의 조류. 모두 약한 동물이다. 항상 천적에게 위협을 받는다. 강한 동물은 무리를 만들지 않는다. 호랑이와 독수리, 곰, 올빼미 등. 그들에게 천적은 없다. 그래서 무리를 지을 필요가 없다(범고래와 사자는 가족 단위로 집단을 형성하지만 무리와는 다르다).

인간은 무리 지어 살면서 사회적 뇌를 발달시킬 수 있었다. 하지만 무리 지어 살기 때문에 실수를 범한다. 집단은 폭주하기 때문이다.

폭주하는 집단 속의 누는 자신이 무엇을 위해 어디를 향해 달리는지 생각하지 않는다. 오직 주위의 다른 누들과 같은 속도로 같은 방향으로 달려야 한다는 생각뿐이다. 뒤처지면 눈 깜짝할 사이에 천적에게 먹힌다. 그래서 달린다. 필사적으로 달린다.

인간은 누와 다르다. 하지만 집단이 폭주를 시작하면 그 행동은 크게 다르지 않다. 결국 인간도 달린다. 혼자 남겨지는 것이 두렵기 때문이다.

특히 일본인은 그런 경향이 더 심한 편이다. 말하자면 일극一極 집중에 부화뇌동. 타인의 행동에 매우 신경을 쓴다. 그래서 베스트셀러가 탄생하기 쉽다.

어떤 계기로 누군가가 잔달음질을 친다. 그러면 주변의 몇 명도 잔달음질을 친다. 결국 많은 사람들이 달리게 된다. 이렇게 집단은 속도를 조금씩 높인다. 왜 달리는지는 모르지만 뒤처지기 싫어 필사적이 된다. 그렇게 폭주가 시작된다.

집단화의 결과 인간은 '나'라는 일인칭 주어를 잃어버린다. 대신 '우리'와 같은 일인칭 복수, 또는 '우리 회사', '우리나라' 같은 복수 명사가 주어진다. 즉 주어가 커지고 강해진다. 서술어도 덩달아 변한다. 혼자서는 못할 일을 할 수 있을 것만 같다. 쉽게 말하면 기세가 등등해진다. '내친김에 쭉쭉'이 된다. 일본인은 특히 이런 경향이 강하다. 혼자서는 하지 못하는 일을 집단이 되면 할 수 있게 된다.

물론 여기에는 나쁜 점만 있는 것은 아니다. 원자폭탄을 두 번이나 맞고 폐허로 변한 지 단 수십 년 만에 국민총생산GDP 세계 2위를 달성했다. 새삼 느끼지만 기적에 가까운 일이다.

이것은 집단의 힘이 가져다준 은총이다. 전시에 황군皇軍의 병사였던 남자들이 전후에는 기업의 전사가 되었다. 공통 기조는 멸사봉공滅私奉公이다. 천황을 위해, 나라를 위해, 사회를 위해, 나를 멸하고 공동체에 봉공해왔다. 그러나 집단의 힘이 강할수록 부작용도 크다. 경제라는 지표를 잃자, 일본의 혼돈은 단번에 가속화했다. 일본이 선진국으로는 이례적일 만큼 자살자 수가 많았던 데는 강한 집단과 약한 개인 사이의 불균형이 큰 요인으로 작용했다고 생각한다.

집단화가 잘된다는 것은 동조 압력이 세다는 뜻이기도 하다. 그래서 일본인은 타인의 행동에 신경을 많이 쓴다. 타인과 같은 행동을 하려는 경향이 강하다.

타이타닉호의 유머를 아는가? 타이타닉호가 침몰하기 직전, 선장은 배에 탑승한 전 세계의 승객들을 바다에 띄운 구명보트로 뛰어내리게 한다.

타이타닉호의 갑판은 5층 건물 높이와 비슷해서 바로 뛰어내리기가 힘들다. 그래서 승무원들은 국가별 매뉴얼을 가지고 있다(왠지 모르지만 대상은 남성 승객에 한정된다).

미국인 승객에게는 "지금 뛰어내리면 당신은 영웅이 될 수 있습니다"라고 속삭이면 끝이다. 그들은 군말 없이 뛰어든다. 이탈리아인 남성에게는 "바다 위에 여자들이 많아요"라고 말하면 된다. 다음 순간 그들은 갑판에서 사라지고 없다. 독일인에게는 "바다에 뛰어들어야 한다는 법안이 당신네 나라에서 가결되었습니다"라고 말한다. 그러면 어쩔 수 없다고 생각하며 다이빙을 한다. 그렇다면 일본인에게는 뭐라고 말할까?

정답은 "다른 사람들도 다 뛰어들고 있어요"이다. 이렇게 속삭이면 일본인들은 '진작 말해줄 것이지'라며 미련 없이 바다로 뛰어든다.

## 이렇게 스탬피드가 시작된다

밝혀두건대, 이것은 전 세계에서 통용되는 농담이다. 그러니까 전 세계 사람들이 일본인을 이렇게 생각한다는 뜻이다. 분하지만 사실 같다. 내 생각보다 다수의 생각에 더 신경 쓰는 것. 가능하면 많은 사람들과 동일하게 행동하려고 하는 것. 최근에는 그런 경향이 더욱 가속화하고 있다.

집단은 조금씩 속도를 높인다. 왜 달리는지 모른다. 어디로 향하는지도 모른다. 하지만 뒤처지고 싶지 않아서 필사적으로 달린다. 그렇게 스탬피드stampede(집단의 폭주)가 시작된다. 그러다가 돌이킬 수 없는 실수를 저지른다. 나는 물었다.

"…이만큼 진화했는데도 왜 인류는 아직도 죽고 죽이는 일을 멈추지 못하고 테러와 전쟁을 벌일까요?"

이 질문은 조금 낯간지럽다. 마치 초등학생이 된 것 같다. 하지만 묻지 않을 수 없다. "그 질문에 답할 수 있다면 참 좋겠는데 말입니다…." 하세가와가 미소 지으며 말했다. 쓴웃음의 느낌도 있다.

"과거에 인간은 전통적 공동체에서 살았습니다. 그 공동체는 기본적으로는 평등하고 유토피아적인 사회였을지도 몰라요. 그런데 그때도 집단 간 분쟁으로 인한 사망률은 현대사회와 비슷하거나 그 이상으로 높았다고 합니다."

"집단 간 분쟁도 전통이라는 거군요."

"네. 인류는 유사 이전부터 계기가 있을 때마다 전쟁을 벌여왔습니다. 대부분 자원 확보를 위한 다툼이었는데, 심리적 기제로 보면 그 바탕에는 내부 집단의 결속과 외부 집단에 대한 차별이 존재하죠. 바로 이 부분이 현대사회의 내부 집단과 외부 집단 간 관계, 혹은 민족 간 분쟁을 이해하는 문제와 관련이 있다고 생각합니다."

"현대에도 그대로 적용되는군요."

"내부 집단을 향한 응집성과 편들기 경향은 많은 학자들이 이견 없이 인정합니다. 하지만 외부 집단에 대한 차별적 취급이 적응적 성향으로서 인간 안에 본래부터 갖춰져 있는지에 대해서는 의견이 크게 엇갈립니다.

내부 집단 편들기와 외부 집단에 대한 차별적 취급은 인류사에서 줄곧 반복되어왔죠. 미국의 석학 재레드 다이아몬드Jared Diamond는 인류에게 드리운 검은 그림자로 민족 간 분쟁과 생태계의 과잉 이용을 꼽았습니다. 특히 앞으로는 자원 분배를 둘러싸고 타 집단을 차별적으로 취급하는 일이 더 많아질 테고, 인간은 핵과 같은 새로운 차원의 (파멸적인) 무기를 갖게 되겠죠. 그래서 그는 인간의 미래에 그늘이 드리워 있다고 20여 년 전부터 말하고 있습니다. 저도 어느 정도는 그러리라 생각합니다.

다만, 동시에 우리는 마지막 단계에서 아슬아슬하게 이성적인 사회제도를 발명할지도 모릅니다. 따지고 보면 민주주의라는 정치체제도 불과 200년 전에 탄생하지 않았습니까. 민주주의가 아직 성숙하지 못했다면, 그 제도의 한계를 넘어설 방법을 이 시대의 사회과학자들이 열심히 찾고 있을 겁니다. 고작 200년으로는 잘 알 수가 없으니, 진화인류학과 현대 사회과학의 융합을 통해 '인간은 어디서 왔고…' 하는 근본적 질문에 대한 연구를 진행하면서 사회제도의 다음 단계를 설계해나가야 하지 않을까요?

사회과학자, 특히 경제학자들에게는 10년도 길 테니, 그들에게는 이런 근원적인 질문이 어려울 것입니다. 하지만 사실 수만 년, 수십만 년을 놓고 생각해야 할 문제입니다. 물론 아직 학문 간의 격차가 존재하지만요."

## 인류는 왜 아직도 불완전한가

하세가와는 말을 마치고 조금 숨을 돌렸다. 나를 물끄러미 바라보고 있다. 질문을 기다리는 건가. 내가 말했다.

"…사회과학으로 말하자면, 역사가 고작 몇 백 년밖에 안 된 사회제도와 규범, 민주주의와 자본주의가 이제부터 성숙 단계에 진입할 거라는 말이 일리가 있다는 생각이 듭니다. 하지만 생물학적으로 보면 인류의 조상이 나무에서 지상으로 내려온 지 벌써 수백만 년이 흘렀습니다. 사회제도와 정치 이데올로기는 그렇다 해도, 이쪽은 조금 더 진화했어야 하지 않나 싶은 거죠.

다윈의 자연선택과 돌연변이로 진화의 방향이 결정된다면 호모사피엔스는 더 고결하고 냉정하며 완성된 인격을 획득했어야 하지 않나요? 그런데 현실은 완전히 다릅니다. 아무리 생각해도 비합리적이고 비생산적인 감정에 휘둘리고 있어요. 전쟁과 학살이 사라지지 않았습니다. 증오와 보복도 계속되고 있고요. 왜 인류는 아직도 이렇게 불완전한 겁니까?"

"타인에게 좋은 행동이라는 점이 인간의 행동에 동기를 부여하지는 않기 때문입니다. 예를 들어 인간의 짝짓기 행동의 경우 난혼 습관이 있는 침팬지처럼 '가능하면 많이'라는 태도는 사라지고 있습니다. 그렇긴 해도, 괜찮은 여자친구를 사귀려 할 때 남자라면 현시적으로 멋진 행동을 하거나 과시하려 하는 것이 자연스럽죠. 자기과시를 할 줄 아는 남자와 하지 못하는 남자가 있을 때 여성들이 느끼는 매력에는 상당한 차이가 있을 겁니다. 즉 인간사회의 경쟁 원리는 성 선택에도 항상 영향을 미치고 있다고 봅니다. 때로 그것은 사회문제와 이어집니다. 저도 살인 행동을 분석하고 있습니다만, 살인이 결코 사라지지 않는다고 볼 때, 죽이는 행위의 기본적 동기는 번식을 둘러싼 경쟁이라는 결론에 도달하게 되죠. 절대로 완전히 사라지지는 않습니다. 줄일 방법은 여러 가지가 있겠지만요."

텔레비전 방송 등에도 몇 차례 소개된 바 있지만, 남미와 파푸아뉴기니에 서식하는 대부분의 새들은 수컷이 구애 행동으로 암컷을 향해 엉덩이를 흔들고 나뭇가지 위를 옮겨다니며 목 주변의 깃털을 세우는 등 매우 개성적이고 기묘한 퍼포먼스를 펼친다. 본래 새들은 (공작을 필두로) 암컷보다 수컷이 더 다채롭고 화려한 깃털을 가지고 있는 경우가 많다.

다윈주의의 관점에서 보면 화려한 외양은 천적의 눈에 띄기 쉬우니 진작 도태되었어야 한다. 그러나 그러지 않았다. 특히 새는 위험을 무릅쓰고라도 화려하게 눈에 띄는 방향으로 진화해왔다. 이유인즉, 그렇게 해야 암컷에게 선택받을 가능성이 높아지기 때문이다. 그래서 화려한 외양을 가진 새는 대체로 수컷이다.

이들의 생태는 돌연변이와 자연선택만으로는 설명할 수 없다. 그런데 여기에 성 선택 메커니즘을 적용하면 딱 떨어지는 경우가 많다. 적에게 습격당할 위험과 암컷이 선호할 가능성. 이 두 요소가 엎치락뒤치락하며(물론 이 밖에도 다양한 요소들이 있지만) 진화가 진행된다. 그러니 합리성만으로는 안 된다. 내가 물었다.

"하지만 성 선택으로 설명이 안 되는 경우도 적지 않죠? 예를 들면 안구眼球 말입니다. 다윈도 이것을 상당히 고민했다고 들었습니다. 정밀한 부품들이 복잡하게 조립되어 만들어진 안구가 정말로 도태나 자연의 압력, 돌연변이만으로 형성되었다고 말할 수 있습니까?"

"눈의 진화에 대해서는 진화학에서도 꽤 많은 연구가 있었고, 문자 그대로 《눈의 탄생*In the blink of an Eye*》이라는 책도 있었던 걸로 기억합니다. 처음에는 매우 원시적인 눈이 있었고 여러 동물이 과도기의 눈을 갖고 있었습니다. 눈의 빛 수용세포에 빛이 닿을 때 그것과 연결된 신경세포를 광원 쪽으로 보낼지 반대쪽으로 전달할지에 따라 달라지죠. 연체동물의 눈과 인간 눈의 가장 다른 점이기도 합니다. 최초에 신경세포를 앞으로 보내는지 뒤로 보내는지에 따라 달라지는 거예요. 물론 완성형으로서의 눈은 인간이든 연체동물이든 비슷합니다. 하지만 근본적인 구조를 보면 분리된 흔적이 남아 있지요.

이런 예를 살펴보면, 역시 생물의 기관은 조금씩 점차로 진화해왔다는 생각을 하게 됩니다. 저명한 진화생물학자 조지 윌리엄스George Williams는 진화는 합리적이지 않고 때로는 매우 바보 같다고 하면서 진화를 '정원사'에 비유했습니다. 정원에 호스가 있고 큰 나무가 있어요. 화초에 물을 주려면 정원을 한 바퀴 돌아야 합니다. 그렇게 물을 주다 보면 마지막에는 호스 길이가 모자라겠죠. 이때 가장 합리적인 방법은 반대쪽인 수도꼭지로 다시 돌아가는 것입니다. 하지만 정원사는 바보처럼 어떻게든 무리해서 같은 방향으로 돌려고 한다는 겁니다.

윌리엄스는 이런 비합리적 진화의 실례가 인간의 고환과 정관에 남아 있다고 주장합니다. 남성의 정관은 요도를 가운데 두고 고환에서 음경의 끝까지 아주 멀리 돌아가는 구조입니다. 최단 거리로 바로 연결하는 편이 불필요한 질환도 일어나지 않고 합리적이겠지만, 진화 과정에서 서서히 뻗어나간 형태라 되돌릴 수가 없죠. 조금씩 적응적으로 만들어진 기관들이 겹치고 쌓여 최종적인 형태가 만들어진 겁니다.

이 사례를 비롯해, 인간의 신체는 아주 잘 만들어진 것 같지만 불합리한 부분도 매우 많습니다. 정교하다고 생각하기 쉽지만, 처음부터 엔지니어가 설계했다면 '왜 여기에 이런 걸 넣었지' 싶은 기관이 많아요. 따라서 어떤 의미에서는 우리도 불필요한 조각을 안고 사는 셈입니다."

"눈이 정밀한 기계처럼 보이지만 실제로는 그렇지도 않다는 말씀인가요?"

"그렇지 않은 부분도 있다고 봅니다. 제가 해부학자가 아니기 때문에 안구에 대해서는 구체적으로 말씀드릴 수 없지만, 만약 엔지니어가 기본부터 설계했다면 다르게 설계하는 편이 합리적일 겁니다. 하지만 우리의 시각은 엔지니어가 만드는 인공 안구보다 뛰어납니다. 디지털카메라의 해상도가 아무리 높아도, 우리가 인식하는 질감과 비슷하게 만들어내기는 쉽지 않을 거예요."

"대눈파리의 눈은 어떤가요? 그런 것을 볼 때마다 진화론을 의심하게 됩니다. 정말 만화 같은 모양 아닙니까. 꼭 누가 장난친 것 같더군요."

"대눈파리의 긴 눈자루(머리 부분의 눈과 연결된 자루 부분으로, 빛을 받아들여 시각기 역할을 한다—옮긴이) 역시 성 선택의 결과라고 알려져 있습니다. 수컷끼리 만나면 눈자루의 길이를 서로 대볼 정도입니다. 말하자면 나와 상대의 체격 차이를 측정하는 지표지요. 짧은 쪽은 졌으니 물러나고, 긴 쪽은 우쭐해합니다. 눈자루가 긴 수컷이 더 많은 암컷을 얻을 수 있죠. 이것 역시 수컷 간 경쟁의 산물이라고 합니다."

"그런데 눈자루가 그 정도로 길어지면 생존에 불리할 텐데요. 성 선택의 수준을 넘어선 것 같습니다만."

"아까도 말씀드렸듯이, 그런 불필요한 형질은 매우 많이 남아 있습니다. 생존에서의 불리함과 번식에서의 유리함 사이의 비용과 이점으로 결정되지요."

"런웨이 가설(수컷의 장식 형질과 암컷의 선택에 유전적 상관이 있으며 이들을 동시에 강화하는 방향으로 공진화한다는 진화생물학 이론—옮긴이)인가요?"

"네, 바로 그겁니다."

또 하나의 예를 들어보자. 남미 정글에 서식하는 뿔매미다. 노린재의 동료라 할 수 있는 이 곤충은 기상천외한 외양으로 유명하다. 그래서 그 기괴한 모습(등의 혹이 너무 커서 날아오를 때 몸이 뒤집히는 종도 있다)은 성 선택과는 거의 관계가 없다는 설도 있다.

뿔매미 외에도 이런 예는 적지 않다. 그래서 더 알 수 없어진다. 진화란 무엇인가. 어느 정도의 법칙과 공식은 다윈주의로 이해할 수 있지만, 어떻게 이해해도 예외가 존재한다.

"뿔매미를 관찰해본 결과, 그 기묘한 모습에 암컷이 매력을 느끼는 것 같지는 않아요."

"과거 적응적으로 생겨난 기관이 사라지지 않고 남았을 가능성이 있죠.

우리 연구의 시작은 공작이었습니다. 처음에는 수컷의 휘황찬란한 꽁지깃이 수컷 인기의 핵심 요인일 거라 생각하고 선행 연구를 추적했는데, 기존 논문의 내용, 즉 깃털에 눈동자 무늬가 많을수록 번식 성공률이 높다는 사실은 하나도 재확인되지 않았고 오히려 깃털이 별로 예쁘지 않은 수컷이 인기가 있더군요.

나중에 공작의 울음소리가 정확한 지표라는 사실을 밝혀냈지만, '그럼 깃털은 뭐지?' 하는 문제에 봉착했습니다. 아마 과거 진화 과정에서 화려함이 중요했던 시기가 있었겠죠. 실제로 수컷의 꽁지깃은 중요합니다. 암컷을 유혹하지요. 하지만 꽁지깃에 있는 눈동자 무늬의 개수는 아무래도 암컷의 관심사가 아닌 듯합니다. 지금 저희 팀의 박사 후 과정 연구원 하나가 꿩과로 분류되는 생물 중에서 공작 근연종의 짝짓기 행동과 꽁지깃이 어떤 관계에 있는지 각 종들을 비교해 화려한 꽁지깃이 진화의 역사에서 어떻게 분기되었는지를 전체적으로 밝혀내고자 연구 중입니다."

"그러니까 뿔매미의 외양도 과거에는 그 모습이 성 선택과 관련이 있었다고 생각하면 이해가 된다는 말씀입니까? …음, 그렇긴 하지만 현재로서는 곤란한 상황 끝에 짜낸 가설이라는 느낌도 어딘지 모르게 드네요. 하지만 하세가와 씨는 다윈주의에 근본적인 의문을 갖고 계시지는 않죠?"

"과학자니까 그걸 대체할 다른 설명이 있다면 충분히 검토할 거고, 무슨 일이 일어나면 갈아탈 생각도 있죠."

## 다윈주의와 '우리는 어디로 가는가'라는 수수께끼

다소 도발적인 나의 질문에 하세가와가 싱긋 미소를 지으며 대답한다. 확고한 다윈주의자의 여유. 아마도 내심 다윈주의를 대체할 설은 나오지 않으리라 생각하고 있을 것이다. 그 점에는 나도 동의한다. 여전히 수정과 보충의 여지가 있다 해도, 오늘날 다윈주의는 인류가 생물학 분야에서 도달한 궁극의 법칙이라고 할 수 있다. 생물은 환경이라는 외적 요소로 인해 변한다. 진리라고 해도 무방할 정도다. 그래서 궁금하다. 앞으로 '우리는 어디로 가는가'.

"어디로 가는가…. 그 부분은 특히 어렵습니다, 정말로요. 현재의 환경은 너무도 빠른 인위적 변화를 겪었으니까요. 특히 최근 100년 단위로 생활의 질은 현격히 나아졌지만, 자원 감소와 환경 파괴가 말도 안 되는 속도로 진행됐기 때문에 예측 불가능한 변수가 너무 많아요.

중요한 것은 앞으로 우리가 어떤 의사 결정을 하느냐입니다. 쇼와 시대(1926~1986년) 일본에는 전통사회의 분위기가 남아 있었습니다. 3대가 모여 살면서 할아버지 할머니가 손주를 돌보았고, 가난해도 대가족이 함께 살았죠. 우리 세대도 그런 시대를 조금씩은 기억하고 있지 않습니까. 그래서 소비를 으뜸으로 치는 현대사회 핵가족 제도의 일방적 전진은 결국 막다른 골목에 다다를 거라는 생각을 합니다. 그렇다면 진부한 이야기지만 지속 가능한 사회를 어떻게 구축할지가 관건이겠죠.

앞으로 우리가 지구에서 살아가는 데 있어 발생할 위험 요인에 대해서는 민감할 수밖에 없습니다. 에너지 문제도 그렇죠. 확실하게 통제할 수 없는 것에 덤벼들어서 결국 원자력을 이용하게 되었잖아요. 원자력은 엄청난 힘을 가지고 있지만, 우리가 관리할 수 있는 대상이었는가 자문한다면 결국엔 우리 자신이 망가져버린 셈이니까요. 지속 가능한가 그렇지 못한가는 관리할 수 있는가 없는가에 달려 있는 듯합니다. 너무 진부한 답변이라 죄송합니다만."

'우리는 어디로 가는가'에 대해 이렇게 설명한 하세가와는 이 분야의 미래에 대해서도 언급했다.

"분자생물학의 구조는 확실히 밝혀져 있으니 그것대로 재미가 있지만, 그것만 가지고는 충분하지 않아요. 생물의 다양성과 적응성 그리고 분자 수준의 생태계가 연결된다는 점을 실감할 수 있다면 분자생물학은 더 재미있어질 겁니다. 앞으로는 거시적 연구와 미시적 연구 사이에 놓인 다리를 어떻게 하면 오갈 수 있을지에 관한 연구를 진행할 생각입니다.

우리는 인간이라는 생물을 종합적으로 이해하고자 하지만, 그건 수수께끼투성이이고, 여전히 뭐가 튀어나올지 모르고, 게다가 그리 쉽게 알 수 있는 것도 아닙니다. 최근에는 분자 수준의 신경과학이 고도로 발달하고 있지만, 인간의 미묘한 감정이라든가 비합리적 의사 결정을 이해하기에는 아직 상당한 거리가 있습니다. 퍼즐로 치면 모서리에 있는 조각이 맞춰져 전체 그림이 보이기 시작한 상황이고 한가운데 부분은 거의 채워지지 않은 셈이죠. 이 영역의 연구가 가장 흥미로울 겁니다."

"역으로 말하면, 그것이 퍼즐이니 어떤 모양의 조각을 채워넣으면 완성될지 예상할 수 있다는 말씀인가요?"

"예상할 수 있어야 한다고 생각해요. 방법론적으로는 여러 접근법이 생겨나 다른 계층들 사이를 연결하려는 움직임이 있죠. 거시와 미시 사이에 다양한 다리를 놓는 겁니다. 처음에는 밧줄 사이를 건너다니는 데 불과하더라도, 그런 것이 이미 여러 개 만들어져 있으니 앞으로 가장 흥미로운 분야가 될 거라고 봅니다."

4장

# 살아 있다는 것은 무엇인가

생물학자 단 마리나에게 묻다

**단 마리나** 団まりな

생물학자. 1940년 도쿄 출생. 전 계층생물학연구소 책임연구원. 교토대학교 대학원 이학연구과 박사과정 졸업. 전공은 발생생물학, 이론생물학, 진화생물학. 2014년 타계.

## "솔직히 말씀드리면 이해가 안 갑니다"

"예를 들어 생명의 발생에 대해 이야기할 때 '46억 년 전 원시의 수프였던 바다에서 단백질이 이러쿵저러쿵'이라고 전제하는데, 솔직히 말씀드리면 이해가 안 갑니다. 무슨 논리인지는 알겠지만 진짜인가 싶습니다. 그 밖에도 의식의 작동 기제와 진화의 이유 등 이해가 안 되는 것투성이입니다. 최전선에서 활약하시는 분자생물학자와 진화학자 분들은 정말로 그것을 이해하고 계신 건지, 우선 그것부터 여쭙고 싶습니다."

"이해가 안 가는 게 당연하지요."

단 마리나는 이렇게 말하며 빙그레 웃었다. 이번 대담은 이렇게 시작되었다. 장소는 지바千葉의 다테야마. 역에서 택시로 약 20분 거리다. 가는 길에는 푸른 바다와 짙은 초록빛의 높지막한 산 그리고 밭 풍경이 펼쳐졌다. 2월인데도 논두렁에 유채꽃이 피어 있다. 단 마리나의 자택 겸 연구소는 약간 높은 언덕 한편에 위치해 있었다.

건네받은 명함을 주머니에 넣으며 직함인 '계층생물학연구소 책임연구원'이 무슨 뜻인지 물었다. 단은 "프리랜서 생물학자라는 뜻입니다"라고 망설임 없이 답했다.

"보통은 대학이나 연구소에 있다가 퇴직과 동시에 은퇴하잖습니까.

나는 대학을 조금 일찍 그만두었는데, '은퇴는 하지만 학문을 그만두는 것이 아니라 대학이 싫어서 그만두는 겁니다'라는 뜻이었어요. 직함을 '책임연구원'으로 정한 이유도 연구소를 만들 때 '내가 바로 여기 소장이라고!' 하듯이 '연구소장'을 직함으로 하는 사람들이 많아서, 그런 경우랑 혼동되는 게 싫어서였고요."

"그러니까 교수나 소장이 아니라는 말씀이죠?"

"네. 연구만 하는 평직원이에요."

단이 싱긋 미소 지으며 시원스레 말한다. 어조는 온화하지만 솔직한 언어를 구사한다는 느낌이 강하다. 연구자로서 그녀가 지금까지 닦아온 길은 어떤 의미로 보면 기존 학계에 끊임없이 도전장을 내민 역사라고 할 수 있다. '이해가 안 되는' 자신을 얼버무리려고 하지 않았다. 바꿔 말하면 '어떻게'뿐 아니라 '왜'도 놓지 않았다.

"계층생물학도 낯선 말이긴 마찬가지입니다."

"자연계를 아주 거대한 관점에서 보면 소립자· 원자· 분자 순서로 작은 부분에서 큰 부분으로 올라가며 구성되어 있습니다. 그 계층을 말하는 거예요. 다만 내 경우에는 그걸 생물학의 범위에서 연구하고 있고요. 이걸 더 거슬러 올라가면 발생학이 되고, 한 번 더 거슬러 올라가면 진화학이 됩니다. 내가 학생이었을 때 발생학은 '무엇이 어떻게 바뀌어서 어디가 돌출되고…' 하는 식으로 과정을 매우 세밀하게 기술했어요. 그런데 그런 것이 발생의 전부는 아닐 거다, 알에서 인간이 되는 과정은 겉모습과 기능의 변화뿐 아니라 무언가 쌓여야 하는 거다, 따라서 완만하게가 아니라 단계적으로 무언가가 축적되어 성립된다는 것을 직관으로 알았습니다. 그전까지의 기술적記述的인 발생학 말고, 무엇이 어떻게 되고 어떤 단계를 거치는지 알고 싶었어요. 그런데 당시 생물학에는 이 계층성이라는 발상이 전무했어요.

처음에는 혈액의 작동 기제를 최첨단 분자생물학의 방법으로 연구했고, 그다음엔 살아 있는 성게의 세포를 관찰하는 쪽으로 방향을 틀었습니다. 분자 연구는 생물을 죽인 후에 시작돼요. 그런데 세포는 생물이기 때문에, 살아 있지 않은 것을 아무리 연구해봐야 알 수 있는 내용에 한계가 있습니다. 물론 살아 있는 상태에서는 관찰이 어렵지만 그게 생물학이 할 일이지요.

예를 들어 성게의 발생 과정에는 단세포인 알과 다세포인 포배(다세포동물의 발생 초기에 나타나는, 안쪽이 비어 있는 배胚—옮긴이) 단계가 있습니다. 이 둘의 복잡도가 같을 리 없죠. 알에 무슨 일이 일어나고 어떻게 복잡화하는지를 알려면 그 과정을 지금까지와는 다르게 보여줘야 합니다. 지금까지는 '두 개로 나뉘었어요, 네 개로 나뉘었어요, 이제 포배가 되었습니다'라는 그림을 그리고 '성게, 불가사리, 해삼은 이렇습니다'라고 설명하면 끝이었지요."

"알이 분열하는 과정을 그린 일러스트를 흔하게 보니까요. 그것만 보면 매우 단순하고 자동적인 변화처럼 느낄 수밖에요."

"발생 중인 세포를 다른 세포로부터 격리해 현미경으로 관찰하면, 하나의 세포에서 여러 개의 세포가 되는 과정에서 무슨 일이 일어나는지, 세포들이 어떻게 그런 변화를 일으키는지, 어디서 어떻게 복잡도 수준을 높여 다세포가 되는지 등을 알 수 있지 않겠어요? 그래서 그런 연구를 시작했더니, '이제 와서 50년도 더 된 고릿적 연구를 하고 있다'는 공격을 제법 많이 받았답니다."

"그러데이션처럼 진행되는 생체 변화를 있는 그대로 관찰한다는 말씀이죠. 다른 학자들은 그런 이미지를 갖고 있지 않았고요. 그런데 젊은 단 마리나는 어떻게 아무도 착안하지 못한 그런 발상을 할 수 있었을까요?"

"가부키를 하는 사람들을 보면 어릴 적부터 부모 곁에 있으면서 가부키의 움직임이 저절로 몸에 익은 경우가 적지 않잖아요. 나도 비슷하지 않을까 해요. 다만 (발생학자인) 부모님과 학문적 대화를 한 적은 없습니다. 부모들은 자식이 뭔가를 모르고 있으면 부글부글 끓잖아요. 당연히 알 거라 생각했는데 모르고 바보 같은 질문을 하니까. 대학 3학년 때 전공 관련 이야기를 살짝 꺼냈더니 '왜 그런 것도 몰라?' 하는 분위기여서 그 뒤로 다시는 질문하지 않았어요. 그래도 어린 시절부터 연구하는 분위기를 접했고 어머니가 미국인이어서 일본 과학자들의 분위기와 많이 달랐던 건 나에게 큰 행운이었지요."

"구체적으로 어떤 부분이 달랐나요?"

"부모님이 동료 입장에서 이론에 관해 논쟁을 벌이던 모습요. 그런 환경이었기 때문에 생물에 관심을 가진다는 것이 무엇인지 감을 잡을 수 있지 않았나 싶어요."

"일본 문화에선 스승이 있거나 선생님이 있거나 교수가 있거나 하는 식으로 상하관계가 확실하죠. 아랫사람은 윗사람에게 웬만하면 반론할 수 없고 '지당하신 말씀입니다'라고 반응하는 일이 많고요. 그러나 서구의 경우는 상사라도 이름으로 부르기도 하고 문화가 다르죠."

"실제로도 대학을 졸업하고 취직해서 갈등이 있었어요. 예를 들어 나도 모르게 '쌤! 안녕하세요!'라고 가볍게 말하니, 내가 미움받을 뿐 아니라 상대에게 상처를 주게 되더라고요."

"연구 측면에서 가장 비판받은 부분은 무엇이었나요?"

"분자와 유전자를 연구하지 않는다는 거였겠죠."

"생물행동학도 그렇고 생태학도 그렇고, 분자나 유전자를 연구하지 않는 생물학자는 많지 않나요?"

"분자나 유전자를 전공으로 연구하는 사람 입장에서 보면 생태나 행동은 학문이 아닌 거예요. 그들에게는 가능하면 물리학에 가까운 방법으로 기기를 써서 정밀한 수치를 계산해내는 것이 학문이지요. 계층성에 대해 이야기하면, 그런 생각을 했다 치자, 그럼 그다음에는 어떻게 되는데? 라는 말을 들어요. 요컨대 증명할 수 없고 재현성에 대해서도 말할 수 없다면 과학이 아니다, 그런 비판을 듣습니다."

"그럼 진화론은요? 진화론에 재현성이 있을 리 없잖습니까?"

"그런 부분에는 눈을 감지요. 그러고는 유전자의 상동성相同性을 연구하기 위한 수학과 통계 기법에 대해 토론하고요. 그러니까 결국 DNA인 겁니다. DNA 비교 방법을 연구하는 분야가 진화학, DNA 이외의 것에 대해서는 '뭐라고요?' 하는 느낌이에요.

'모델 생물' 문제도 있어요. 불가사리를 연구했더니 왜 성게나 쥐는 연구하지 않느냐고 하더군요. 성게와 쥐처럼 유전적 배경이 충분히 연구되어 있는 모델 생물은 연구와 관련해서도 쓸데없는 잡음이 없어요. 이미 깨끗하게 다 밝혀졌으니까. 그런 사람들은 '불가사리의 계층성 같은 걸 연구해서 뭐 해?' 하는 거예요. 그래서 내가 '분자 연구만으로는 생명에 관해 알 수 없다', '유전자만 연구해서는 생물에 대해 알 수 없다'고 반론하니 그쪽에서는 자기들 입장이 전면 부정당했다고 느끼고. 그러니 (나와) 두 번 다시 상대하지 않겠다는 사람들이 많아질 수밖에요."

"…아픈 곳을 찔렸다고 느끼는 걸까요?"

"그렇겠죠. 남자들은 단순해서."

"과학자들도 성별에 따른 차이가 있습니까?"

"있죠. 남자들은 단순하고 경쟁을 좋아해요."

## 의인화를 배제하면 생물에 관해 알 수 없다

"세포의 거동을 설명할 때 의인화를 자주 하시죠. 그런데 대부분의 과학자들은 의인화를 싫어하던데요."

이렇게 말하는 내 얼굴을 단이 지그시 바라본다. 물론 나의 이런 단정에는 이유가 있다. 단의 저서 《세포의 의지—'자발성의 원천'을 바라보다細胞の意思 '自発性の源'を見つめる》의 제목에서 볼 수 있듯이, 단은 세포의 거동을 묘사할 때 의인화를 마다하지 않는다. 일부러 의인화하는 듯한 인상마저 느껴진다. 세포의 '기능'이 아니라 '의지'라고 확실하게 밝힌다.

과학과 의인화는 잘 맞지 않는다. 이것은 내가 실제로 느낀 바다. 이 연재를 시작하기 전에도 과학자들과 대담할 기회가 여러 번 있었다. 그때도 사람에 빗대어 표현하는 학자가 있었다. 그런데 대부분은 그렇게 말한 뒤 '이건 지나치게 의인화한 표현이지만요'라고 반드시 변명을 덧붙였다. 그러니까 의인화는 (그들에게는) 반칙인 것이다.

당연하다. 전근대인에게 재해는 (신의) 분노이고 풍작은 자비였다. 신이 인간과 닮은 이상(그 반대일지도 모르지만) 신화는 의인화의 끝이라 할 수 있다. 따라서 신화와 전설의 부정을 자동률로 삼은 근대과학의 역사는 의인화의 배제 과정과 겹친다. 의인화는 전근대 그 자체이다. 그러나 단은 의인화를 피하지 않는다. 오히려 적극적으로 활용한다.

"의인화를 해야 한다고까지 말하지는 않겠지만, 의인화를 배제하면 생물에 관해 알 수 없다는 것이 나의 지론입니다. 물리의 언어로 생물에 대해 말할 수는 없어요. 이것이 당연한데도 '과학은 모름지기 재현성이 있어야 한다'라든가 '증명되어야 한다'라는 물리와 화학의 방법론이 생물학에 강요되고 있어요. 그렇기 때문에 지금은 성숙기에 있는 분자생물학도 사실은 생물분자학이라고 불러야 합니다."

"그러고 보니 의인화가 비판받는다면 지금의 과학 전반은 의물화擬物化되어 있다는 관점도 가능하겠네요."

"세포가 배양 샬레 안을 걸어가다가 다른 세포를 만나면 멈추겠죠. 그리고 잠시 후엔 멀어지거나 달라붙거나 합니다. 달라붙는 성질의 세포는 계속 달라붙어 넓은 시트가 되는데, 어떤 세포는 다른 세포와 만나면 움직여서 도망을 가요. 그걸 분자의 언어로 말하면 '접착 분자와 수용체가 어땠다'라거나 '주고받은 결과 거부되었다'가 되거든요. 그런데 그게 아니에요. 만나고 헤어지고 함께하자고 하고 협동하는 것을 '합의했다'고 기술한다 해도 그건 의인화도 아무것도 아니죠. 그렇잖아요, 세포 수준의 합의란 '떨어지지 않는 것'이니까요. 실제로 전자현미경으로 보면 확실하게 하나로 연결되어 있어요. (세포끼리) 만나면 서로 뭔가를 찾아서 우선 인식합니다. 같은 시트를 만드는 성질을 가지고 있으면 '너랑 나랑 함께 시트를 만들자' 하고, 다른 것이 오면 '너랑 나는 달라, 그럼 이만' 하고 물러서는 거예요. 만나서 접촉해 서로를 인식하고, 동족인지 아닌지 확인한 뒤 어떤 합의를 통해 다음 단계로 넘어가요. 아니면 나랑은 다르구나, 하면서 헤어지고. 이걸 의인화로 설명하는 데 무슨 문제가 있나요."

저서의 내용을 바탕으로 보충 설명하면, 단은 오로지 세포의 거동을 의인화해야 한다는 정당성만 주장하지는 않는다. 훨씬 급진적이다. 단은 실제로 세포가 인간처럼 의사를 가지고 움직인다고 주장한다. 물론 단의 이런 태도에 대해서는 비판이 매우 많다. 내가 말했다.

"합의라는 말을 쓰는 순간, '합의를 한다고 하면 합의에 다다르기까지 자유의지가 존재해야 하고, 그렇다면 그 자유의지는 어디에 존재하는가, 세포의 어디에 뇌가 있는가' 하는 반론이 일게 됩니다."

"그것(의지)은 세포 안에 있습니다. 실제로 협동 구조까지 만드니까요. 만났을 때 뭔가를 서로 인식해서 합의를 하는 거죠. 합의라는 조악한 말로 작동 기제까지 밝히지는 못하지만, 세포의 거동을 더욱 깊이 논의하려면 그걸로 되는 겁니다."

## 박테리아도
## 하나의 인격체다

"최근 생물학이 기계론적 발상으로 경직되어버린 데는 크게 두 가지 원인이 있다고 봅니다."

내가 단어를 고르며 말했다. "하나는 진화론의 영향, 즉 다윈주의입니다. 핵심은 돌연변이와 적자생존. 매우 기계적인 논리를 들어 설명하죠. 물론 진화론은 여러 형태로 흔들리고 있지만 고등학교 시절에 저는 그것이 매우 합리적이고 기계적인 기제라는 주입식 교육을 받았습니다. 그때의 기억이라고 해야 하나, 세뇌가 컸던 것 같아요. 또 하나는 물론 DNA고요. 이중나선 또는 염기 접합. 이것도 무척 기계론적이죠."

"이해가 쉽죠. 그림으로 그릴 수도 있고."

"이 두 가지가 학교 교육과 일반 수준 생물학의 기반이 되고 있으니 아무래도 물리적 이미지로 치우쳐버리는 것 같습니다. 그러면서도 그걸로 다 설명이 되나 싶어 때때로 불안하고요."

"절대 불가능합니다. DNA는 세포의 부품이에요. 자동차로 말하자면 엔진입니다. 하지만 엔진만 가지고 자동차에 대해 다 말할 순 없죠. 다른 부품들을 모두 가지고 와도 설명할 수 없거니와, 역시 달려보지 않으면 자동차의 본질을 알 수 없습니다. 마찬가지로 여러 가지 분자를 알면 세포를 더 깊이 이해할 수 있어요. 그러니 (분자세포학이) 쓸데없다고 말하는 건 아닙니다. '세포처럼 짬뽕 같은 시스템을 다루는 건 적어도 현대적인 과학은 아니다'라는 식의 시시한 말만 안 하면 괜찮아요."

"그래도 요새는 분위기가 조금 바뀌는 듯한 느낌도 들어요."

"맞아요, 조금 바뀌었죠. iPS세포(유도다능성줄기세포, 인공다능성줄기세포, 인공만능세포라고도 한다—옮긴이)가 발견된 공이 컸어요. 이제 분자의 언어만으로는 생물에 관해 설명할 수 없어요. 중요한 건 세포가 살아 있는 최소 단위라는 겁니다. 박테리아(원핵생물)라고 얕봐서는 안 돼요. 박테리아가 없었다면 우리는 존재하지 않거든요. 어떻게 보면 최고의 의인화겠지만, 박테리아는 하나의 인격을 가지고 있어요. 외부 환경을 제대로 관찰해서 먹이를 찾고, 나아가 적을 분별하는 능력까지 갖추고 있다는 의미의 인격요. 말하자면 박테리아는 가장 원초적이면서 우리 인간과 같은 감각을 모두 갖고 있어요. 박테리아도 살아가기 위한 기본적인 모든 일을 자발적으로 하고 있죠."

"점균류를 몇 번 키워본 적이 있습니다. 샬레 안의 한천 배지 위에 균핵을 두고 아메바 모양의 변형체로 변하는 걸 본 뒤 여러 가지 먹이를 줘봤어요. 오트밀과 요거트와 발효 유기물까진 잘 먹는데 낫토는 안 먹더군요. 낫토균이 아주 강한 균인가 봅니다. 그걸 어떻게 알았는지 모르겠지만요. 멀리 돌아가기만 하고 낫토에 가까이 다가가지 않았어요. 시각이나 후각은 없을 텐데, 옆에서 보면 마치 자유의지가 있는 것처럼 보였습니다."

"그렇다니까요. 안 그러면 죽을 테니까."

"그래도 참 신기합니다. 아메바에게 뇌가 있을 리 없는데."

"우리랑 똑같아요. 살아 있는 거죠. 그런 판단력이 없으면 진작 멸종했을 겁니다. 박테리아는 외부에서 분자를 가지고 들어올 때 세포막에 심어둔 수송단백질 ATP(아데노신3밀리산. 생물 에너지의 축적·변환·방출에 관여하는 화학물질. 아데노신, 리보스, 세 분자의 인산으로 구성된다)를 소비하면서 들어와요. 인간도 마찬가지입니다. 예를 들어 아미노산과 설탕은 중요하니까 들어오면 '왔군!' 하면서 영차, 하고 들여와요. 택배가 오면 '감사합니다' 하고 받는 우리 인간들과 같은 동작이죠. 그 일을 아주 바쁘게 하고요. 못하게 하면 눈 깜짝할 새에 죽습니다."

"그런데 자발성이라는 말은 안 되나요? 의지라고 하면 희로애락이 있는 건가 하는 느낌이 들어서요."

단은 내 절충안을 "그래도 의지가 맞아요" 하며 단번에 일축했다.

"자발성만이 아니에요. 상황 판단 비슷한 것도 하니까요. 발생학에서 진행한 흥미로운 실험이 있어요. 헤엄치고 있는 배아를 따로따로 떼어내서 어떤 처리를 한 뒤 바닷물로 돌려보냅니다. 세포들은 충돌해서 경단처럼 되고요. 그런데 그 상태로는 아직 제대로 된 생명이 아니니까 구조가 완성되기를 기다려야 해요. 그러면 세포들은 스스로를 소분해서 밖에 있어야 할 것들은 밖으로 내보내고, 안에 있어야 할 것들은 안으로 들이고, 중간의 근육 같은 것이 되어야 할 것들은 그 사이로 들여보내요. 그런 과정을 거쳐 내배엽과 중배엽과 외배엽으로 나뉘죠. 그걸 지시하는 존재는 어디에도 없어요. 상황 판단이 없다면 불가능하죠.

그런데 '현대과학'을 신봉하는 사람들은 '세포의 종류에 따라 접착 강도가 다르다'면서 무리하게 수학적 가설을 세우려고 해요. 그런데 어쩌다가 내배엽 일부가 외배엽의 껍질 밖으로 나가게 됐다고 해봅시다. 생물체 입장에서는 내배엽이 밖으로 나가 있는 상황은 허용할 수 없기 때문에 외배엽 세포는 자기가 아무리 얇아지더라도 반드시 전체를 감쌉니다. 교과서에는 '이렇게 세 종류의 세포가 달라붙는 성질이 달라 서로 모입니다' 하는 식으로 쓰여 있는데, 그런 말만으로는 이런 현상을 설명할 수 없어요. '정말 알고 싶었던 것이 무엇이었나?'를 잊어버리게 되죠. 그런데 대체로 '딱 맞아떨어졌다'고 기뻐하면서 누구누구의 설이라고 이름 붙이고…. 그러면 다들 '설'을 좋아하니까 그쪽으로 우르르 몰려가죠. 반면 모르는 부분을 포함해서 정직하게 말하면 '딱 떨어지지 않으니까 안 돼', '의인화잖아'라는 말을 듣게 됩니다."

단의 이야기를 들으니 문득 대표적 식충식물인 파리지옥의 작동 기제가 떠올랐다. 파리지옥은 가시가 많이 박힌 두 장의 잎을 닫아 곤충을 포획한다. 잎 안쪽에 서너 개의 짧은 감각모가 나 있어서 먹잇감이 두 번 이상 연속으로 혹은 두 개 이상의 감각모에 동시에 닿으면 순간적으로 잎을 닫는다. 하지만 최초로 닿은 뒤 20초 이상 간격이 벌어지면 한 번 더 닿더라도 잎은 닫히지 않는다.

한 번으로 닫히지 않는 이유는 빗물 등의 자극에 쓸데없이 반응하지 않기 위해서라고 추측된다. 매우 기계적이고 합리적이다. 그러나 실제로 파리지옥이 어떻게 시간과 횟수를 기억하고 어떻게 초기화하는지에 대해서는 밝혀진 바가 전혀 없다.

파리지옥의 포식 기제에 대해서는 어릴 때부터 알고 있었다. 하지만 시간과 횟수에 대한 기억과 초기화 시스템이 아직 규명되지 않았다는 사실은 최근에 알았다. 그래서 놀랐다. 분자생물학과 유전자공학이 발달했다면서도 그런 기본적인 시스템조차 아직 밝히지 못하고 있다는 것에 대해.

그렇다면 규명하는 방향이 틀린 것은 아닌가. 그렇게 생각해야 하는지도 모른다. 반려견이 부엌에 없다면 냉장고와 찬장 사이에서 찾을 게 아니라 다른 방 혹은 바깥에서 찾아야 한다. 발상의 전환이 필요하다.

파리지옥의 이런 시스템에 의지를 대입하면 여러 가지가 이해된다. 물론 그건 인간의 희로애락과는 미묘하게 다를 것이다. 개체차가 거의 없고 감정의 파도도 없다(고 생각한다). 하지만 하나의 방향을 지향한다는 의미로는 의지가 맞다. 이렇게 해석해도 괜찮은 걸까.

## 세포는 몸 전체를 뇌처럼 사용하며 산다

"진화론은 어떻게 해석하시나요? '론論'을 어떻게 해석하는가보다는 '진화를 어떻게 해석하시나요'라고 묻는 게 나을까요?"

이 질문에도 단은 거의 바로 대답했다. 자택을 방문해서 지금까지 생각에 잠기거나 침묵에 잠긴 모습을 단 한 번도 본 적이 없다.

"물질은 근본적으로 점차 뭉치는 성질이 있어요. 그렇게 뭉치는 하나의 섹션이라고 해야 할까, 하나의 분야라고 해야 할까."

…잠시 말이 끊겼다. 간단하게 적으면 전혀 이해가 되지 않는다. "돌연변이와 적자생존만으로는 모두 설명되지 않는다는 건가요?"라고 물으니 "안 돼요, 안 돼"라는 답이 돌아왔다. 어쩐지 친척 아주머니와 세속적인 대화를 하고 있는 기분이 든다. 나는 후쿠오카 신이치에게 했던 질문을 다시 던졌다.

"동맥에는 판막이 있습니다. 이건 고등학교 시절에 배운 거죠. 하지만 애매하게 발달한 판막은 의미가 없죠. 돌연변이와 적자생존을 만족시키려면 어느 날 동맥에 완벽한 판막을 가진 아이가 태어났다고 생각할 수밖에 없습니다. 하지만 그런 일은 어떻게 생각해도 무리가 있고요."

거기까지 말했는데 (아직 말이 다 끝나지 않았는데) 단이 갑자기 "세포가 혈류를 이해하고 있다고 생각하면 어떻겠어요?"라고 말했다.

"세포가 혈류를 이해한다고요?"

"그렇게 해석해야 해요. 심장, 혈관, 혈류라는 시스템을 구축하고 그걸 실제로 돌려보니 일정량 이상의 혈액을 순환시키려면 요소요소에서 역류를 막아야 효율적이라는 걸 경험적으로 알게 되고, 그 결과 판막이라는 생각을 떠올려서 흘려보내야 할 혈액의 양을 결정하면서 판막의 진화가 시작되었다고 나는 생각해요."

"하지만 그렇다면 뇌는…."

내가 이렇게 말하자 단은 "세포 전체가 뇌라고 봐야 해요"라고 이어 말했다.

"시스템이 스스로 사고하는 거죠. 여러 세포 현상을 보면 그렇게 생각하지 않을 수 없어요. 세포는 몸 전체를 뇌처럼 사용하며 살고 있어요. 앞으로 이런 표현을 써도 되는 것으로 서로 간에 차차 합의가 되면 좋겠지만…."

그렇게 말한 뒤 단은 말을 정리하는 듯 잠시 생각에 잠겼다. 오늘의 첫 침묵이다. "…계층성으로 보면 '이것은 어떤 수준으로 복잡해지면 가능해지는 기능인가?'라는 질문에 답할 수가 있어요. 한 예로 플라나리아는 매우 원시적인 다세포생물인데, 뇌의 유전자 배열이 우리와 같죠. 하지만 플라나리아가 무엇을 할 수 있는가 하면, 박테리아와 그다지 다르지 않아요. 물론 생식 등의 활동이야 아무리 복잡해도 가능하지만, 생활 자체는 '먹이를 찾아 먹는다', '독을 피한다', '밝은 곳에 나가면 잎 아래로 숨는다' 정도로 매우 단순하고 기본적이죠. 그렇다면 새는 어디까지 생각할까. 무엇을 느낄까. 그다음으로 개는 어떨까, 원숭이는 어떨까 하는 식으로 발전하게 될 테고, 이건 뇌의 기능에도 계층성이 있다는 이야기입니다.

정동情動을 제어하는 기관은 우리 뇌의 저 안쪽에 있어요. 그런데 무엇이 어느 정도로 쌓여야 그렇게 되는 걸까요. 닭에게는 감정이 있을까요. 붙잡으면 울부짖으니까 무섭다는 감정은 있겠죠. 그럼 개구리에게도 감정이 있을까요. 겁을 주면 놀라서 폴짝폴짝 도망가니까 아무래도 있는 거겠죠.

이렇게 계층적으로 생각하면 정동을 해석하는 방법이 매우 달라집니다. 정동의 기원은 아마 물고기 정도였을 거예요. 무척추동물에게는 정동이라고 할 만한 것이 없으니까요. 여기에 확실한 차이가 있어요. 이 과정에서 계층의 상승이 한 단계 이루어졌다고 생각됩니다. 지금까지 써온 뭔가를 모아서 어떤 모양으로 조합했더니, 그 전에 없던 높은 수준의 뭔가가 만들어진 거예요. 물고기의 뇌에 무엇을 더하면 고양이의 뇌가 될까. 원숭이와 고릴라, 침팬지는 사람과 비슷하잖아요. 하지만 역시 뭔가가 다르죠. 어디가 왜 어떻게 다를까. 이런 고찰을 통해 인간의 뇌를 밝혀낼 수 있어요. 그것이 바로 계층성입니다.

예전에 내가 생물의 몸에는 7단계의 계층성이 있다고 발표한 적이 있어요. 그것만으로도 무척 고생을 했답니다. 왜냐하면 생물의 몸에는 다양한 기능이 중층적으로 겹쳐 있기 때문이에요. 그걸 하나하나 벗겨내서 분석하고 발표하는 방식으로 연구해야 하니까요."

## 가장 큰 경계는 삶과 죽음 사이에 있다

단의 설명을 들으며 생각한다. 계층이란 곧 경계이기도 하다. 그리고 가장 큰 경계는 삶과 죽음 사이에 있는 것 아닐까. 그것은 곧 '우리는 어디서 왔고 어디로 가는가'라는 명제가 뜻하는 경계와 중복된다. 단이 말했다.

"살아 있는 가장 단순하고 가장 작은 단위인 '세포'에는 3단계의 계층이 있습니다."

"음, 원핵, 반수체haploid(염색체를 1쌍 가진 세포), 이배체diploid(염색체를 2배, 즉 2쌍 가진 세포)를 말씀하시는 거죠?"

"네. 그 셋 중에 원핵세포와 반수체세포는 세포분열을 통해 무한 증식하죠. 하나의 시스템을 완전히 똑같은 두 개의 시스템으로 만들 수 있어요. 그런데 이배체세포는 두 개의 반수체세포가 합쳐져서 생겨요. 말하자면 구조물인데요, 이 단위가 세포분열을 제대로 해요. 까다롭지만 또다시 두 개로 나뉘는 거죠. 이게 무척 어려운 부분입니다."

확실히 까다롭긴 하다. 단의 저서 등을 토대로 가능한 한 알기 쉽게 설명해보겠다. 약 40억 년 전 지구의 바다에 다양한 유기분자들이 우연히 모여 최초의 생명인 원핵세포가 탄생했다. 이윽고 원핵세포 가운데 탄산가스와 태양광을 이용하여 에너지를 만들어내는 데 성공한 광합성세포가 나타난다. 그런데 광합성세포들이 대사 폐기물로 방출하는 산소는 당시 생물에게는 맹독이었다. 물론 DNA도 피해를 입는다. 그래서 원핵세포들은 가까이 모여 몸을 크게 만들어 세포질로 감싼 DNA를 신체 내부에 깊숙이 감추기 시작한다. 그와 동시에 산소를 이용해 포도당으로부터 에너지를 추출하는 대사 경로를 가진 원핵세포(미토콘드리아)를 자신들이 구축한 세포 내에 포섭하는 데도 성공한다. 세포들은 이렇게 커진 신체의 내부를 몇 개의 구획compartment으로 나누었고, 그중 하나가 DNA와 RNA를 저장하는 '핵'이 되었다. 이렇게 해서 진핵세포가 탄생한다.

이 진핵세포는 DNA를 1쌍만 가지고 있다. 이것을 반수체세포라고 부른다. 반수체세포에는 죽음이 없다. 영원히 분열을 계속한다. 드디어 DNA를 2쌍 가진 이배체세포가 출현한다. 이로써 더욱 복잡한 생명 활동이 가능해진다. 그러나 이배체세포에는 치명적인 결함이 있다. 분열 횟수에 제한이 있다는 것이다. 이 결함을 극복하기 위해 이배체세포는 자신의 신체를 우선 반수체로 만들고 합체함으로써 새로운 이배체를 만들어낸다. 이것이 바로 유성생식이다.

"반수체세포의 생식은 단순합니다. 오직 분열을 계속합니다. 그리고 이배체세포에는 암수라는 성차가 있어서 반수체였던 세포를 합쳐 새로운 개체를 만듭니다. 거기까지는 이해가 돼요. 그런데 우리 같은 이배체 생물의 신체를 구성하는 이배체세포의 분열 횟수에 왜 제한이 생겼을까요?"

"그게 어렵죠. 현재로서는 관찰된 사실을 토대로 설명할 수밖에 없어요."

"이유는 알 수 없다는 건가요?"

"정확하게는 알 수 없어요. 요즘 드는 생각으로는 '조립한 거니까 그렇지' 싶어요. 조립한 거라서 열화劣化되는 거죠. 그건 피할 수 없습니다."

"말하자면 어딘가에서 실수가 반복되거나 버그가 생겨나기 때문인가요?"

"조립한 것은 가끔 리뉴얼을 해야만 에러나 열화가 쌓이지 않습니다. 무한히 계속되어서는 안 돼요."

"그대로 두면 에러가 분열과 함께 확대 재생산되어버린다, 그러니 그 개체는 끝내버리고 하나하나 리프레시해야 한다는 건가요? …듣기에 합리적이긴 한데, 이 세계에서 이배체 생물로서 생명을 부여받은 입장에서는 정말 쓸데없는 규칙이야, 하는 생각이 드는 건 어쩔 수 없네요."

짐짓 가벼운 어조로 말해봤지만 진심이기도 하다. 유전자는 남지 않느냐고 반박할 수도 있으나, 유전자는 나 자신이 아니다. 나의 설계도다. 게다가 유전자는 대를 거듭할 때마다 현재의 나와는 멀어진다. 아무리 생각해도 내가 언젠가 죽는다(이 세상으로부터 소멸한다)는 사실을 아, 그렇구나, 하고 받아들일 수는 없다.

그렇다면 나는 누구에게 '쓸데없는 규칙이야'라는 불평을 토로해야 하는 걸까. 이배체세포일까, 자연의 섭리일까, 아니면 조물주의 의지일까.

"우리는 조립된 존재라서 이상한 데서 삐걱거리곤 합니다. 풀로 붙여놓았다고 치면 풀은 언젠가는 열화됩니다. 풀이 열화되면 전체가 이상해질 테니 일정 기간 동안만 존속시키는 거죠. 세포는 자신이 원래대로 돌아가야 한다는 사실을 처음부터 알고 있어요. 원래대로 돌아가는 건 너무도 어려운 일이지만, 본인은 자기가 두 개를 모아놓은 존재라는 사실을 분명히 알고 있습니다."

"…음, 지금 이 경우 '본인'은 세포를 말씀하시는 거죠?"

나도 모르게 다시 확인한 이유는 단이 (당연하다는 듯이) 구사하는 세포의 의인화에 대한 일말의 의혹을 아무래도 불식시킬 수 없었기 때문이다. 그런 의미에서 나 역시 구태의연한 과학적 문법에서 좀처럼 놓여나지 못하고 있다. 단은 내 질문에 조용히 고개를 끄덕이고는 "이배체세포요"라고 말했다.

"한 개의 이배체세포는 자신이 방금 전 두 개의 반수체세포에서 만들어졌다는 사실을 확실하게 알고 있습니다. 그리고 그런 상태가 무한히 계속되면 훗날 자신의 시스템에 점차 이상한 모순이 발생한다는 사실도 알고 있고요. 그래서 리뉴얼을 해야 해요. 일본 가옥도 50년이 되면 다시 짓잖아요. 그런 느낌이죠. 우리의 신체를 구성하는 세포는 '몇 번 정도 분열하면 그만하는 게 좋다'는 걸 알고 있어요. 우리들은 그렇게 버려지고 다음 세대가 등장해요. 인간의 리뉴얼인 셈이죠."

"그런데 세포의 그 미련 없는 태도를 받아들일 수가 없는 게, '뭐야, 80년 만에 끝나는 거야' 하는 생각이 듭니다. 그건 세포가 아니라 저의 아포토시스니까요."

마지막으로 남은 선 하나에 승복하지 못하는 나에게 단은 "뭐 어때요"라고 말하며 빙그레 웃는다. "그렇잖아요, 리뉴얼 방법이 내장되어 있어요. '내가 다시 내가 되는' 게 아니라 다른 개체가 되기는 하지만, 이때 '나'는 별로 중요하지 않아요. 자신의 시스템을 다시 한번 만들 수 있으니 지금 있는 것들이 소멸되어도 상관없죠. 그런 느낌으로 깔끔하게 만들어져 있는 거라 생각해요.

하지만 (세포도) '살고 싶다'는 의지가 있다는 점만큼은 명확합니다. 절대 죽을 순 없어, 그러니까 아이디어를 내보자. 아이디어를 낸 결과 여러 가지가 복잡해졌고요."

"반수체에서 이배체로 이행할 때 미토콘드리아가 큰 터닝포인트를 제공했군요. 산소의 유독성으로 많은 세포가 곤란에 처해 있을 때 산소를 이용하는 박테리아가 가까이 있음을 알아차리고 체내로 들여오려고 했다. 요는 그건가요?"

"그 과정을 나는 두 단계로 생각하고 있어요. 첫 단계는 미토콘드리아의 기초가 된 박테리아를 들여오기 위한 단계로, 우선 몇 개의 세포가 뭉쳐서 몸집을 늘리죠. 그다음 단계는 가장 중요한 DNA를 단백질로 감싸는 거예요. 산소의 독으로 피해를 입은 단백질은 다시 만들면 되고요.

나는 이런 일을 어떤 방법으로 할지 세포들이 자기들 나름대로 알고 있다고 생각합니다. 세포들은 이런저런 시도를 하면서 산소를 소비하는 박테리아를 발견했어요. 그 박테리아에 가까이 가면 산소를 소비해주니까 체내 산소 농도를 낮은 상태로 유지할 수 있습니다. 그러면서도 대기 중의 산소 농도가 섬섬 높아지니까 더 많은 수의 박테리아와 가깝게 지내야 하고요.

이렇게 미토콘드리아를 갑옷처럼 몸에 두른 상태였던 거죠. 그러다 보니 이번에는 그 갑옷이 방해가 되어 먹이를 먹을 수 없게 됩니다. 그래서 미토콘드리아를 소화시키지 않은 채로 체내에 가지고 들어와요. 이게 바로 이배체세포입니다. 지금 우리 몸의 세포도 그런 과정을 통해 미토콘드리아를 세포 내로 가지고 들어와 상황에 따라 개수를 마음대로 증식시키고, 자기 신체의 크기를 마음대로 바꾸고, 내부의 산소 농도를 낮게 유지하고 있어요."

"기성 생물학 혹은 일반인의 감각으로 볼 때 미토콘드리아가 체내에 들어오게 된 배경은 알겠습니다. 그런데 구체적으로 어떻게 들어오게 되었는지는…."

"린 마굴리스가 말했어요. 먹은 거죠."

"하지만 그렇게 되면 미토콘드리아는…."

"네. 먹으면 안 되지만 소화시키지 않은 채로 가지고 있는 편이 유리하다는 사실을 알게 된 거죠. 그리고 미토콘드리아를 소화시키는 행위를 멈춘 세포들이 그 후의 경쟁에서 이겨 번성했고요."

"설명하기 위한 은유가 아니라 실제로 '먹는다'는 의지가 있었다고 해석해도 되나요?"

"그렇죠. 식작용食作用요."

"결국엔 '먹는' 것이 아니라 '데리고 들어오는' 것으로 바뀌었다. 그 경우 미토콘드리아의 의지는요? 상호 간의 합의가 있었다고 해석해도 될까요?"

"그럼요. 그러니 처음에 미토콘드리아를 어떻게 속였는지를 생각해야 해요. 아마도 영양분을 주었겠죠. 미토콘드리아는 원핵세포여서 고형물은 먹을 수 없어요. 물에 녹은 작은 분자를 먹을 수밖에 없는데, 융합을 통해 거대화하면 작은 입자를 먹을 수도 있고 물에 녹은 큰 분자를 마셔버릴 수도 있어요. 그렇게 반수체세포가 미토콘드리아에 영양분을 나눠주게 된 거예요. 그 대신 가지 말고 여기 있어, 한 거죠. 미토콘드리아로서는 거기에 있는 것만으로 영양분을 얻을 수 있는데 이의가 있을 리가요."

"요약하면 강제가 아니고 합의가 있었다는 거네요."

## 생물은 투쟁이 아니라
## 끈끈한 협력관계 속에 있다

여기까지 들은 뒤 나는 합의였든 강제였든 의지가 있었다는 것이 전제라는 사실을 깨달았다. 양쪽 다 의인화다. 하지만 합의에 비하면 강제 쪽이 말하기가 더 편하다. 자유의지의 뉘앙스가 약해지기 때문이겠지. 그런 내 마음을 꿰뚫어보기라도 한 듯 단이 "현대의 생물학은 강제로 이루어진다는 이미지를 무척 좋아하죠"라고 장단을 맞춰준다.

"자연선택과 적자생존, 양쪽 다 어떤 의미에서는 강제잖아요. 게다가 만능주의라서 '생물은 투쟁이다'라는 이미지가 박혀 있어요. 나는 남자들의 학문이 그렇게 여기고 싶어한다고 봐요. 지금 반수체세포 간의 유성생식에 보란 듯이 나타나는 것처럼, 협력은 양쪽이 완벽하게 합의하지 않으면 이루어지지 않아요. 서로(세포)의 벽까지 부서지는 거니까요. 뭐가 됐든 적어도 '단위'라고 부를 수 있는 무언가가 서로 녹아드는 것이고, 원래대로 돌아가는 건 사실 규정 위반이죠. 아주 깊은 협력관계. 양쪽 모두 의지를 갖고 있어야 해요."

"흔히 인간에겐 투쟁 본능이 있다고들 하는데, 그것도 남성적 원리에 치우친 의견이라는 말씀인가요?"

"정말 그렇다고 생각해요. 여성들을 보세요. 아무도 그렇게 안 하잖아요. 전쟁만 봐도 남자들이 총을 들고, 여자들은 총에 맞은 남편과 자식 때문에 울기만 할 뿐이죠. 자기가 아이를 낳는데 사람을 죽이려는 생각을 하겠어요? '이 사람을 죽이면 그 어머니가 얼마나 슬퍼할까'

하는 생각을 어떻게 안 할 수 있겠어요."

"남자도 그 아버지가 얼마나 애가 탈까, 하고 생각할 법도 한데요."

이렇게 중얼거리는 나에게 단은 단호하게 "남자는 더 자기중심적이에요"라고 말한다. "그리고 불완전하기도 하죠. 세포 수준이 아니더라도 성性이 형성되는 곳은 기본적으로 여성의 몸이에요. 아담의 갈비뼈에서 여자가 만들어진 게 아니라, 여성 신체의 2층에 남성의 신체가 만들어져 있죠. 원래는 여자만 있으면 되는데 유성생식에 유리하다는 점 때문에 남자가 만들어졌어요. 게다가 2층이니 약하고, 부서지기 쉽고, 비현실적이죠. 남자의 단점 대부분은 거기에 이유가 있다고 봐요."

남성에 대한 단의 비판은 가차 없다. 오랜 시간 남성적 원리가 지배해온 아카데미즘의 장에 몸을 담았기 때문에 그런 논리를 실감하고 형성할 수 있었으리라. 그런데 단이 예로 든 린 마굴리스는 진화는 경쟁이 아니라 공생에 따라 진행된다는 세포공생설(공생진화론)을 주장한 여성 생물학자다. 말없이 이야기를 듣던 오부나이가 "저… '세포의 의지'라는 개념을 말로는 이해하겠는데요" 하고 운을 뗐다.

"그래도 '뇌가 아닌 곳에서 어떻게 의지를 가지고 판단할 수 있나' 하는 생각이 들어서 이상합니다. 혹시 단 선생님은 종교와 비슷한 방향으로 가시는 건 아닌지요?"

이 질문에 단은 "완전히 다르죠"라고 체념한 듯이 말했다.

"나는 아까부터 제대로 답하고 있어요. 의지를 가지는 이유는 살기 위해서입니다. 세포는 신체의 위협을 느꼈을 때 황급히 뒤를 돌아보고 도망갈지 혹은 반격할지 자연스럽게 판단해요. 살기 위해서요. 아이들도 친구가 다가오면 기뻐하면서 같이 놀고, 위험해 보이는 개가 다가오면 도망을 치거나 쫓아버리는 등 상황 판단을 하잖아요. 그것과 똑같습니다. 세포도 늘 상황 판단을 해요. 거기서 판단하는 주체가 세포밖에 더 있겠어요? 그렇다면 메커니즘이 어떻든 '거기엔 의지가 있다'고 말할 수 있어요."

오부나이는 잠시 생각한 뒤 작은 목소리로 물었다. 다소 쭈뼛쭈뼛하면서.

"…하지만 친해져야지 아니면 도망가야지 하는 그런 동기는 뇌가 없는 경우 어디서 발생하는 건가요? 아무래도 이해가 잘 안 돼서요."

"절대 죽을 수는 없다는 사정 속에서 발생하죠. 박테리아만 봐도 한가로운 듯 보이지만 사실은 아주 바쁘게 살아가고 있어요. 외부로부터 다양한 물질을 끊임없이 받아들이고 바쁘게 위험을 감지해서 대처하려면 에너지가 엄청나게 들어요. 왜 그렇게 바쁘냐 하면, 그렇게 하지 않으면 세포 자체가 무너지기 때문입니다. 스스로 방대한 양의 에너지를 사용하면서 자신의 몸을 유지시키는 시스템이기 때문에, 그 시스템을 존속시키는 것 자체가 살아가는 원동력인 겁니다."

나는 침묵하는 오부나이의 옆얼굴에 시선을 주다가, "모든 생물이 필사적으로 살아가고자 한다는 말씀은 잘 알겠습니다"라고 말했다. 단의 눈에는 두 남자 모두 매우 우매하고 미련하게 보였을 것이다.

"고등 생물이라면 생에 대한 욕구와 동력이 당연히 존재할 겁니다. 하지만 양상이 똑같아 보인다 해도 뇌가 없는 세포를 생물과 같은 선상에 놓는 건 아무래도 상상이 안 됩니다. 그러니 그것들의 의지와 원동력이 어디에 있다고 보면 되겠습니까?"

"두 분 다 대사metabolism가 무엇인지 잘 모르네요."

참을 만큼 참았다는 듯 단이 말했다.

"특별한 장소 같은 건 존재하지 않아요. 세포 안은 단백질과 RNA, 그리고 그 물질들의 복합체가 혼재하는 도가니 같은 상황이에요. 그 도가니 안에 에너지원이 되는 당이 엄청난 기세로 들어와 산소군의 기능적 네트워크를 거친 다음, 끝으로 더 이상 쓸모없는 요소와 구연산 등이 되어 도가니 밖으로 방출되죠. 이것 말고도 세포 안에서는 단백질과 핵산을 재생성하는 반응과 세포막의 소재를 합성하는 반응 등 수천, 수만 번의 화학반응이 네트워크를 형성하면서 동시다발적으로 진행되고 있어요.

이 속도가 느려지면 시스템 전체가 파괴됩니다. 그리고 또다시 에너지의 흐름이 저하되면 모든 것이 거의 동시에 와해되어버려요.

한 가지 예를 들어보겠습니다. 청산가리요. 청산가리를 미량만 섭취해도 우리는 즉사합니다. 청산가리는 산소의 흐름을 한순간 교란시키는 작용을 할 뿐이에요. 그런데 몸 전체가 파괴되죠.

세포를 지붕이나 벽이 있는 단단한 구조라고 생각하니까 이해가 안 되는 거예요. 스스로의 메커니즘과 기능에 입각한, 더할 것도 뺄 것도 없는 균형 위에서 세포의 구조가 성립된다는 사실을 이해하면 세포 자체에 살아가는 원동력이 내재되어 있다는 것이 이해될 텐데요."

말을 마친 뒤 단은 잠시 침묵했다. 나도 오부나이도 말이 없었다. 단은 생명 활동의 본질은 끊임없이 대사를 반복하는 시스템이라고 주장하고 있다. 후쿠오카 신이치의 말을 빌리면, 동적 평형을 유지하려 하는 메커니즘이다. 소화를 위해 위가 있고, 생식을 위해 생식기가 있고, 의식 활동을 위해 뇌가 있다. 이런 설명도 나름대로 틀리지 않지만, 기능국재론(뇌는 부분마다 다른 기능을 가지고 있다는 설)적 방향으로 지나치게 경직되면 대응적인 관계가 되어버린다.

## 세포는 못하고 우리만 할 수 있는 일은 없다

굳이 말할 필요도 없이 소화와 위는 같지 않다. 학문과 학교도 같지 않다. 영화와 영화관도 비슷한 듯 다르다. 마찬가지로 의지와 뇌도 같은 분류로 묶이지 않는다. ≒지만 =는 아니다. 이렇게 머릿속을 정리하면서 나는 "저서에 원핵세포인 원시세포 하나가 최초의 생명의 근원이라고 쓰셨죠"라고 말했다. "그 '하나'에 대해 여쭙겠습니다. 복수의 세포가 동시다발적으로 발생한 게 아니라 실제로 '단 하나'의 세포가 여러 우연의 축적에 따라 생겨났다고 보는 것이 맞습니까?"

"그 시기에 원초적 세포가 여러 개 생겨났을 가능성도 있습니다. 하지만 지금까지 살아남아 있는 건 단 하나뿐입니다. 다른 세포들은 잘되지 못했죠. 자손을 남기지 못한 거예요. 그걸 어떻게 알았느냐면, 지금 살아 있는 모든 생물의 유전자 코돈(유전암호의 최소 단위)이 공통적이기 때문입니다."

"A(아데닌)와 T(티민)와 G(구아닌)… 다음엔 뭐죠. C(사이토신)인가."

"맞아요, 그게 다죠. 그건 모든 생물이 똑같아요. 인간의 코돈도 최초의 세포에서 하나둘 세포분열을 거듭하면서 여기까지 온 거예요."

"…그게 사실이라면 살짝 경외감이 드네요. 생명은 모두 똑같구나 하고."

"엄청난 일이에요. 식물이고 뭐고 다 똑같으니까. 그러니까 생명은 모두 한 개의 원초적 세포에서 분기한 이래 한 번도 뭔가가 새로이 더해진 적 없이 우리에게까지 왔다고 할 수 있어요."

말을 마친 단은 테이블 위에 놓인 쿠키와 홍차를 권했다. 거실 바로 옆 커다란 유리창 너머로 보소 반도의 노을이 고요히 내려앉고 있었다. 여태까지 우리 세 사람의 대화를 가만히 듣고 있던 단의 남편이자 전前 물리학자 소카와 도오루惣川徹가 "이 사람은 젊은 시절부터 우리가 할 수 있는 일 중에 세포가 못하는 일은 아무것도 없다고 늘 말해왔어요"라고 천천히 말문을 열었다.

"그 말이 의미하는 바를 나도 줄곧 생각하고 있어요. 예를 들어 이 사람이 '세포에 의지가 있다'고 말할 때 그건 인간 수준의 의지를 세포가 그대로 갖고 있다는 뜻이 아니에요. '인간 수준'에 이미 '원초적 의지'라고 불러야 하는 것이 존재하기 때문에 '인간의 의지'라는 복잡한 개념이 매개체가 되어 등장한 것 같다고 말하는 것뿐입니다. 그 과정에 셀 수 없이 많은 층의 매개 과정이 있었더라도 출발점은 어디까지나 세포에 있다, 그것 말고는 있을 수 없다는 것이 이 사람의 주장이 의미하는 바라고 생각합니다.

물리학에는 미리 상정되는 배위 공간(짜임새 공간)이라는 개념이 있습니다. 그 공간 안에서 사물의 상태가 어떻게 움직이는지를 기술하는 미분 방정식이 최종적 물리법칙으로 확정됩니다만, 이에 비해 생물학에는 배위 공간이 없어요. 앞으로도 그런 개념은 영원히 생각할 수 없을 거고요. 그래서 미국의 이론생물학자 카우프만Stuart Kauffman은 생물학의 최종적 인식의 표현은 미분 방정식 같은 개념이 아니라 일종의 이야기가 되는 것이 아닌가, 하는 식의 말을 했죠. 바로 그 지점이 생물학과 물리학의 본질적 인식 차이입니다.

예를 들어 어느 날 궁지에 몰린 거트루드(카우프만이 비유로 사용한 다람쥐 이름)가 순간적으로 손발을 펼쳐서 위기를 모면해 날다람쥐로 진화했다면, 날다람쥐가 거트루드였던 시절에 미리 그 현상이 일어날 가능성을 상정한다는 건 어떤 물리법칙을 가져와도 불가능해요. 카우프만은 말하자면 이런 내용은 '이야기' 외의 언어로는 기술할 수 없다고 말한 겁니다. 그래서 생물의 진화를 '일어난 일에 대한 기억을 연결시킨 현상'이라고 부르는 거고, '복잡계'보다는 '기억계'라고 하는 편이 정확한 표현이라고 봅니다. 그렇다면 '기억으로 연결된 것'은 무엇일까. 그것이야말로 '세포에게만 가능한 생명이라는 현상이었다'고 말할 수 있지 않을까 해요.

그토록 비판받으면서도 이 사람이 자주 사용하는 '의인화'에 대해서도, 한 여성 과학자가 쓰는 '비과학성'에 뿌리를 둔 습관적 표현이라고 멋대로 결론 내릴 것이 아니라, '생명 현상에 근간을 둔 깊이 있는 문제의식'에서 비롯된 표현임을 이해해야 합니다."

"…그러고 보니 코펜하겐 해석을 포함한 양자역학 해석에서도 의지와 관찰의 문제는 고전적인 명제죠."

내가 말했다. 중첩이 전제인 양자역학에서는 관측하는 '인간의 의지'가 양자의 상태를 결정한다는(파동함수가 붕괴된다는) 해석도 가능하다. 물리적 힘이 아니라 의지에 따라 변화한다면 관측되는 쪽인 입자에도 그 의지에 호응하는 의지가 존재한다는 전제가 성립한다. 결코 황당무계하지 않다고 본다. 다만 여기에는 이론적 뒷받침이 없다. 실험을 통한 확인도 불가능하다.

어쨌든 양자역학의 해석에 대해서는 어디까지나 사고 실험이라고 생각해야 할 듯하다. 하지만 생물학에는 그런 융통성이 없다. 의지의 주체인 생물을 대상으로 하는 분야이기 때문에 더더욱 의지의 개입을 과도하게 기피해왔다고 생각할 수도 있을 듯하다.

"사실 우리는 세포에 의지가 있다는 걸 알고 있어요."

줄곧 생각에 잠겨 있던 단이 말했다. "우리가 합의하면 해결되는 문제예요. 그런데 그게 안 되는 이유는 물리와 화학 같은 선구적 학문이 '과학적인' 방법을 강요하기 때문입니다. 연구 면에서는 돈도 장소도 직위도 분자생물학에 빼앗겨버렸죠. 특히 세포 수준의 연구는 거의 무너진 것과 마찬가지고요. 계통분류학도 마찬가지입니다. 생물학 전반에서 세포가 가장 손해를 보고 있어요."

"하지만 생물은 가장 설레는 주제 아니겠습니까."

이렇게 말하면서 소카와가 미소 지었고, 나는 고개를 끄덕였다. 그것에 대해서는 전혀 이의가 없다.

"당연한 말이지만, 근원이죠."

"세포는 강렬한 속도로 대사를 진행하면서 안정을 유지합니다. 하지만 삼투압 균형이 조금이라도 무너지면 한순간에 분해되어버려요. 지구 환경의 변동fluctuation에 대응하면서 균형의 폭을 넓히기 위해 대사 경로를 다수 확보한 채로 살아가고 있지만, 그 폭에서 한 걸음만 비켜서면 생명은 바로 끝나죠. 세포도 그걸 알고 있고요. 만약 우리가 비에 녹아버리는 존재라면 비를 맞지 않도록 노력하겠죠. 세포도 마찬가지입니다. 매일 시시각각 상황에 대처하죠."

## 생명은 왜 이다지도 위태로운가

"그렇게 탐욕스럽게 생에 집착하는데도 생명은 왜 이다지도 위태로운가 하는 생각이 듭니다."

오부나이가 말했다. 단은 고개를 끄덕였다.

"바로 그것이 복잡함이라는 것입니다. 맹렬히 복잡하기 때문에 분자들이 더욱 떨어질 수 없는 형태로 모여 있죠. 하지만 위태로워요. 세포막은 지질 분자가 이중으로 막을 형성해 물을 가둬놓은 액정 상태라서, 작은 구멍 하나만 뚫려도 순식간에 터져버립니다. 그런데도 지금의 상태를 유지하고 있을 뿐만 아니라 세포분열이라는 말도 안 되는 일을 제대로 해내고 있으니 오히려 그편을 강조해야 합니다.

이런 상황에서는 살고자 하는 의욕이 사라지면 바로 무너져버리죠. 스스로의 활동과 대사를 통해 구조체가 성립되는 것이라서, 그것이 위협받으면 눈 깜짝할 사이에 소멸되어버립니다."

몇 초 후에 소카와가 단의 말을 보충했다.

"방금 한 말은 물론이고요, 사람들은 '그렇게 작은 것에 생각하는 힘이 있을 리 없어'라고 흔히 말하지만, DNA는 물질 자체의 구조에 의미가 있는 것이 아니라 세포가 그 구조를 기호로 쓰고 있다는 데 의미가 있어요. 그렇게 작은 것을 기호로 쓰는 건 아주 신기한 일이죠. 그 정도 수준을 실제로 행하고 있는 상황에서 그 정도 수준의 의지가 없다면 판단이 가능하겠습니까."

나와 오부나이는 두 사람의 이야기를 번갈아 들으며 모호하게 고개를 끄덕였다. 어느 정도까지는 이해가 된다. 동의할 수 있다. 하지만 아무래도 넘어설 수 없는 선이 하나 있다.

"…그런데 아무래도 그 지점에서 '대체 누가?'라는 생각을 하게 되네요. 어떤 존재의 개연성을 떠올리게 됩니다. 그래도 세포란 대체 무엇인가를 떠올리면 이야기가 무척 명쾌해진다는 점은 이해했습니다."

"맞아요, 그것밖에 없어요. 주위를 아무리 둘러봐도 그런 일을 할 수 있는 것은 세포밖에 없어요. 그리고 그렇게 할 수 있는 건 역시 의지 때문이겠죠. 그러니 '누가?'라고 질문하면 '이거라고 말하고 있잖아요'라고 대답할밖에요."

단은 말을 마친 뒤 빙긋이 웃었다. 소카와도 미소를 띤 채 오부나이에게 "출판계 분들도 그런 의지를 가진다면 큰 힘이 될 겁니다"라고 말한다. 나는 가볍게 던진 농담이라고 여겨 "일이랑은 별로 관련이 없겠지만요"라고 웃으며 대꾸했다. 그러나 소카와는 진지한 얼굴로 "아닙니다, 큰 관련이 있죠"라고 중얼거렸다.

"NHK 다큐멘터리를 보더라도 DNA가 유영하는 영상을 CG로 쓰잖아요. 지나치게 알기 쉽게 만들죠. 그런 영상이 아이들에게 오해를 불러일으킬 소지가 매우 큽니다."

단이 고개를 크게 끄덕거렸다.

"DNA는 장어처럼 구불구불 헤엄쳐요. 그 영상을 보면 '역시 DNA는 생명의 본질이구나' 하고 느낄 수밖에 없겠죠."

"예를 들어 휴대전화로 며칠에 어디서 만나자고 누구와 약속하고 그 날짜, 그 시간, 그 장소에서 두 사람이 실제로 만난다고 해봅시다. 약속을 하기 위해 사용한 건 전자파예요. 하지만 그건 수단일 뿐이고, 기호가 현상을 결정하죠. 이걸 물리현상으로 보면 무척 복잡해요. '시계를 보고 길을 걷다가 다음 전철을 탈 때 이런 힘이 작용해서…'라는 식의 묘사로 이 현상의 본질을 설명할 수는 없잖아요. 기호론의 세계는 그런 물리와는 완전히 달라요."

"상공에서 보면 이상할 겁니다. 그 개체와 이 개체가 어떻게 다시 만났을까 하고요."

"게다가 세포 속을 확대하면 도쿄나 뉴욕 거리보다 복잡해요. 철도가 깔려 있거나 우편배달 체계가 있거나 하는 느낌으로, 있어야 할 곳에 있어야 할 기관이 있고, 그 사이를 단백질이 마치 인간처럼 돌아다니고 있죠. 그 의미를 인정하지 않는다는 건 절대적으로 이상합니다.

한 예로, 신경세포가 신장할 때 신장한 앞부분에는 세포질이 평평하게 펼쳐진 생장원추가 만들어집니다. 그 생장원추에는 반드시 가는 돌기 수천 개가 돋아 있어요. 생장원추가 앞으로 이동할 때 그 돌기들을 좌우로 이동시켜 마치 방향을 찾는 듯한 모습을 보여주는데, 실제로는 근육세포나 다른 신경세포에 닿으면 원추를 해소하고 시냅스를 만들어요. 시간이 흘러도 표적과 만나지 못하면 수축해서 사라져버리고요. 이 과정을 가끔 '신경세포는 손을 내밀어 시냅스를 만들 상대를 찾는다'는 식으로 표현하죠."

"의인화네요."

"하지만 실제로 그렇게 움직이는 걸요."

단이 이렇게 말하며 싱긋 웃는다. 그야말로 과학자의 미소였다.

추기追記

이 인터뷰를 진행하고 1년 2개월이 지난 2014년 3월 13일, 단 마리나는 갑작스럽게 세상을 떠났다. 삼가 고인의 명복을 빕니다.

5장

# 누가 죽음을 결정하는가

생물학자 다누마 세이치에게 묻다

**다누마 세이치** 田沼靖一

분자생물학자. 1952년 야마나시 출생. 미국 국립 위생연구소NIH/NCI 연구원 등을 거쳐 도쿄이과대학 약학부 교수, 약학부장, 게놈창약연구센터장을 역임했다. 동 대학원 약학계연구과 박사. 세포의 생과 사를 결정하는 분자 메커니즘을 아포토시스의 관점에서 연구하고 있다.

## 삶을 규명하려면 죽음부터 생각해야 한다

약속 시간에 25분이나 늦었다. 길이 생각보다 더 막혔지만 그런 것은 변명이 되지 못한다. 상당히 초조하다. 심지어 도쿄이과대학 노다 캠퍼스에 도착해서는 차를 세워둘 곳을 찾지 못해 우왕좌왕했다. 결국 40분을 지각하게 되었다. 집이 가까워서 차로 왔는데 역시 익숙하지 않은 일은 하는 게 아니었다. 겨우 찾은 연구실 문 앞에서 노크를 했다. 많이 늦었다고 역정을 내도 할 말이 없다. 그러나 내가 문을 열자, 다누마 세이치는 의자에서 일어나 활짝 미소 지으며 앉으라고 권했다.

도쿄이과대학 약학부 교수직과 동 대학교 게놈창약創薬연구센터장을 겸임하고 있는 다누마는 세포의 삶과 죽음을 결정하는 분자 메커니즘이 전문 분야다. 저서도 다수 출간했다.《죽음의 기원—유전자로부터 온 질문死の起源: 遺伝子からの問いかけ》,《인간은 왜 늙는가—노화·수명의 과학ヒトはどうして老いるのか—老化·寿命の科学》,《인간은 왜 죽는가—죽음 유전자의 비밀ヒトはどうして死ぬのか—死の遺伝子の謎》 등 제목만 봐도 알 수 있듯이 노화와 죽음 분야의 일인자다.

"제 전문 분야는 생물학·분자생물학입니다. 세포가 어떻게 살아 있는지를 연구하려면 방사선과 자외선을 쬐어서 유전자에 상처를 내야 합니다. 그런데 가끔씩 상처를 너무 많이 내서 세포가 죽는 경우가 있어요. 어느 날 이런 의문이 들더군요. 세포는 이 정도라면 회복이 가능하다, 혹은 이렇게까지 상했으면 회복이 불가능할 테니 죽겠구나 하는 판단을 어떻게 내리는 걸까? 말하자면 회복의 한계점이겠죠. 이런 문제는 삶의 방향에서만 연구해서는 알 수 없습니다. 죽음 쪽에서도 생각해야 해요.

특히 현대는 유전자를 축으로 생사관生死觀과 생명관을 고민해야 하는 시대가 되었습니다. 예를 들어 유전자의 관점에서 인간의 신체는 '꿈의 여관'인 셈이죠."

"…꿈의 여관요?"

"인간이라는 유전자 풀 안에서 저마다 다른 개별적인 인간들이 태어납니다. 물론 유전자에는 여러 조합이 있고, 지구에는 다양한 인간들이 존재해요. 사실 유전자도 어떤 조합으로 태어날지 모르는 채로 태어나는 겁니다. 그렇게 한 여관에서 다른 여관으로 옮겨가는 거죠. 그래서 꿈이라고 표현할 수밖에 없지 않나 싶습니다."

으음, '꿈'이라는 말은 처음 듣는다. 그렇게 말하는 나에게 다누마는 "우리 인간은 유전자의 꿈의 표현형이 아닐까 생각합니다"라고 대꾸했다.

"유전자를 중심으로 '인간은 어디서 왔는가'라는 명제를 고찰하면 '인간은 유전자 그룹의 산물로서 우연히 태어났다'는 결론이 나오지 않습니까. 그런데 유전자의 조합은 다양합니다. 인구는 점점 불어나고, 인간을 구성하는 2만 수천 개의 유전자 조합은 무작위이죠. 그렇게 무작위로 조합된 유전자에게 선택받은 개체들이 같은 개체가 두 번 태어나지 않는 시스템 안에서 팽창하고 있습니다. 그것이 오늘날 호모사피엔스의 세계입니다. 그 유전자의 산물이 개인의 다양성을 만들어갑니다. 그러나 그런 다양성도 개체가 죽으면 그 한 번으로 끝나고 새로운 개체가 다시 태어나죠. 이 현상이 굉장히 확장되어 있는 것이 현재의 상황입니다. 따라서 '인간은 어디로 가는가'라는 명제는 더 이상 확장이 불가능한 곳까지 진행되어 유전자가 점차 뮤테이션(돌연변이)을 일으킨다는 뜻이기도 합니다. 에도 시대 일본인의 유전자와 비교하면 헤이세이 시대의 우리가 가진 유전자는 돌연변이의 축적으로 미묘하게 변하고 있습니다. 얼굴형이 좁아지고 체격도 달라지고요. 그러니까 100만 년 단위로 보면 신체가 더 작아지면서 호모사피엔스는 소멸하겠죠. 일단은 100만 년이라고들 하는데, 현재 지구 환경의 악화 속도를 보면 더 빨라질지도 모릅니다."

"몸이 더 작아진다고요?"

"그렇다고 합니다."

"하지만 훨씬 옛날, 예를 들어 에도 시대보다는 확실히 커지지 않았습니까?"

"그건 영양학적인 부분의 영향이라고 생각합니다."

"다윈주의와 성 선택설로 해석하더라도 여성은 아무래도 키 작은 남성보다는 키 큰 남성을 선호하는 듯한데 몸이 더 작아진다고 말씀하시니 이상하네요. 어떤 경우든 앞으로 100만 년 정도가 지나면 지금의 호모사피엔스는 형상적으로 전혀 다른 생물이 되어 있을 거라는 말씀입니까?"

"그렇습니다. 그때 그 존재를 호모사피엔스라고 부를지는 또 다른 문제지만요. 다윈주의 이야기로 돌아가면, 저는 진화는 환경에 적응하는 것만이 아니라고 생각합니다. 게놈(유전체) 밖의 진화도 있죠. 언어도 그렇지 않습니까. 인간은 게놈 밖의 진화가 상당히 큰 생물입니다. 저는 대체로 중립 진화론 쪽이 옳다고 생각해요. 환경에 적응했으니 살아남았다고 쉽게 말할 수는 없는 듯합니다."

## 태초에 유전자는 어떻게 발생했는가

"지금까지 나눈 이야기를 요약해보겠는데요, 유전자의 관점으로 보면 '우리는 어디서 왔고 어디로 가는가'라는 대명제에도 비교적 명쾌하게 답할 수 있다고 해석해도 되겠습니까?"

"뭐, 일단은 그래도 될 것 같습니다."

"그런데 아무리 생각해도 '처음'을 잘 모르겠어요. 처음에 유전자는 왜 어떻게 해서 발생한 건가요?"

다누마가 고개를 끄덕이며 테이블 위의 책을 펼친다.

"지구는 46억 년 전에 생겨났다고들 합니다. 먼저 물속에 다양한 원소들이 있었죠. 대기 중에는 지금처럼 오존층이 없었기 때문에 자외선과 우주 방사선으로 화학반응이 촉진되고 있었습니다. 특히 갯벌 같은 곳에는 금속이 있었고, 자외선이 그 금속에 닿아 원소끼리 반응을 일으켜 아미노산과 염기, 설탕과 막을 만드는 지질 등이 약 6억 년에 걸쳐 바다에 쌓여왔죠."

"흔히 원시의 수프라고 말하는 개념이네요."

"네. 생명의 조건 중 하나는 자신과 같은 것을 만드는 일, 즉 증식입니다. 그리고 외부로부터 자신을 구별하는 막이 있어요. 이 막을 경계로 해 계속 증식하기 위해 외부에서 영양분을 흡수합니다. 복제/합성/대사, 이 세 가지 요소가 생명을 만드는 거죠."

자기복제를 할 것, 막이 있을 것, 대사 활동을 할 것. 이것이 생명의 세 가지 기본 요소라는 이야기다. 다시 말해 당신이 지금 손에 들고 있는 책이 자기복제를 하고, 막을 가지고 있고, 대사를 한다면, 그것은 책 모양을 한 생물인 셈이다.

"같은 것을 복제하려면 거푸집이 필요합니다. 그것이 바로 DNA죠. 이러한 유전자의 바다 속에서 우리가 가진 DNA의 기초인 아데닌 등의 염기가 생겨났습니다. 그리고 약 10억 년 동안 축적이 이루어진 뒤 RNA의 세계가 생겨났고요."

"그 경우 세계를 글자 그대로 RNA전성기의 세계라고 해석하면 될까요?"

"그렇습니다. 유전자가 부모로부터 자식에게 전달되도록 하는 물질이 바로 RNA입니다. 혹시 중심원리(센트럴 도그마)라고 아시나요?"

"유전정보가 DNA에서 RNA를 거치고, 다양한 단백질도 만들어지는 거요. 그것이 바로 생물의 기본 원리 아니겠습니까."

"그 단백질이 생명 안에서 다양한 일을 합니다. 그걸 만드는 RNA를

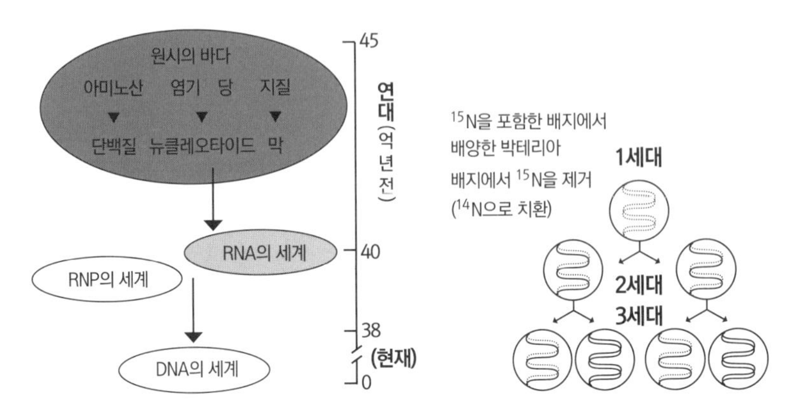


**그림 06** | 생명의 탄생, 다누마 세이치의 《생명과학 대연구生命科学の大研究》에서 인용

**그림 07** | 반보존적인 DNA의 복제, 다누마 세이치의 《생명과학 대연구》에서 인용

플로피디스크라고 한다면 DNA는 하드디스크죠. 이것이 중심원리입니다. 우선 RNA가 생기고, RNA에서 단백질이 만들어지고, RNA와 단백질의 복합체의 세계가 생기는 흐름입니다. 그런데 RNA는 한 가닥이라 끊어지기 쉽기 때문에 매우 불안정했어요."

"그래서 두 가닥으로 안정된 DNA가 탄생한 겁니까?"

"DNA는 쉽게 말하면 더블 스탠드(두 가닥)인데, 2세대라는 건 부모의 DNA 가닥 하나를 이어받아서 새로운 가닥을 만드는 식으로 같은 것을 제대로 복제해낼 수 있게 되는 시스템입니다.

다음 대에는 한 가닥과 또 한 가닥이 연결되어 태어납니다. 여기서 변이가 조금씩 생기죠. 이렇게 해서 다양한 생명이 발생합니다. DNA를 가진 단순한 생물은 38억 년 전에 탄생했습니다."

"원핵생물 말씀이죠."

"맞습니다. 가령 대장균 같은, 유전자가 1쌍밖에 없는 반수체 생물요. 이 원 속에 그려진 것이 유전자 쌍입니다(그림 07). 세포가 분열해서 이것이 두 배가 되고 점차 네 배, 여덟 배로 늘어납니다. 한편 우리 이배체 생물은 아버지와 어머니에게서 받은 유전자 쌍을 2개 가지고 있습니다. 즉 반수체 생물이 이배체세포로 구성된 이배체 생물로 진화한 겁니다. 거기까지 어림잡아 20억 년이 걸렸습니다. 그 전까지의 생물은 반수체세포라서 단순한 분열로 증식했기 때문에 부모와 자식이 같은 유전자만 가질 수 있었습니다. 그러다 이배체세포로 살 수 있는지 시험해본 생물이 태어났고, 거기에 더해 부모에서 자식으로 세포를 전달할 수 있게 된 생물이 지금으로부터 약 15억 년 전에 탄생했습니다."

"지금도 있는 생물로 말하면 짚신벌레, 유글레나, 좁쌀공말 등이죠."

"그런 생물로부터 다음의 진화가 또 시작되었죠. 대장균과 같은 세균류는 유전자가 조금씩 변화하면서 38억 년 넘게 살아 있어요."

## '개체의 죽음'은 유성생식에서 시작되었다

지금까지 다누마가 한 설명을 요약해보자. 원시의 수프라 불리는 바다에 자외선과 우주 방사선이 쏟아져내려 화학반응으로 아미노산과

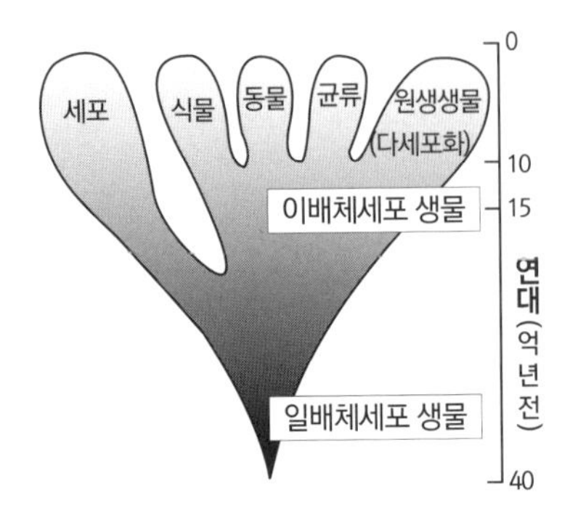


그림 08 | 생물계의 진화, 다누마 세이치의 《죽음의 기원》에서 인용

염기 등이 형성되었고, 그 후 수억 년이 지나는 동안 막의 외부와 내부로 나뉘며 자기복제를 하는 물질이 나타났다. 이것이 최초의 생명(RNA의 세계)이다. 이윽고 안정도가 더 높은 DNA가 형성되어 15억 년 전에 이배체 단세포생물이 생겨났고, 약 5억 년 전부터 다세포화가 일어났다. 바로 이 시점에 우리가 도감과 박물관 등에서 볼 수 있는 생물이 지구상에 탄생한다.

"특히 캄브리아기에 폭발적인 진화가 일어나 식물·동물·버섯류가 출현해 현재에 이르고 있습니다. 그중에서도 호모사피엔스는 가장 위에 위치해 있죠(그림 08). 불과 수백만 년 전 위치에 있어요.

우리는 이배체세포 생물입니다. 수정란이 분열하면 최종적으로 약 60억조 개의 세포가 되는데, 거기서도 신체를 만드는 세포와 자손을 만드는 세포로 나뉩니다. 자손을 만드는 생식세포는 감수분열을 통해 난자 또는 정자라는 반수체가 되는 점이 큰 특징이죠. 이 정자 또는 난자가 다른 개체의 정자 또는 난자와 합체해서 수정란이 만들어집니다. 바로 이것이 유성생식이죠."

"거기서 개체의 죽음이 시작된 거군요…."

"네. 암수가 유전자를 합치는 과정에서 죽음이 생겨났으리라 생각됩니다."

"왜 유성생식이 죽음을 탄생시킨 겁니까?"

"합쳐진 유전자가 별개의 유전자가 될 때 존속에 불리한 개체가 만들어지는 경우가 있습니다. 그러니 종을 남기려면 그걸 배제해야 하지 않았겠느냐 하는 설이 있습니다."

"음, 그러니까… 반수체세포 생물은 사고 같은 건 별개로 했을 때 기본적으로 죽지 않고 애초에 죽음이 프로그래밍되어 있지 않다, 하지만 이배체세포가 된 순간, 즉 생식을 획득한 순간 죽음이라는 프로그램이 도입되었다, 그 이유는 태어난 자식이 환경에 적합하지 않을 경우 소멸시켜야 하기 때문이다… 이 정도로 해석하면 될까요?"

내가 이렇게 질문하자 다누마는 상하인지 좌우인지 모를 만큼 모호하게 고개를 움직이고는 "일단 그렇긴 한데요…"라고 중얼거렸다. 애매하다는 뜻이다. 내가 말했다.

"죄송합니다. 나름대로 여러 분야의 책을 읽고 있긴 합니다만, 오늘은 공부 못하는 학생에게 강의하듯 알려주시면 좋을 것 같습니다…."

다누마가 살짝 웃으며 고개를 끄덕였다. "일반 시민 강좌 같은 데서 강의할 때도 제가 생물은 왜 죽음을 부여받은 걸까요, 라고 질문하면 '죽지 않으면 식량이 부족해지잖아요', '인구가 폭발하면 살 곳이 없어지잖아요', '사람이 너무 많아져서 전쟁이 일어날 거 아니에요' 식의 답변이 나오곤 했죠."

"그 수준은 간신히 넘었습니다. 반수체도 지나치게 늘어나면 먹을 것이 부족해지겠죠."

"먹을 것과 살 곳은 본질적인 답이 아닙니다. 우리가 하나의 개체일 경우를 생각해볼까요."

다누마는 이렇게 말하며 어조를 바꿨다. 스위치를 눌러 공부 못하는 학생에게 강의할 때의 회로로 바꾼 것이리라.

"체세포란 신체를 만드는 세포인데, 피부와 간처럼 재생되는 세포 그리고 중추신경 세포, 심장의 심근세포 등 재생되지 않는 세포로 나뉩니다. 이 두 집단에 각각 죽음이 프로그래밍되어 있습니다."

죽음이라는 프로그램. 공부 못하는 학생은 자신 없는 듯 고개를 끄덕인다. 지금부터 이번 인터뷰의 가장 중요한 부분이 시작된다.

"피부세포 등 재생되는 세포의 경우 28일 주기로 분열을 거듭해 낡은 것은 노폐물이 되어 버려지지요. 간세포는 조금 느려서 1년 전에 생겨난 세포가 지금 이 순간 죽어가고 있어요. 이렇게 리뉴얼되면서 각각의 기능을 유지하죠. 분열 횟수에는 제한이 있는데, 재생 의료에 자주 등장하는 줄기세포는 대개 60회 정도 분열합니다. 태어나면서 회수권을 받는 거나 마찬가지죠. 한 번 분열할 때마다 회수권을 내고, 60회 분열하면 회수권을 다 썼으니 분열할 수 없게 됩니다. 그 세포군이 노화해 증식하지 않게 되면, 만약 그것이 간이라면 간의 기능이 끝나고 개체가 죽습니다. 과음을 하면 회수권을 쓰는 속도가 빨라지는 거예요. 다른 장기가 건강해도 간이 나빠져버리면 개체는 죽게 되는 거죠.

죽음은 매우 불완전하지만 어쨌든 그런 죽음의 회수권이 프로그래밍되어 있습니다. 신경세포나 수십 년씩 고동치는 심장의 심근세포도 끝없이 일을 할 수는 없는지라 정기권처럼 사용 횟수가 정해져 있고, 그걸 다 쓰면 죽게 됩니다."

## 인간에게는 왜 '죽음의 회수권'이 프로그래밍되었나

공부 못하는 학생은 이 대목에서 손을 든다. 선생님, 시스템은 알겠습니다. 하지만 제가 알고 싶은 것은 '어떻게'가 아니라 '왜'인데요.

"왜 회수권과 정기권 시스템이 프로그래밍되어야 하나요? 무한정 쓸 수 있는 티켓이 발급될 수도 있었을 텐데요. 아니면 애초에 티켓 같은 발상을 하지 않는 선택지도 있었을 거고요."

"생명은 살아가는 동안 항상 스트레스로 인해 활성산소가 발생합니다. 음식을 통해 발암성 물질이 들어가거나 하면 생명의 근원인 DNA에 상처가 나고요." 다누마가 말했다.

"지금 이 순간에도 DNA에 쉼 없이 상처가 나고 있습니다. 효소를 이용해 매일 회복시키긴 하지만, 100퍼센트 완전무결하게 회복할 수는 없지요. 흔히 자동차에 비유해 말하는 경우가 많은데, 새 차를 사서 잘 관리해가며 타면 오래가지만, 타지 않고 방치하면 녹이 슬고, 험하게 쓰면 눈 깜짝할 새에 덜거덕거리잖아요. 인간에게도 기계론적 마찰설이라는 것이 있어서, 유지보수를 하며 쓰더라도 상처가 조금씩은 남게 됩니다. 생식세포에 상처가 날 확률도 당연히 있고, 그것이 자식에게 영향을 줄 가능성도 있죠.

다만 생식세포에 상처가 나더라도 그것이 발현될지 안 될지는 알 수 없습니다. 우리는 어머니와 아버지 두 사람의 유전자를 가지고 있기 때문에, 한쪽이 망가졌더라도 다른 한쪽이 좋으면 겉으로 나타나지 않아요. 예를 들어 부모의 상처가 그대로 아이에게 전달되어 태어났다고 해봅시다. 부모의 상처를 가진 생식세포와 자식의 상처를 가진 세포가 합쳐질 가능성도 생물로서 있을 수 없는 이야기는 아닙니다. 그러면 두 배의 상처를 가진 개체가 태어나게 되죠. 그런 상처를 가진 개체가 살아남으면 상처가 두 배가 될 확률이 점점 높아집니다. 이것을 '유전적 하중genetic load'이라고 하는데, 이걸 피해가지 않으면 유전자 풀은 결국 사라지고 맙니다."

"그래서 근친상간이 본능적으로 기피되고요."

"그걸 피해 살아남으려면, 특정한 상처를 가진 부모 개체를 특정한 시간 내에 유전자째로 전부 소거해야 합니다. 개체별로 소거하면 오래된 유전자도 전부 소거되기 때문에 나쁜 유전자가 아래쪽에 점점 축적되는 상황을 피할 수 있죠. 우리는 죽음이 프로그래밍된 이유를 이렇게 해석하고 있습니다."

다누마는 자동차에 비유했지만 나는 컴퓨터에 비유해보겠다. 컴퓨터를 사용하다 보면 버그가 쌓여 작동이 느려진다. 때로는 바이러스에 감염된다. 그걸 회복시키면서 계속 사용할 수도 있지만, 일정 정도 이상의 피해를 입었을 때는 고쳐 쓰기보다는 새로운 컴퓨터에 데이터를 복사하는 편이 비용 면에서 저렴하다. 그런 다음 낡은 컴퓨터는 폐기한다. 즉 수명을 다하게 한다. 여기까지는 알겠다. 컴퓨터는 컴퓨터 주인이 폐기 여부를 결정한다. 하지만 각각의 생명들의 죽음은 누가 결정하는 걸까.

"다운증후군을 가지고 태어난 아이가 있다고 합시다. 그건 유전자에 별로 나쁜 일이 아니에요. 인간 사회에서는 핸디캡이 있을지 모르지만, 유전자 입장에서는 별로 상관이 없습니다. '개체로서 태어난다'는 사실은 그것이 불량품이 아니라는 걸 의미합니다. 하지만 당나귀와 말을 교배한 노새는 다음 세대를 낳지 못합니다. 한 세대는 인정받지만 다음 세대로는 가지 못하는 거죠."

"그걸 '인정해주고/인정해주지 않는' 주체는 누구일까요?"

"수정란 자신이겠죠. 우리의 세포도 상처를 입으면 스스로 판단해서 죽을지 말지를 결정합니다. 우리 연구실의 가장 큰 연구 주제도 '세포는 죽을지 살지를 어떻게 결정하는가?'예요."

## 우리에게는 두 가지 죽음이 프로그래밍되어 있다

"방금 전에도 말씀드렸지만, 우리의 세포에는 재생되는 세포와 재생되지 않는 세포가 있죠. 재생세포는 재생 의료의 핵심이기도 한 혈액줄기세포와 피부세포 등을 말합니다. 간세포를 예로 들면 기능을 다하고 노화해서 아포토시스로 클린업되어 죽게 됩니다. 그런데 동시에

**세포사死의 생물학적 의의**

**아포토시스(apotosis, 自死)**
- 재생형 세포가 갖춘 **세포 소거** 기능
- **개체의 순환** 속으로 돌아감

**아포비오시스(apobiosis, 壽死)**
- 비재생형 세포에 부여된 **개체 소거** 기능
- **자연의 대순환** 속으로 돌아감

그림 09 | 생물의 두 가지 죽음

(간세포에게) '여기서 다시 증식하라'는 정보가 도착하기 때문에 간은 특정 기능을 리뉴얼하면서 일정 기간 동안은 계속 일을 하게 됩니다. 신경세포 등 비재생형 세포는 태아일 때는 계속 분열해서 늘어나지만, 일단 태어나면 신경회로망이 이어져 있기 때문에 나중에는 (증식하지 않는 채로) 수십 년 동안이나 죽 살아 있습니다. 그런데 우리 인간은 고도의 정신 활동을 하기 때문에 신경세포의 수가 조금씩 줄어들어요. 나이가 들면 기억력이 나빠지는데, 신경세포의 양이 줄어들기 때문입니다. 신경세포가 조금씩 죽으면서 그 수가 일정량 이하가 되면 통제를 유지할 수 없게 됩니다. 즉 역치threshold지요.

우리의 세포에는 두 가지 죽음이 프로그래밍되어 있습니다. 하나는 지금 설명드린 아포토시스이고, 또 하나는 제가 명명한 아포비오시스입니다(그림 09). 아포토시스는 개체가 살아가기 위해 개개의 세포가 소거되는 현상입니다. 재생되지 않는 아포비오시스의 경우는 개개의 죽음인 동시에 개체의 죽음까지도 의미합니다. 개체에게 이 두 가지 죽음의 의미는 완전히 다릅니다.

재생형 세포가 가지고 있는 아포토시스는 생존을 위해 오래된 세포를 확실하게 소거하고 새로운 세포를 다시 만들기 위한 시스템입니다. 그러나 재생되지 않는 세포, 즉 신경세포라든가 심근세포의 죽음인 아포비오시스는 개체의 죽음과 직결됩니다. 아포비오시스에는 개체를 소거하는 기능이 있어, 개체를 자연의 대순환 속으로 돌려놓는다고 생각할 수 있습니다.

이 프로그램의 한 부분이 다하면 인간을 비롯한 생물은 죽음에 이르게 되어 있습니다. 이중 죽음이라고도 할 수 있는데, 진화도 이에 따라 진행됩니다. 유전자의 입장에서 보면 자신이 영원히 살기 위해 우리의 신체 안을 순환하면서 (몸을) 바꿔가며 산다는 생명관이 싹트게 됩니다. 우리는 그런 다이내믹한 순환 속에 놓여 있고요."

"세포의 자살로 번역되는 아포토시스는 잘 알려져 있죠. 자살의 목적은 다른 세포를 살리기 위해서고요. 그러니까 아포토시스는 개체를 더욱 커다란 순환 속으로 되돌려놓기 위한 죽음이죠. 어떤 의미로는 종교적이고 철학적입니다. 순환 속으로 돌아간다는 개념은 납득이 쉽다고 할까요. 실제로 그렇기도 할 테고, 타협할 수밖에 없다고 생각되는 대목이죠. 개체의 죽음을 생각할 때도 인류라는 종을 남기기 위해 개체가 아포토시스 한다고 볼 수도 있겠네요."

"그렇죠."

"하지만 그 대목에서도 역시 개체에는 의식이 있는가 하는 문제로 돌아가게 되는데요. 순환 속으로 돌아간다고는 하지만 의식은 사라져 버리지 않습니까. 이 부분에서 깨끗이 승복할 수가 없어요. 그렇다면 뭐 그런 거겠지, 라는 생각이 안 드네요. 이것이 아주 오랜 옛날부터 인간이 불로불사를 꿈꿔온 이유이기도 할 테고요."

다누마가 조금 당황한 듯이 고개를 끄덕였다.

"두 가지 메커니즘이 있다는 건 알겠는데요, 그중에서 아포토시스는 역시 텔로미어와 관련 있나요?"

"맞습니다. 우리의 DNA에는 줄넘기 줄처럼 양쪽 끝에 손잡이가 달려 있습니다. 그것을 통해 두 가닥이 이어져 안정적 구조가 되지요. 그런데 세포가 분열을 거듭할수록 그 손잡이가 조금씩 짧아져서 마지막에는 너덜너덜한 상태가 되는데 그게 끝입니다. 분열 횟수는 처음부터 정해져 있습니다. 그것이 바로 텔로미어입니다."

"그러니까 텔로미어에 따라 세포의 수명이 결정된다, 생식세포와 암세포에서만 예외적으로 텔로미어가 재생된다, 그런 말씀이지요. 그렇다면 일반 세포에서도 현재의 의학기술로 같은 일이 가능한가요?"

"그러면 암이 되어버리죠. 반대로 말하면 암세포가 가진 텔로머레이스라는, 텔로미어를 늘리는 효소의 활동을 저해하면 암 치료로 연결되지 않겠느냐는 발상이 있었고, 많은 제약회사들이 텔로머레이스의 활동을 저해하는 약을 개발하려고 했습니다. 개발엔 성공했지만 아주 큰 부작용이 발견됐어요. 그래서 항암제로 쓰지는 못하기 때문에, 지금은 텔로머레이스를 연구해 항암제를 개발하지는 못할 거라는 의견이 지배적입니다."

"하지만 현재의 과학기술이라면 더 정확한 표적을 정해 방향을 잡을 수도 있을 것 같은데요."

"아뇨. 그게 상당히 까다롭습니다."

다누마는 그렇게 말하며 테이블 옆의 화이트보드를 보았다. 직전에

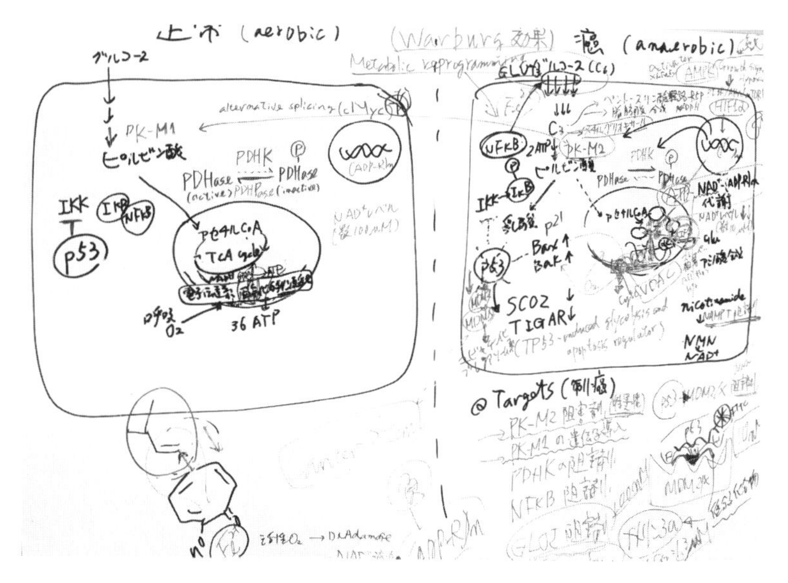


**그림 10** | 정상 세포와 암세포의 비교 도식

학생들에게 강의라도 했는지, 정상 세포와 암세포를 비교한 도식이 빼곡히 쓰여 있었다. "암세포 쪽이 무척 어려워 보이는데요"라고 내가 말하자, 다누마가 "실제로 복잡합니다"라고 말하며 고개를 끄덕인다.

"암세포는 살아남기 위해 세포 하나하나의 에너지 대사를 정상 세포와 다르게 바꿔버립니다. 그걸 전체적으로 정확하게 이해하지 못하면 제대로 된 항암제를 만들 수 없어요. 텔로머레이스의 활동을 저해하기만 하면 되지 않나 하는 마음은 이해하지만 그렇게 간단한 문제가 아닙니다."

## 우리는 왜 이토록 정교하게 만들어졌나

나는 손목시계를 흘끗 보았다. 지각을 한 데다, 예정된 시간이 훌쩍 지나 있었다. 슬슬 마쳐야 하는데. 그래도 마지막으로 이것만큼은 물어야겠다.

"지금한 암 이야기도 그렇지만, 우리는 정말 복잡한 시스템을 갖고 있는데요. 저는 특정 신앙을 갖고 있진 않지만 우리가 왜 이토록 복잡하게, 그리고 정교하게 만들어졌는지 신기할 따름입니다. 어떤 의지가 작용하고 있는 건 아닌가 싶어집니다. 다누마 씨는 그런 생각이 드는 순간이 없습니까?"

단골 질문. 심지어 제법 노골적으로 묻고 말았다. 그래서 당연히 "없습니다"라고 부정하리라 예상했다. 그런데 다누마는 잠시 생각한 뒤, "말도 안 될 만큼 고도로 정밀한 시스템으로 이루어져 있죠. 아주 살짝만 어긋나도 여러 가지 병이 발생하기 쉬우면서도 동시에 잘 회복하면서 돌아가요. 정말 (인간은) 다른 생물에 비해 통제가 잘 이루어지는 생물이라고 생각합니다"라고 대답했다.

"지나치게 잘 만들어진 건 아닌가 하는 생각은 안 드십니까?"

내가 말했다. 말하자면 유도신문인 셈이다. 자백해, 네가 죽였잖아. 목격자도 있어. 어서 자백하고 마음의 짐을 덜어. 그러지 않으면 따끔한 맛을 보게 해줄 테니. 그러나 다누마는 맥 빠질 정도로 시원스럽게 고개를 끄덕였다.

"때때로 그런 생각이 들죠. …인간의 몸뿐 아니라 지구와 태양 사이의 거리라든가 여러 가지 물리상수 같은 것들도 지나치게 잘 만들어졌어요."

허를 찔렸다. 나는 황급히 "인류 원리 말이죠"라고 대꾸했다. "이 우주와 세계가 인간의 탄생을 위해 존재한다는 가설. 어떤 의미로 보면 오컬트입니다. 하지만 역시 이 세계는 사양이 지나치게 높은 것이 아닌가 하고 생각하게 됩니다."

"물이 그렇죠. 어째서인지 모르지만 얼면 질량이 줄어요."

"그래서 지구상의 물이 액체 상태 그대로 있을 수 있죠. 그래서 생명이 탄생했고요."

"또 있습니다. 이 지구상에 우리가 서 있을 수 있는 이유 중 하나인 만유인력은 거리의 2승에 반비례해요. 왜 3승이 아닐까. 이것도 아무도 모릅니다. 수식으로는 이해하지만, 왜일까 하는 의문에는 답할 수가 없죠."

이렇게 말한 다누마의 시선이 할 말을 찾는 듯 허공으로 향했다.

"…시각을 예로 들자면, '보는 것이 어떻게 가능한가?'라는 질문은 과학입니다. 하지만 과학은 '왜 보이는가?'라는 질문에는 본질적으로 답할 수 없어요. 그건 과학의 영역이 아니라는 취급을 받아왔죠. 하지만 죽음에 관해서는 그렇게 갈 수가 없습니다. '왜'를 규명하지 않고는 앞으로 나아갈 수가 없죠. 저는 20년 정도 아포토시스 연구를 해왔지만, 세포가 어떻게 자신의 죽음을 결정하는지는 여전히 잘 모르겠습니다.

특히 저는 약학부라는, 현실 사회와 가까운 곳에서 일합니다. 암센터에 가면 생이 얼마 남지 않은 분들과 만나야 하죠. 낫게 해줄 약이 없어요. 수술도 안 되고요. 안타까워 하면서도 환자에게 그 말을 꺼낼 수가 없습니다. 본인은 일을 하고 싶다지만, 앞으로 몇 달밖에 안 남았는데… 하면서 이야기를 들어드리는 수밖에 없습니다."

다누마는 여기까지 말한 뒤 깊은 한숨을 내쉬었다. "빨리 뭐라도 해야 한다고 진심으로 느낍니다."

"누가 그 결정을 하는 걸까요? 방금 다누마 씨는 '세포가 어떻게 자신의 죽음을 결정하는지'라고 말씀하셨지만 물론 그건 비유겠죠."

"네. 그 메커니즘은 아직 규명되지 않았습니다. 그것도 우리의 연구 주제입니다. 제가 말씀드릴 수 있는 사실은 누가 그런 판단을 하는지는 잘 모르지만 그런 시스템을 가진 생물이 살아남아 여기까지 왔다는 겁니다."

"그런 시스템이 없는 생물도 있었지만 번성하지 못했죠. 즉 살아남지 못했다는 건데, 그래서 남겨진 우리들을 보면 이건 우연만으로는 있을 수 없는 일이라는 생각이 듭니다. 그런 쪽의 가능성도 있지 않을까요."

말하면서 생각한다. 남성이 한 번에 방출하는 정자의 수는 수억 마리다. 다시 말해 우리는 복권 당첨 확률에 비할 바가 아닌, 정신이 아득해질 정도의 확률을 돌파해 이 세상에서 생명을 얻었다. 당첨되지 않은 사람은 태어나지 않는다. 다누마는 이런 말을 중얼거리는 나에게 크게 동감했다.

"진화도 그래요. 유전자를 다양하게 조합해 다량 만들어놓았고, 거기서부터 환경에 적응한 생물이 번성해서 살아남을 수 있었습니다."

"그 후예가 우리고요."

"그러니 누가 정했는가 하는 점보다는 그 시대의 환경에서 계속 선택받아왔다는 점을 생각해야 합니다."

이 대목에서 깨달았다. 수정受精도 진화도 넉넉하게 만들어져 대부분이 희생된다는 점에서는 넓은 의미의 아포토시스인 셈이다. "혹시 모르니 짚고 넘어가고 싶은데요." 내가 말했다. "다누마 씨는 그런 생각을 통해 완전히 납득하고 계신 거군요."

## 세포의 의사 결정 시스템은 규명되지 않았다

잠시 말이 없었다. 시간으로 치면 겨우 몇 초지만.

"…뭐, 일단은요."

다누마는 이렇게 말하면서 얼굴을 살짝 찡그렸다. 당혹스러워하는 표정을 보니 이상하게도 살짝 즐거워진다.

"일단은, 인가요?"

"음…."

"그런 유보의 말이 붙는 건 전부 납득하시진 못했다는 뜻인가요?"

"…전부는 아닙니다."

이렇게 말한 뒤 다누마는 "모순이 웬만큼 해결되면 오케이라고 할 수밖에 없지요"라고 중얼거렸다. 내가 물었다.

"오케이라고 할 수밖에 없다는 건 작은 모순에 대해서는 어쩔 수 없이 눈을 감는다는 말씀이시죠. 그러니까 정말 그래도 되나 하는 마음이 있으신 거네요."

다누마는 고개를 들고, 수업에 엄청 늦게 온 주제에 느닷없이 공격적으로 변한 건방진 학생의 얼굴을 정면으로 바라본다.

"이런 건 있습니다. 세포에 방사선을 쬐면 유전자에 상처가 납니다. 상처가 100개 나면 세포는 죽죠. 그런데 10개인 경우는 살아요. 그럼 30개라면 어떨까 하는 식으로 방사선의 강도를 조금씩 바꿔가며 역치를 알아봅니다. 그러면 여기까지는 회복하는데, 그 이후부터는 죽는 방향으로 가는 걸 알 수 있어요. 그렇다면 상처 횟수에서 생과 사를 어떻게 판단할 수 있나. 그 판단은 세포가 하는 겁니다."

"하지만 세포의 의사 결정 시스템은 밝혀지지 않았죠."

이렇게 말하면서 만약 단 마리나가 이 자리에 있었다면 남자 둘이서 수준 낮은 문제로 뭘 그리 고민하냐고 한 소리 했을 텐데, 하고 생각한다.

"그것이 우리의 연구 주제입니다. 제대로 응용 전개되게 해야 연구비를 받을 수 있죠. 때로는 죽음에서 회복되는 걸 보곤 합니다. 그러면 의문이 생겨요. 왜 세포는 죽기로 결정하는가. 그리고 그걸 결정하는 기준은 무엇인가. 사실 최근 들어 이 분야의 중요성을 많이 인정받게 되었어요. 옛날에는 '그런 걸 해서 뭐가 남는데. 결국 막다른 골목일걸'

하는 소리를 자주 들었죠."

"처음 이야기로 돌아가겠습니다. 최초의 생명 발생에 대한 이야기는 어린이용 도감 같은 데도 '사이토신이 있고 아데닌이 있어서 초기 RNA가 생겼습니다'라는 식으로 서술되어 있는데, 그걸 우연으로 생각해야 하나요? 우연히 발생한 몇 개의 염기가 어쩌다 보니 연결되어 자기복제를 시작했다고 해석할 수밖에 없는 것 같은데요."

"그렇죠. 재현할 수 없으니 아무래도 유추겠지만요."

"비커 안에서 재현할 수 있지 않나요?"

"갯벌 같은 곳에 우연히 그릇처럼 구멍이 생겼고, 그 구멍에 다양한 물질이 쌓여 철광석 등의 광물이 촉매작용 등 화학반응을 하면서 연결되었고, 그렇게 하다가 좋은 배열이 나타났을 때 그걸 정보로 삼아 아미노산과 단백질이 생겼다. 생명은 그런 식으로 발생했다고 여겨집니다. 배열의 시행착오에 몇 억 년이나 걸렸어요. 그러니 비커로는 무리죠."

"현대과학으로도 재현할 수 없을 정도의 터무니없는 확률이 자연적으로 발생했다는 점이 신기합니다. 만약 확률의 문제일 뿐이라면 슈퍼컴퓨터의 계산을 통해 조건 설정이 가능할 만도 한데요."

"그렇죠. 하지만 제가 말씀드린 것이 현재의 교과서적 전제입니다."

기분 탓인지 이렇게 설명하는 다누마의 목소리가 가라앉아 있다. 곤란해하는 것이 틀림없다. 나는 질문의 방향을 바꿨다.

"생명의 발생에 대해 혹은 아포토시스에 대해 설명하실 때 다누마 씨는 가끔 의인화를 사용하시네요."

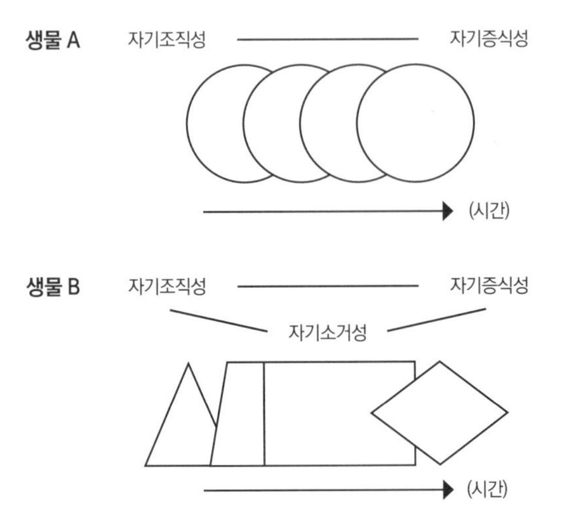


**그림 11** | 생명의 특성, 다누마 세이치의 《생명과학 대연구》에서 인용

"사실은 그러면 안 됩니다."

"하지만 사용하고 계신데요. 독단적인 질문입니다만, 설명하면서도 스스로 완전히 납득하지 못하고 계시다, 어딘가 딱 떨어지지 않는 부분이 있다. 저는 나름대로 이렇게 해석하고 있는데 아닙니까?"

다누마가 작게 한숨을 내쉰다.

"…맞습니다. 말씀하신 대로입니다. 그런데 공식적인 자리에서는 좀처럼 그렇게 말할 수가 없어요."

이렇게 말하고 나서 다누마는 입을 다문다. 많은 사람들이 읽을 인쇄물에 게재되는 인터뷰에서, 공식적인 자리에서는 그렇게 말할 수 없다고 한다. 그 모순을 스스로 알아차리지 못했을 리 없다. 하지만 다누마는 얼버무리지 않는다. 도망치지 않는다. 질문을 받으면 답변을 한다. 매우 성실하다.

"마지막으로 하나만 더. 도킨스의 《이기적 유전자》에 대해 어떻게 생각하십니까?"

나는 질문했다. 특별히 계획한 질문은 아니지만 다누마와 대화를 나누면서 이 질문을 던져보고 싶어졌다. 다누마는 즉시 답변했다.

"아까 말씀드린 박테리아와 같은 반수체 생물에 대해서라면 이기적 유전자론이 적용될지도 모르겠습니다. 하지만 이배체가 된 생물은 이기적 유전자만으로는 자손을 남길 수 없습니다. 오히려 이타적 유전자죠."

"파트너를 찾아야 하기 때문입니까?"

"그보다는 자신을 소거해야 하기 때문입니다. 그것 때문에 집단의 유전자 풀이 만들어지고 있으니까요. 이것(그림 11)을 보면 아시겠지만, 자기조직성과 자기증식성이라는 두 요소가 생명의 기본입니다. 생물 A는 대장균 등의 박테리아입니다. 그래서 이기적인 유전자죠. 하지만 이배체 생물 B는 자기소거성이라는 요소를 갖고 있습니다. 바로 우리 인간들이 그렇죠. 노화한 자신을 소거해 다음의 새로운 생명을 갱신함으로써 호모사피엔스의 유전자 풀이 성립되고 있어요. 이건 이타적 유전자가 아니면 불가능합니다."

"…그런데 말하자면 이건 유전자의 배열 아닙니까. 그럼 복사본이 남았을 텐데요. 자신을 형성한 유전자는 사라져도 그 복사본이 남았으니 이기적이라는 표현도 못할 건 없을 듯합니다만."

"완전히 똑같은 복사본은 아닙니다."

늦은 감이 있지만 이 말을 듣고 깨달았다. 유성생식을 하는 생물은 자신과 똑같은 유전자를 남기지 못한다. 배우자와 융합해야만 한다.

컴퓨터는 같은 데이터를 다음 세대의 컴퓨터로 넘길 수 있다. 즉 복사다. 하지만 유성생식은 컴퓨터의 복사와는 근본적으로 다르다. 이기적인 동기만으로는 설명할 수 없다.

유전자는 분명 이기적이다. 하지만 이타적이기도 하다. 상반되는 두 요소가 공존한다.

6장

# 우주에는 생명이 있는가

생물학자 나가누마 다케시에게 묻다

## 나가누마 다케시 長沼毅

생물학자. 1961년 미에 출생. 히로시마대학교 대학원 생물권과학연구과 준교수. 쓰쿠바대학교 대학원 생물과학연구과 박사 과정 졸업 후 해양과학기술센터(현 해양연구개발기구) 연구원을 거쳐 극지와 오지 등 가혹한 환경에서 생존하는 생물들을 탐사했다. 모토는 '과학계의 인디애나 존스'.

## 지구 밖에도 생명체가 있는가

"1961년 4월 12일 출생. 인간이 처음으로 우주에 간 날 태어났습니다."

JR 다마치 역에서 도보로 5분 거리에 위치한 히로시마대학교 도쿄 사무소의 세련된 로비에서 나를 기다리던 나가누마 다케시는 명함을 교환하며 자신을 이렇게 소개했다.

전 세계 극지와 오지를 중심으로 연구 활동을 펼쳐온 나가누마는 텔레비전 등에서 종종 '과학계의 인디애나 존스'로 소개된다.

실제로 그런 분위기가 느껴진다. 과거 나가누마는 우주 비행사를 동경해 우주개발사업단(현 JAXA)이 모집하는 우주 비행사 채용 시험에 지원하여 2차까지 합격한 전력이 있다. 참고로 당시 마지막까지 남은 사람은 훗날 국제우주정거장ISS에 5개월 동안 머무른 노구치 소이치野口聡一이다.

"유치원에 다닐 무렵 미끄럼틀에서 내려와 땅에 발을 디뎠을 때 문득 '나는 어디서 왔고 어디로 가는 걸까' 하는 생각이 들었습니다. 그 순간 내가 우주 공간에 붕 뜬 채 유영하는 이미지가 떠올랐어요. 너무 무서웠지만 동시에 뭔가 그립기도 하고, 이게 뭐지, 했어요. 아주 오래된 기억입니다. 그 기억이 줄곧 마음속에 남아 있었어요.

그러고 나서 초·중·고등학교를 졸업하고 대학에 진학해야 할 때

'나는 어디서 왔고 어디로 가는가'라는 명제와 가장 가까운 학문은 생물학이라는 생각이 들었죠. 그래서 생물학을 공부할 수 있는 대학에 들어갔습니다. 그때는 상당히 재미있는 시기였습니다. 제가 고등학생 때 해저 화산 주변에 무리 지어 사는 심해생물 '서관충tube worm(관벌레)'이 발견되었고, 그 이상한 생물이 서식하는 해저 화산 환경은 우리가 알고 있는, 태양에 기반을 둔 생태계와는 조금 다르다는 사실도 밝혀졌습니다. 서관충은 우리가 알고 있는 세계와는 다른 세계의 주민으로, '태양은 필요 없어, 행성 내부가 뜨겁게 끓고 있으면 행성 내부의 그 에너지로 살 수 있지'라고 말하는 듯한 조금 별난 생물입니다.

비슷한 시기에 목성의 위성에서 화산 활동이 발견되기도 했습니다. 그곳에서 왜 화산 활동이 일어나는지에 관해서는 여기서 자세히 설명하지 않겠지만, 같은 이유로 옆 위성에도 화산이 있는 것으로 추측하고 있습니다. 그런데 보이지는 않습니다. 왜냐하면 옆의 위성은 전체가 얼음으로 덮여 있기 때문입니다. 하지만 그 얼음 밑엔 분명히 화산이 있고 그 화산의 열로 빙하의 하부가 녹아서 액체인 물과 바다가 있을 수도 있습니다. 그렇다면 지구가 아닌 행성의 빙하 하부 해저 화산에도 서관충 같은 생물이 살 수 있지 않나. 고등학교 3학년 때 이런 생각을 했습니다.

아마 '나는 어디서 왔고 어디로 가는가' 하는 문제와 '지구 외의 다른 곳에도 생명체가 있을까' 하는 문제가 같은 뿌리를 갖고 있다고 생각한 듯합니다. 하지만 그런 걸 가르쳐주는 학과는 없었고 선생님도 없었어요. 결과적으로 대학원을 나올 때까지 거의 독학으로 공부했습니다. 그런데 '해저 화산에 왜 이런 특이한 생물이 있을까' 하고 생각하다 보면 '해저 화산이란 무엇일까' 또는 '그걸 조금 더 보편적으로 생각해 태양계로 확대할 순 없을까' 하는 의문이 생기는 바람에 생물학의 범주 안에서는 도저히 해결할 수 없더라고요."

여기까지 말한 뒤 나가누마는 잠시 침묵했다. 이렇게 적어놓으니 단숨에 이야기를 쏟아낸 듯한 인상인데, 나가누마는 결코 수다스러운 유형이 아니다. 오히려 어떻게 답해야 할지 생각하면서 말하는 타입이다. 그런데 이때 '인간은 어디서 왔고 어디로 가는가'에 대한 이야기가 시작되어버렸다. 갑자기 스트라이크존에 들어선 셈이다. 이런 식으로 이야기를 진행하면 너무 금방 끝나버린다. 화두를 잠시 다른 곳으로 돌리는 편이 나을 것 같았다.

"나가누마 씨가 대학생이던 시기는 분자생물학 등이 대대적으로 각광받기 시작한 무렵인데, 그쪽에 관심이 생기지는 않았습니까?"

"분자생물학은 '생물학이 보편성을 가진다'는 측면에서는 매우 흥미롭습니다. 하지만 어딘지 모르게 문자열에 불과하다는 느낌이 들었습니다. 인간의 경우 문자열이 30억 개 있다는 사실이 오늘날 밝혀지긴 했지만 결국 문자의 배열일 뿐이잖아, 하는 느낌요."

"염기 서열 말씀이죠."

"네. 그 문자열 안에 인간의 본질이 있다고 해석한다면 그건 좀 억지 아닌가 싶었어요. 제가 알고 싶은 건 그보다 조금 더 상위에 있다고 할까요. '지구의 생물은 어쩌다 보니 DNA라는 문자열/정보를 만들었고 거기에 생명의 본질과 원리를 적어두었지만 그게 정말 (우주 전반에 걸친) 보편적인 것일까' 하는 의문이죠. 그래서 오히려 지구의 생물보다 '지구 바깥의 생물도 마찬가지로 DNA를 필연적으로 갖고 있는 걸까, 다른 물질이어도 되지 않나' 하는 쪽으로 관심을 갖게 됐습니다.

지구 생물의 보편성을 이해하는 데 분자생물학은 매우 유효하지만, '그럼 우주 전체는?' 하는 질문에 대해서는 분자생물학만으로는 한계가 있다고 느꼈어요. 생물계라고 해야 할까요, 생명 자체를 더 폭넓게 살펴보고 싶어서 분자생물학으로 깊이 들어가지 않고 지질학과 천문학 쪽으로 (분야를) 넓혔습니다.

생물도 역시 물질이기 때문에 물질의 세계에서 벌어지는 일을 깊이 알아야 합니다. 그런 의미에서 DNA와 문자열뿐 아니라 전자나 원자나 분자에 관해 더 깊이 있게 알고 싶었습니다."

## 서관충이라는 신기한 생물

"그 후로는 줄곧 생물학자로서 현장에서 일하고 계신데, 본인의 발견 중 가장 큰 것은 무엇이었나요?"

"아무래도 서관충이죠."

"그렇다면 초심 그대로라는 말씀인가요?"

"네. 대학을 나와 대학원을 거쳐 전문 연구자가 된 뒤 처음 맡은 연구입니다. 해양과학기술센터(현 해양연구개발기구)의 심해연구부에 들

**그림 12** | 서관충

어가 '심해 2000'과 '심해 6500'이라는 잠수정을 타고 연구 조사를 할 수 있었습니다."

…좋았겠다. 부러움에 나도 모르게 탄식이 새어나온다. 심해 탐색은 내가 어린 시절부터 품어온, 이루지 못한 꿈 중 하나다. 심해생물 도감도 여러 권 가지고 있다.

"서관충도 바다 밑 6,500미터에 서식하지는 않죠?"

"깊어도 3,000에서 4,000미터 정도죠."

'Tube worm'이라는 영문 이름에서 알 수 있듯, 서관충은 튜브(관) 모양으로 해저에 뿌리를 내리고 있다. 그래서 마치 식물처럼 보인다. 그러나 식물은 아니다. 일본어로는 '하오리무시羽織虫'. '하오리(일본 전통 복식 중 하나로, 넉넉하게 걸쳐 입는 짤막한 겉옷—옮긴이)'라는 이름은

관의 끝부분에 달린 빨간 지느러미 아래 하오리처럼 생긴 작은 기관에서 유래했다. 이름은 벌레虫지만 곤충이 아니다. 분류는 환형동물문 다모류 날개갯지렁이Siboglinidae과다. 즉 동물인 셈이다. 다만 동물인데도 입이 없다. 먹이를 먹지 않는다.

"매우 모순적인 존재입니다. 식물의 경우 햇빛을 받아 스스로 영양분을 만듭니다. 이걸 전문용어로 '독립영양'이라고 합니다. 그런데 서관충은 동물인데도 식물처럼 독립영양으로 전분 등을 만들죠."

"심해에는 빛이 안 들지 않습니까?"

"네. 빛이 없는데 어떻게 영양분을 만들까요. 심해 화산에서 나오는 황화수소를 사용합니다. 서관충의 튜브 모양 몸체는 하얗고 딱딱합니다. 튜브 안에는 지렁이처럼 가늘고 긴 연체부가 득시글하게 모여 있고 그 끝부분에 빨간 지느러미가 있습니다. 그 지느러미로 주위의 바닷물로부터 산소와 황화수소를 흡수해 연체부로 들여보냅니다. 서관충은 입도 항문도 없습니다. 소화기관이 전혀 없는 거죠. 연체부 안은 소시지처럼 질척거리는데 대부분이 미생물입니다.

이 미생물들은 (지느러미로 흡수한) 산소와 황화수소로 전분을 만들어 자신들의 에너지원으로 이용합니다. 그런 다음 남은 전분을 서관충이 사용합니다. 즉 서관충과 미생물은 완전히 윈윈 관계입니다. 여기에 필적할 만한 것이 있다면 우리 몸속의 미토콘드리아와 식물 세포 안에 있는 엽록체 정도입니다. 이 둘도 과거에는 서관충과 마찬가지로 세포 내 공생관계였을 것으로 추측됩니다. 서관충 안에 있는 미생물도 서관충의 세포 안에 들어앉아버린 겁니다. 따라서 앞으로

100만 년 혹은 1,000만 년 후에는 미토콘드리아와 엽록체처럼 (세포에) 동화되어버릴 가능성도 있죠."

말을 마친 나가누마가 미소 지으며 내 얼굴을 본다. 서관충을 정말 좋아하는구나. 하지만 이 대목은 조금 더 상세한 설명이 필요하다. 그러니 다소 중복되지만 나가누마의 저서《세상을 리셋해도 생명은 태어날까?世界をやりなおしても生命は生まれるか?》에 나온 서관충에 관한 설명을 인용하겠다.

> 서관충의 몸 생김새를 봅시다. 몸체를 덮고 있는 흰색 관(튜브)은 장수풍뎅이와 사슴벌레의 등딱지, 게와 새우의 껍데기처럼 단단한 물질로 되어 있습니다. 키틴chitin이라는 물질입니다.
> 안쪽의 연한 부분을 조심스럽게 끄집어내면 서관충의 몸이 세 부분으로 되어 있다는 것을 알 수 있지요. 가장 위의 빨간 부분은 지느러미고요. 이것은 물고기의 지느러미처럼 주위의 바닷물에서 산소를 흡수합니다. 동시에 황화수소도 빨아들입니다. 황화수소라고 하면 어렵게 느껴지겠지만, 음, 그냥 황화합물 정도로 생각해두세요. 온천이나 화산 근처에 가면 '달걀 썩는 냄새'를 풍기는 물질, 그것이 황화수소입니다. 독가스라서 많이 마시면 죽습니다. (중략) 총 체중의 절반 이상이 미생물이 되면 이제 어느 쪽이 본체인지 알 수가 없습니다. 그야말로 '행랑 빌려주니 안방까지 드는' 격입니다. 이 체내 미생물의 이름은 '황화세균'입니다. 세균을 영어로 '박테리아'라고 하니까

> '황화 박테리아'라고도 합니다. 서관충을 위해 영양분을 만들어 제공하는 생물이 바로 이 박테리아죠.

요컨대 세포 내 공생. 일본에서 큰 인기를 얻은 만화 《기생수寄生獣》는 문자 그대로 기생parasite이라서 공생과는 다르다. 기생과 공생이 다른 건 알지만, 세포 내 공생에 대해서는 사실 잘 모르겠다. 완벽하게 이해되지 않는다. "미토콘드리아의 DNA는 다음 세대로 이어지는 거죠?" 내가 물었다.

"즉 미토콘드리아 이브인 거죠? 말하자면 인간의 세포에는 태어날 때부터 미토콘드리아가 공생하고 있다. 엽록체도 마찬가지다. 그런데 서관충의 다음 세대는 이 박테리아를 가지고 태어나지 않는다는 말씀입니까?"

"바닷물에서 스스로 새로운 박테리아를 모읍니다."

"그리고 체내에서 한꺼번에 불어나나요?"

"그렇죠. 메커니즘으로 보면 감염과 같습니다. 그래서 서관충이 인간의 감염증을 연구하는 모델 생물로 주목받고 있어요."

지금으로부터 14년 전 방송국 PD 시절에 나는 〈1999년 쏙독새의 별1999年よだかの星〉이라는 제목의 다큐멘터리를 만들었다. 주제는 동물 실험이었는데, 미야자와 겐지宮沢賢治의 동화 《쏙독새의 별よだかの星》을 애니메이션으로 만들어 사이드스토리로 썼다. 생존을 위해 곤충을 먹는 자신의 업業을 두고 갈등한 마음 착한 쏙독새는 결국 하늘에 빛나는 별이 된다. 하지만 우리 인간은 똑같이 많은 동물의 생명을 희생시켜

살아가면서도 쏙독새처럼 별이 되지 못한다. 그래서 더 많이 알아야 한다. 가축이 어떻게 도축되는지, 실험용 동물이 어떻게 이용되는지. … 이 다큐멘터리의 주제를 무리하게 언어화하면 이런 느낌이다(사실 나는 영상작품의 주제를 언어화하면 안 된다고 생각한다. 어떻게 해도 부자연스럽기 때문이다).

식물은 태양광 에너지를 이용할 수 있다. 하지만 동물은 그럴 수가 없다. 육식동물과 잡식동물뿐 아니라 초식동물도 식물이라는 생명을 자신의 생을 위해 섭취한다.

그런데 심해에 사는 서관충은 지구상의 모든 동물이 벗어날 수 없으리라 생각되던 이 법칙으로부터 벗어나 있다. 매우 획기적인 생물이다.

"서관충의 수명은 몇 년 정도입니까?"

"잘 모릅니다."

"크기가 꽤 큰 것 같은데요."

"큰 건 1미터가 넘고요, 최장 3미터 정도라고 합니다. 황화수소와 산소의 공급이 많은 곳이라면 약 1년 만에 1미터를 넘어간다고 해요. 공급량이 극단적으로 적은 곳에서는 1미터 크는 데 1,000년 정도 걸린다는 추산치도 있습니다."

"그럼 수명이 수천 년일 가능성도 있다는 뜻인가요? 코끼리거북과는 비교도 안 되네요."

"가장 장수하는 동물이라는 설이 있을 정도입니다. 진짜인지는 잘 모르겠지만요."

"심해의 열수분출공(깊은 바다에서 뜨거운 물이 분출되는 곳. 1977년 미국 우즈홀해양연구소에 의해 최초로 발견되었으며 광합성에 의존하지 않는 심해생물들이 다수 서식하고 있다—옮긴이)에 서식하는 생물은 서관충 외에도 심해 가재나 심해 게Gandaltus yunohana 등 조개류를 포함해서 매우 많은데, 황화수소와 산소에서 영양분을 얻는 생물은 서관충 하나인가요?"

"서관충은 영양소의 100퍼센트를 미생물에서 얻습니다. 다른 생물들은 이 정도로 완벽하진 않아요."

"예를 들면요?"

"심해 홍합Bathymodiolus의 경우 지느러미 세포 안에 미생물이 공생하고 있어서 서관충과 같은 방법으로 살아갑니다. 그리고 게 역시 몸 표면에 미생물이 찰싹 달라붙어 있기 때문에 그걸 핥아먹고 살죠. 아무리 먹어도 바로 미생물이 달라붙으니 계속 먹습니다. 서관충도 체내에 있는 미생물을 먹는다고 할 수 없는 건 아니지만, 실제로 어떻게 영양분을 주고받는지는 아직 자세히 모릅니다."

"소 같은 초식동물의 경우 대부분 위에서 풀을 소화시켜 영양분을 흡수한다고 생각하기 쉽지만, 정확하게 말하면 위 속에 있는 미생물이 셀룰로오스(탄수화물의 일종) 등 풀을 소화·흡수하고, 그렇게 늘어난 미생물을 다음 위에서 소화·흡수시키죠. 즉 초식동물도 결국 육식을 한다고 볼 수 있습니다."

"맞습니다. 그렇게 볼 수도 있죠."

"초식동물이라고는 하지만 풀도 생물이라는 점에는 변함이 없기도 하고요. 결국 동물은 다른 생물의 생명을 해치지 않고서는 살아갈 수 없습니다. 그런데 서관충은 유일한 예외네요. 자연에 존재하는 화학물질만을 이용하고요. 애초에 소화관이 없으니."

솔직히 내가 말하면서도 납득하지 못하고 있다. 아무리 생각해도 신기한 생명체다. 생태계에는 아직도 불분명한 점이 많다지만 서관충이 특이하고 획기적인 동물임은 틀림없다.

## 우주에는 생명체가 존재하는가

하지만 언제까지 이 이야기만 하고 있을 수는 없다. 나는 손목시계로 슬쩍 시선을 돌렸다. 이 주제 말고도 나가누마에게 묻고 싶은 것이 많다. 그중 하나는 우주의 생명체에 관한 것이다.

"아까 나가누마 씨가 말씀하신 목성의 위성은 유로파Europa죠?"

"맞습니다."

"그곳 표면의 얼음층 아래 수십 킬로미터의 바다가 있을 수 있습니다. 게다가 유로파에는 산소도 있다고 하죠. 그렇다면 생명체가 존재할 가능성이 상당히 높다고 생각해도 되겠습니까?"

"표면이 전부 얼음이라 안을 볼 수는 없지만, 일단 얼음 위에는 유기물이 없는 모양입니다."

"얼음 아래 물속에는 생명체가 있을 수도 있고요."

"그럴 확률이 꽤 높다고들 하지만, 저는 그렇게 높지는 않다고 봅니다. 어차피 진화가 진행되지는 않을 테니까요."

"진화가 진행되지 않을 거라고 추측하시는 이유는요?"

"진화가 진행되려면, 혹은 많은 생명체가 서식하려면, 산화시키는 물질과 산화되는 물질이 적당한 양으로 함께 존재해야 합니다. 어느 한쪽이 많거나 적으면 안 됩니다. 지구가 특이한 행성인 이유는 산소의 대부분이 식물의 광합성으로 만들어진다는 점 때문입니다. 하지만 다른 행성에는 지구의 식물에 해당하는 생물이 없기 때문에 산소가 대량 공급되지 못하죠.

원래 지구에는 산소가 존재하지 않았어요. 하지만 (27억 년 전에 나타난) 시아노박테리아cyanobacteria가 산소를 뱉기 시작했어요. 그건 그 시대로서는 전 지구적인 환경오염이었습니다. 대부분의 생물에게 산소는 맹독입니다. 그런데 미토콘드리아의 조상 격인 미생물이 등장해서 역으로 산소호흡을 함으로써 고난을 헤쳐나갔죠. 심지어 산소호흡을 통해 그 전의 10배가 넘는 에너지를 얻게 되었어요. 그 박테리아를 흡수해서 자신의 몸 일부로 삼아버린 겁니다. 그로 인해 산소의 독성을 견딜 수 있게 되었을뿐더러 10배 이상의 에너지를 얻을 수 있었어요. 이 드넓은 우주를 둘러봐도 산소호흡은 가장 효율이 좋은 에너지 생산 방법입니다."

"하지만 지구에도 산소 없이 호흡하는 생물은 있지 않나요."

"많죠. 그 경우 황산이나 질산이 대체 물질이 됩니다. 이렇게 대체가 가능하기 때문에, 산소가 없던 시대에는 황산으로 뭔가를 태우거나 질산을 사용하거나 했습니다. 태운다는 것은 매우 비유적인 표현이지만 말입니다. 하지만 태우는 쪽에서 보면 어쨌든 산소를 쓰는 편이 효율적입니다."

"그러니까 지구의 생물은 산소호흡이 가능해졌기 때문에 비로소 이만큼 진화할 수 있었다는 말씀입니까?"

"그렇습니다."

"생명의 정의는 '자가 증식'과 '대사'를 할 것, 그리고 세 번째가 '막으로 둘러싸여 있을 것'이죠. 이 정의는 지구를 떠나서도 마찬가지라고 생각해야 합니까?"

"그건 상당히 어려운 부분입니다. 예를 들어 인간의 감각으로 보면 수가 전혀 늘지 않는 듯 보이는 생물이 있을 수 있어요."

"수명이 길면 증식이나 대사가 극도로 늦어질 수 있겠군요. 세포막은 어떤가요?"

"액체 속에 있는 생명체를 생각할 때 그것도 어렵습니다. 지구 최초의 생명체는 수중에서 태어났기 때문에 세포와 그 바깥 면을 기름질의 막으로 차단했습니다."

"지질이죠. 그 지질로 나뉜 세포 속의 주체는 물인 셈이고요."

"그렇죠. 다양한 반응을 하는 생명 활동에는 물이 있는 편이 좋을 테니까요. 하지만 기름이라면 막은 필요 없습니다."

"예를 들면 메탄의 바다 같은 거요?"

"메탄의 바다, 그렇죠. 타이탄(토성의 위성 중 하나로 표면에 메탄이 액체 상태로 존재한다고 한다—옮긴이)의 표면."

“그 바다에 부유하는 생명체가 있다면 막이 없는 생물일지도요.”

“문제는 타이탄은 온도가 너무 낮아서 물이 얼어 있다는 겁니다.”

“물이 아닌 다른 액체라면요?”

“그러게요. 포스핀phosphine이라 불리는 물질이라면 상당한 저온에서도 액체 상태로 있을 수 있겠네요.”

타이탄의 바다에 부유하는 막이 없는 생명체는 무엇을 먹을까. 어떻게 운동할까. 어떤 색을 하고 있을까. 그리고 무엇을 생각할까. 생식 활동은 어떻게 이루어질까. 지성은 있을까. 자신이 어디서 왔고 어디로 가는지 같은 문제를 고민할까.

여기까지 떠올린 뒤 나는 나가누마에게 “그 생물에도 DNA가 있습니까?”라고 물었다. 나가누마는 “다음 세대에 정보를 전달하려면…”이라고 말한 뒤 잠시 생각에 잠겼다.

“DNA 시스템은 전 우주에 보편적이지 않을까 생각합니다. 제법 편리하거든요. 다만 지구 밖의 생명체는 DNA가 반대로 꼬여 있을 가능성이 있습니다. 지구상에 존재하는 생물의 DNA는 모두 오른쪽으로 꼬여 있지만 저는 거기에 반드시 그래야만 하는 필연성은 없을 거라고 생각하거든요.”

지구 생물의 DNA는 모두 오른쪽으로 꼬여 있다. 박테리아도 까마귀도 너구리도 인간도 참치도 표고버섯도 해바라기도 도마뱀붙이도 오른쪽 꼬임이다. 여기에 예외는 없다고 한다. 그 이유에는 여러 가지 설이 있다. 그러나 아직 정확하게 밝혀진 바는 없다. 아니, 그보다는 명확한 이유는 없고 본래 우연히 결정되었는데 오랜 시간이 흐르면서 수가 적은 쪽이 도태되었다는 설도 있다. 나가누마가 말했다.

"저도 오른쪽 꼬임은 우연이라고 봅니다. 하지만 필연이라는 주장도 있죠. 사실 요즘 DNA가 반대로 꼬인 생물을 찾고 있습니다. 혹시 발견된다면 그건 우리와 다른 계통의 생명체라는 뜻이 되죠. 우주 생물의 발견에 필적할 만한 발견일 겁니다."

"발견될 가능성이 있나요?"

"모르겠습니다. '미쳤다'는 말을 자주 듣긴 합니다. 지구의 생물은 모두 단일 계통으로 생겨났다는 사실이 전제이기 때문이죠. 공통의 조상이라는 존재를 상정하면 모든 생물은 연결되어 있는 겁니다. 진화론에서 정말 중요한 것이 바로 이 점입니다. 그래서 조상이 다른 생명체가 있다면 굉장히 재미있겠다 싶어요. 저는 박테리아 전문이니 우선 박테리아를 배양해서 아미노산의 DNA를 꾸준히 연구하는 방법밖에 없지만요."

"땅속 세균과 박테리아의 총 중량이 지표의 모든 동물보다 크다는 설이 있죠. 즉 아직 발견되지 않은 종이 매우 많다는 건데요, 그렇다면 땅속을 파면 새로운 종이 발견될 가능성이 높지 않나요?"

"딱히 깊이 파지 않더라도 새로운 종은 많이 발견됩니다. 저도 여러 종을 발견했어요. 곧 논문을 발표할 예정입니다. 최근에는 사하라 사막 구석에 있는 동굴 주거지의 벽에서 샘플을 채취했어요. 상당히 높은 수준의 최신종입니다. 어쨌든 우리 미생물 사냥꾼들은 여기저기서 샘플을 채취합니다. 요즘엔 욕조나 세면대의 미끈미끈한 곳에 사는 미생물 활성오니에 관심을 갖고 있습니다. 높은 수준의 신종은 활성오니에서 흔히 발견됩니다. 하수 처리장 같은 곳에도 활성오니가 있어요. 이런 환경은 '유기물은 많지만 산소는 조금밖에 없는', 25억 년 전의 지구와 비슷한 환경입니다. 하수 처리장에서 25억 년 전의 박테리아가 발견될 가능성도 있는 거죠."

## 우리는 죽는다,
## 그러나 난자는 죽지 않는다

이야기에 몰입한 나가누마의 얼굴을 바라보면서 나가누마의 본질은 미끄럼틀에서 놀다가 문득 '나는 어디서 왔고 어디로 가는 걸까'를 묻던 유치원생 시절에서 거의 변하지 않았으리라는 생각을 했다. 아니다, 이건 실례인가. 그런데 정말 그런 느낌이 든다. 사람은 자기가 생각하는 만큼 성장하지 못한다. 나는 "…그러고 보니 저도 어릴 적에" 하고 입을 뗐다. "죽는 게 너무 두려워서 잠을 이루지 못했습니다. 그래서 부모님의 이불 속으로 기어들어가 울면서 잠들었어요. 당시 제가 느낀 불안과 공포는 지금도 달라진 게 없는 듯합니다. 부모님이 죽는 것은 잠드는 것과 마찬가지라고 설명해줬지만 당연히 납득할 수 없었죠. 설령 그렇다 해도 왜 죽어야 하는 걸까. 그렇다면 애초에 무엇을 위해 태어난 걸까. 결국 이 연재도 그런 생각이 바탕에 깔려 있는 듯합니다."

"만약 아이가 그런 질문을 한다면 나는 어떻게 대답하려나. 왔던 곳으로 돌아갈 수밖에 없다고 하려나. 상대가 아이라면." 가만히 내 이야기를 듣던 나가누마가 자문자답하듯 말했다.

"그걸 조금 더 생물학적으로 말한다면요?"

"으음."

"예를 들면 텔로미어라든가."

"그건 죽음의 메커니즘이지 죽음의 이유가 되지는 못하죠."

"그러게요. 메커니즘도 아직 완벽하게 밝혀진 게 아니고요. 그걸 규명하면 이유에 대한 설명으로 이어질 수도 있죠. 텔로미어는 하나의 요인에 불과하지만요."

"또 하나의 요인은 노화예요. 유전자에는 데미지가 축적되죠. 신체 부위별로, 개개의 세포별로 유전자가 입는 상처의 유형이나 개수가 다른데, (나이가 들면) 대체로 어떤 세포든 유전자에 상처를 입습니다. 컴퓨터와 마찬가지죠."

"여러 버그가 쌓이죠."

"프로그램 오류가 조금씩 늘어나죠. 소재 자체도 열화하고요. 우리도 똑같습니다. 그건 막을 수가 없어요."

"그렇다면 앞으로도 불로불사는 불가능한가요?"

"우리는 죽지만, 관점을 바꾸면 난자는 물려줄 수 있죠. 그러니 난자 입장에서 보면 우리는 불사합니다. 난자 주변, 즉 바깥쪽이 교체될 뿐입니다."

"그러니까 본질은 난자에 있다는 건가요?"

"그런데 이 바깥쪽이라는 것에 인간은 특히 묘한 의식을 갖게 되었어요. 그래서 고뇌합니다."

이렇게 인간은 고뇌하게 되었다. 우리는 어디서 왔고 어디로 가는가. 우리는 무엇인가. 하지만 아무리 생각해도 알 수가 없다. 납득할 수 없다. 보다 못한 난자가 끼어든다. 네가 무엇인지 모르겠다고? 그것 때문에 계속 고민 중이야? 바보 아니니? 자, 가르쳐줄게. 너는 나의 외부야.

"그렇군요. 이기적 유전자라고들 하지만, 실제로는 이기적 난자라고 할 수 있겠네요."

"네. 우리 조상은 미토콘드리아를 얻어 산소를 이용할 수 있게 되었죠. 하지만 그건 산소호흡과 미토콘드리아의 기원일 뿐 다세포생물의 기원은 아닌 겁니다."

"으음. 그러니까…."

"다세포생물이 왜 생겼는가 하는 것은 사실 수수께끼인 거죠. 생물학계에는 몇 가지 수수께끼가 있습니다. 첫째가 '생명의 기원', 그리고 '세포핵의 기원'입니다."

"진핵세포와 원핵세포 말씀이죠."

"네. 원핵세포에는 핵이 없지만 우리 진핵세포에는 핵이 있어요. 다른 수수께끼로는 '미토콘드리아의 기원', '다세포생물의 기원'이 있습니다. '성/섹스의 기원'도 밝혀지지 않았죠. 아마도 다세포생물의 성과 죽음의 기원은 같을 겁니다."

들으면서 생각한다. 요컨대 생명의 기원과 관련된 것들은 거의 대부분 밝혀지지 않았다.

"죽음의 기원은 산소호흡이라는 설이 있죠." 내가 말했다.

"산소호흡의 결과 세포 내에 프리 라디칼(홀전자unpaired electron를 가진 불안정한 물질. 이 경우는 활성산소)이 쌓입니다. 이것은 생명체에 매우 위험한 물질로 DNA에 손상을 입히고 단백질을 열화시킵니다. 그러니 원론적으로는 산소호흡을 하지 않는 편이 낫습니다."

"하지만 그럴 수는 없죠."

"몸 전체로 보면 그렇습니다. 하지만 예를 들어 유전자를 남길 때 그 세포는 호흡을 많이 하지 않도록 조치를 취할 수 있습니다. 그 세포 주변에 유전자에 상처가 나도 괜찮은 세포를 배치하는 거죠. 세포로 유전자를 보호하는 층을 만드는 겁니다. 이것이 다세포생물의 기원입니다. 이때 진핵에 있던 세포의 후예가 지금의 생식세포, 그러니까 난자로 남았습니다."

"초기에 덩어리를 이루게 된 단세포의 일부가 몸을 던져 한가운데의 세포를 프리 라디칼로부터 지키려 했다. 보호를 받은 세포는 마침내 생식세포가 되었고, 해당 층 혹은 단세포생물 연대가 결국 다세포생물이 되었다…. 그렇다면 초기 단계에서는 자기희생, 그러니까 이타성이 작용했다고 생각할 수도 있겠네요?"

"원래 전부 다 같은 유전자를 공유하고 있으니까요."

"아, 그렇군요." 내가 말했다. "유전자를 공유하면 이기성이 이타성이 되는군요."

"세포들이 전부 살아남으려 하기보다는 어떤 건 희생되고 어떤 건 남는 편이 좋다는 것이 다윈의 진화론입니다. 그런 전략을 선택한 세포가 게임이론으로 볼 때 결국 훨씬 많이 남았다는 거죠. 이 시기에 그 밖에도 여러 시도가 있었음이 분명합니다. 그런 시도들을 하다 보니 결과적으로 훨씬 많은 수를 남길 수 있었고, 현대 다세포생물의 기원이 되었죠."

"그 후예가 오늘날 지구상에서 이만큼 증식했고요. 즉 전략은 성공했지만 그 일부인 호모사피엔스가 고뇌하기 시작한 거네요. 우리는 무엇인가, 하고."

"그렇죠. 우리는 다윈 진화의 귀결로 난자만을 남기고 그 바깥쪽은 죽어가는 운명이에요. 그뿐입니다."

확실히 그뿐이다. 매우 합리적이다. 우리는 본질이 아니다. 본질은 (단 마리나도 말했듯이) 남성보다는 여성에게 있다. 아담의 갈비뼈가 이브가 된 것이 아니다. 이브의 조각이 아담이 된 것이다.

그러나 여성이라도 손과 발과 눈과 입과 뇌와 위와 폐와 심장에는 본질이 없다. 유방과 자궁에도 없다. 남녀를 불문하고 우리는 모두 외부이다. 난자를 지키기 위한 존재일 뿐이다. 이렇게 생각하면 편해지는 걸까.

…당연히 편해지지 않는다. 번민은 계속된다. 사실 이 명제는 이렇게 바꿔 말할 수도 있다. 우리는 왜 외부인가. 왜 내부가 아닌가. 우리는 어디서 왔는가. 우리는 어디로 가는가. 여기까지 생각한 뒤 "하나 확인하겠습니다" 하고 나가누마에게 말했다.

## 생명 활동이란
## 작은 소용돌이다

"열역학 제2법칙에 따라 모든 존재의 엔트로피가 증대한다는 사실이 입증된 바 있습니다. 그러므로 이 우주 역시 납작한flat 방향을 향하고 있다. 여기까지는 맞습니까?"

"그렇죠. 열역학 제2법칙은 우주를 관통하는 궁극의 법칙입니다."

"하지만 그렇다면 왜 그 방향으로 향하려 하는 건가요? …향하려 한다는 말은 의인화이긴 하지만, 그래도 이 우주의 모든 것은 왜 납작해지고 싶어하는 겁니까?"

어떻게가 아니라 왜. 즉답할 수 있을 리가 없다. 나가누마는 살짝 당황한 표정을 짓더니 말했다.

"…예를 들면 이 우주에는 다양한 힘이 있습니다. 그중에도 네 가지 힘이 있지만, 결국에는 인력 아니면 척력입니다. 인력으로 모여들거나 척력으로 흩어지거나, 둘 중 하나죠. 중력으로 말하자면 지금은 인력밖에 없으니 인력으로 모이게 됩니다. 모이면 반응이 일어나겠죠. 태양에서는 열핵반응이 일어나고요."

"핵융합 말씀이죠."

"네. 그런 의미에서 이 현상은 엔트로피 증대의 법칙을 완전히 거스르고 있다고 할 수도 있어요. 하지만 결국 그것도 언젠가는 열핵반응의 최후가 도래해 초신성 폭발로 날아가거나 천천히 사라지거나 할 겁니다."

"말하자면 어느 시점에서 보느냐에 따라 완전히 달라지는군요. 하지만 장기적 관점에서 보면 엔트로피는 증대되는 방향으로 갈 수밖에 없겠죠."

나가누마가 조용히 고개를 끄덕였다.

"맞습니다."

"그런데 그렇게 생각하면 지구의 이 상황은 현시점에서는 말 그대로 엔트로피의 법칙에 반하고 있는 것이고요."

"…예를 들면요?"

"생물의 진화는 무질서에서 질서로 향하고 있으니 엔트로피가 감소하는 것이지 않습니까? 그렇다면 열역학 제2법칙과는 완전히 반대입니다."

"전체적으로는 증대하고 있어요. 그러니까 질이 떨어지고 있는 셈이죠. 하지만 도중에 잠시 작은 소용돌이를 만들어요. 생명 활동에 해당한다고 생각할 수 있죠."

"소용돌이요?"

"네. 물은 높은 곳에서 낮은 곳으로 흐르는 과정에서 위치에너지를 잃어버립니다. 하지만 중간에 소용돌이를 만들죠. 소용돌이라는 건 패턴이고 엔트로피는 패턴이 아니기 때문에, 그런 의미에서 물이 흐르는 도중에는 엔트로피, 그러니까 열역학 제2법칙에 반한다고 생각할 수 있습니다."

"그 경우 소용돌이는 어떤 아날로지로 생각하면 되겠습니까?"

"저는 생명이라고 생각하고 있습니다. 우리는 물질을 먹고 물질을 내놓습니다. 좀 뭉뚱그려 말하면, 1년 전과 1년 후의 우리는 물질적으로 다른 사람입니다."

"거의 다 바뀌어 있죠."

"네. 피부와 근육뿐 아니라 뼈와 치아도 바뀌어 있습니다. 하지만 패턴으로는 남아 있죠. 소용돌이와 매우 닮지 않았나요. 물 분자는 시시각각으로 바뀌고 있는데도요."

"…그러고 보니 이전 대담에서 만난 후쿠오카 신이치 씨는 우리가 그렇게 계속 교체되고 있으니 1년 전에 한 약속은 지키지 않아도 된다고 했습니다."

"아, 그건 제가 후쿠오카 씨에게 했던 말이에요. 여하튼 지구는 40억 년 동안 이어져왔으니 생명이 매우 긴 소용돌이라는 생각도 가능합니다. 그리고 소용돌이가 있는 편이 전체적 환경을 비롯해 엔트로피가 빠른 속도로 증대된다고 여겨지고요. 소용돌이처럼 이렇게 자발적으로 생기는 구조를 '산일 구조dissipative structure'라고 합니다. 그 예 중 하나가 불 위에 올려놓은 냄비 안의 물입니다. 달궈진 냄비 안의 물을 위에서 보면 표면에 육각형의 패턴이 만들어지기 시작합니다. 자연계 어디서든 볼 수 있죠."

"벌집의 구멍이라든가…."

"기본적으로는 원형이에요. 그걸 찌그러뜨리면 육각형이 되죠. 냄비 아래에서 열을 가한다는 것은 수면에서 공기 중으로 열을 내보낸다는 말인데, 일반적인 경우라면 아래쪽에서 위쪽으로 열이 전달됩니다. 층으로 된 구조예요. 문제는 이런 열 전달 방식이 결코 효율이 좋지 않다는 겁니다. 이때 산일 구조를 만들어주면 열이 아주 빠른 속도로 전달되지요."

"대류의 움직임과 육각형의 산일 구조가 있어서 열을 효율적으로 방출한다는 말씀이죠?"

"그렇습니다. 유리병의 물을 쏟아낼 때 거꾸로 들어 출렁출렁하는 것보다는 (병을 돌려) 소용돌이를 만들면 빨리 쏟아집니다. 그래서 (국소적으로) 구조를 만들어 열이나 물질이 빨리 이동하게 만들죠. 국소적으로는 엔트로피가 줄어드는 듯 보이지만 전체적으로는 늘어나는 속도가 빨라지고 있습니다."

## 생명은
## 우주의 터미네이터

관점을 바꾸면 인류는 물론 지구상의 생물들은, 혹은 이 지구는 우주가 빨리 열사를 맞이하게 하려고 태어나 오늘도 하루하루 생명 활동을 하고 있다는 건가.

그렇다면 '우리는 무엇인가'에 대한 답은 명확하다. 열역학 제2법칙으로의 귀결. 즉 우리는 우주 전체의 엔트로피를 조금이라도 빨리 증대시키기 위해 존재하고 있다.

"우리는 소용돌이라는 말씀이군요. 그럼 하나만 더 질문하겠습니다. 인간은 어디서 와서 어디로 갑니까?"

"저는 남자니까 난자를 갖고 있지 않죠. 그러니 난자에서 태어나서 죽는다. 이것으로 끝."

"끝이라면 사라진다고 이해해도 될까요?"

"네."

"지금 이 의식도 모두 사라져버린다고요?"

"네."

"하지만 사라진다면 에너지 보존의 법칙을 거스르는 것 아닙니까?"

"사라진다는 것은 지금은 엔트로피에 역주행하면서 뇌 내 전류의 흐름을 질서 정연하게 유지하고 있지만 그것이 무작위가 되어버린다는 뜻이기도 합니다."

"결국 의식은 뉴런과 뉴런을 연결하는 시냅스 사이의 전류의 흐름이며 시냅스 간 화학물질의 교환이다, 그 집적에서 의식·감정·인격·정체성이 비롯된다는 뜻입니까?"

"그렇습니다. 그래서 뇌과학이 빨리 발전해 뉴런의 결합 패턴, 시냅스의 패턴을 실리콘 칩으로 전사transfer해주면 좋겠어요."

"이론적으로는 가능한 일이죠."

"네."

"그럼 그쪽에 전사를 통해 현실화한 나가누마 씨가 한 사람 더 있다고 해볼까요. 여기에 이론적으로 모순은 없죠."

"'의식의 관점에서 보면'이겠죠. 저에게 가장 중요한 것은 의식이니까요."

"그 경우 여기 있는 나가누마 씨와 저쪽에 있는 나가누마 씨 사이에 모순은 없습니까?"

"저는 육체를 가진 존재로서 앞으로도 다양한 경험을 할 겁니다. 그것이 가치관에 작용하기 때문에 뉴런의 또 다른 결합 패턴이 새로이 생겨날 거고요. 저를 전사한 실리콘 칩도 나름대로 고유의 경험을 할 테지만, 육체가 없는 경험이니 수년 정도가 지나면 완전히 다른 인격이 되어 있을 겁니다. '그 순간부터 두 사람은 다른 길을 걷기 시작했다'고 말할 수밖에 없겠네요. 두 존재가 완벽하게 같은 세계의 시간을 걸을 수는 없을 테니."

"슬슬 정리를 해볼까 합니다. 우리는 무엇인가. 오늘의 대담을 토대로 말하자면 우주의 엔트로피를 더욱 증대시키기 위한 하나의 소용돌이다."

"맞습니다. 저는 생명을 우주의 터미네이터라고 부릅니다. 종말을 맞게 하는 존재."

우주를 종식시키기 위해 보내진 존재. 하지만 그렇다면 누가 보낸 것일까. 나는 이렇게 생각하면서 말을 이어갔다.

"말씀하신 것처럼 생명체를 소용돌이라고 하면, 인간은 그 무수한 소용돌이 속에서도 매우 예외적인 소용돌이겠죠. 이 정도 규모의 문명을 달성했고, 다양한 물질을 배출했고, 자연을 파괴해버렸어요. 이들의 활동은 모두 엔트로피 증대를 촉진하고 있고요. …이런 관점에서 호모사피엔스는 너무나도 각별한 존재가 아닌가 하고 생각하신 적은 없습니까?"

"있죠. 인간은 몸에서 가장 많은 산소를 소비하고 있는 뇌는 물론이고, 미토콘드리아를 가지고 다세포화함으로써 어마어마한 양의 에너지를 생산하고 소비하게 되었습니다. 엔트로피를 이만큼이나 증대시킬 수 있는 생명체는 달리 없죠."

"몸뿐 아니라 화력발전소라든가 원전이라든가 삼림 벌채라든가 다양한 활동을 하는 데다, 단위 자체가 완전히 다르잖아요, 다른 생물과 비교하면."

"정말 흥미로운 생명체라고 생각해요. 더구나 앞으로는 지적 진화가 생물학적 신체 진화보다 월등히 빨라지겠죠. 그러니 먼 훗날 언젠가는 육체가 거추장스러워지지 않을까 합니다. 방금 저는 어떤 의미로 세포와 조직의 열화는 어쩔 수 없는 일이라고 했어요. 그렇다면 그 부분을 아예 바꿔버리면 되지 않나 하는 생각도 들죠. 실제로 제 눈은 라섹 수술을 한 눈이고 치아도 임플란트가 여러 개입니다. 그럼 임플란트와 같은 발상으로 심장도 교체해볼까, 그렇게 할 수 있다면 저는 아마 할 것 같아요. 그런 면에서는 인간의 사이보그화가 진행된다고 보는 쪽입니다."

"이론적으로는 불로불사도 가능해진다는 말씀인가요?"

"가능하겠죠. 기술을 통해 그 부분에 도달하려고 할 겁니다."

이렇게 말한 뒤 나가누마는 싱긋 웃었다. 물론 (불로는 그렇다 치고) 불사는 있을 수 없다. 앞으로 63억 년 후, 태양은 내부의 수소를 모두 소비하고 적색 거성의 시대로 접어들 것이다. 그러나 태양계가 붕괴하고 123억 년 후 태양이 죽음을 맞이할 때, 또는 엔트로피가 최대치에 도달해 우주가 열사를 맞이할 때, 아무리 사이보그화되었다고 해도 소용돌이와 외부가 살아남을 리 없다.

…하지만 그래서 더욱 골몰하게 된다. 미련이 남아서. 우리의 의식은 어디로 가는가 하고.

# 7장

# 우주는 앞으로 어떻게 되는가

물리학자 무라야마 히토시에게 묻다

**무라야마 히토시** 村山斉

이론물리학자. 1964년 도쿄 출생. UC버클리 교수. 도쿄대학교 우주물리·수학연구소Kavli Institute for the Physics and Mathematics of the Universe, IPMU 초대 소장 및 특임 교수. 주요 연구 주제는 초대칭성 이론, 뉴트리노, 초기 우주, 가속기 실험의 현상론 등이다. 세계 최고의 과학자들과 함께 우주 관련 연구를 진행하는 한편, 일반인을 대상으로 한 강연을 통해 최첨단 연구 결과를 발표하는 등의 활동도 병행하고 있다.

## 과거 우주는
## 원자 하나보다 작았다

오부나이가 녹음기의 스위치를 누르는 것을 곁눈으로 확인한 뒤 내가 "가장 먼저 어린 시절에 대해 여쭙고 싶습니다만" 하고 이야기를 시작하자, 무라야마 히토시는 신기하다는 듯 나를 바라보며 고개를 갸우뚱했다.

무라야마 히토시는 최첨단 우주과학을 연구하는 소립자물리학자이다. 저서도 많거니와 텔레비전에도 자주 출연한다. 특히 최근에는 일본 내 암흑 물질과 암흑 에너지 연구의 일인자로서 취재와 인터뷰 의뢰가 끊이지 않고 있다.

그래서 이 대담을 늘상 반복되는 일과처럼 소화하지는 않을까 하고 걱정했다. 그래서는 의미가 없다. 그럴 바에야 그의 책을 읽으면 된다. 어떤 경우든 주제는 우주라는 대전제가 있지만, 그전에 가능하면 무라야마의 템포를 무너뜨려놓고 싶다. 그러면 같은 암흑 물질 이야기라도 다른 뉘앙스를 끌어낼 수 있으리란 생각이 들었다.

무라야마는 "…크게 연관이 없는 부분에서 시작하시네요"라며 잠시 생각에 잠기더니, "어린 시절엔 몸이 약했습니다"라고 말했다.

"천식이 있어서 학교를 자주 쉬었죠. 체육 시간에도 밖에 잘 안 나갔고요. 그래서 지금도 수영을 못합니다."

"공부는 잘하셨나요?"

"관심 있는 과목은 잘했지만, 사회 과목이나 관심 없는 과목은 정말 못했습니다. 예를 들어 백지도에 강이나 지명을 쓰고 평야 이름을 외우고, 그런 건 흥미가 전혀 안 생기더라고요. 그래서 백지 상태로 제출하기도 했어요."

"인문학보다는 자연과학 쪽에 관심이 있었나 보네요."

"단순한 사실과 지식의 나열보다는 그 이유를 설명할 필요가 있는 분야에 더 흥미를 느꼈죠. 아니면 아직 규명되지 않은 일에 대해 스스로 생각하는 걸 더 좋아했던가.

학교를 가지 않는 날엔 텔레비전 교육방송을 자주 봤습니다. 언젠가 중·고등학교 수학 방송을 보는데 라쿠고(일본의 전통 만담극—옮긴이)를 가지고 무한급수의 수렴을 설명하더군요. 나가야의 핫짱(에도시대 라쿠고에 등장하는 시끄럽고 촐랑대는 인물. 《라쿠고 나가야落語長屋》라는 만화에도 등장한다. 나가야는 옆으로 길게 지은 단층 혹은 2층의 일본식 연립주택을 말한다—옮긴이)이 두부를 사러 갑니다. 두부를 한 모 산 다음 두부 가게를 열심히 치켜세워요. "이 가게 두부는 맛있단 말이야"라면서. 기분이 좋아진 두부 가게 주인은 "자, 반모 더 줄게"라고 말합니다. 핫짱이 또 열심히 칭찬하면 "나머지 반모도 절반 줄게" 해요. 그런 식으로 계속 나머지의 절반이 반복되면 무한대가 되겠죠. 핫짱은 "나는 이제 평생 두부 걱정은 없겠네" 하며 득의양양한 미소를 짓습니다. 하지만 그렇게 받은 것을 다 더해도 두부는 겨우 두 모에 가까워질 뿐입니다. 무한하지만 최종적으로는 2가 되는 거예요. 그걸 보면서 몹시 감탄했어요."

"그게 몇 살 때였나요?"

"아마 초등학교 2학년."

"초등학교 2학년 때 무한급수에 관심을 가졌다고요?"

"네. 그때 수학에 빠져 해석 개론까지 봤어요. 한편으론 자연에 대한 호기심도 있었고. 그쪽을 깊이 파고들어가니 반드시 맞닥뜨리게 되는 근원적인 부분이 있었습니다. 물리학에서 말하는 소립자였어요. 처음부터 소립자를 연구하려고 생각한 건 아니지만…."

그렇게 무라야마는 도쿄대학교 이학부에서 소립자물리학을 전공하고 그 후 도호쿠대학교와 UC버클리 등에서 연구를 했다. 그렇다면 어떤 시점에서 관심의 범위가 극소인 소립자에서 극대인 우주로 확대된 걸까.

"(도쿄대) 대학원을 졸업하고 1년 후인 1992년에 COBE Cosmic Background Explorer(우주배경복사탐사선)의 관측 데이터를 통해 우주의 빅뱅에 약간의 주름이 있다는 사실이 밝혀졌습니다. 빅뱅, 나아가서는 우주 인플레이션을 증명하는 엄청난 증거였죠. 즉 138억 광년의 우주 전체가 과거에는 원자 하나보다도 작았다는 겁니다. 그때 매우 큰 충격을 받았어요. 그 일을 계기로 작은 것과 큰 것이 연결되어 있구나 하는 사실을 비로소 깨닫고 (관심이) 우주로 이어졌죠."

"COBE가 그 사실을 밝힌 후부터 지금까지 20년 동안 우주 분야에 다채로운 발견이 있었죠. 그 시기와 겹치는군요."

"운이 무척 좋았다고 생각해요. 학문 연구 분야도 유행을 타기 때문에, 정체기가 있는가 하면 폭발적인 융성기도 있죠. 제가 관심을 가진 분야가 정체기면 별로 즐겁지 않을 테고 논문도 못 쓰고 괴로울 것 같습니다. 그런데 최근 20년 동안 눈이 부실 만큼 다양한 사실들이 밝혀졌으니 설레긴 합니다."

"그중 가장 큰 발견은 아무래도…."

나는 여기까지 말하고 나서 말끝을 흐렸다. 나머지는 무라야마가 말했으면 했다. 내 의도를 알아챈 무라야마는 살짝 고개를 끄덕였다.

"네. 지금까지 우리는 우리를 구성하는 원자가 우주의 전부라고 생각해왔습니다. 그런데 요사이 우주에서 원자가 차지하는 비율은 대략 5퍼센트에 불과하다는 걸 알게 되었습니다. 우주의 약 25퍼센트는 암흑 물질, 나머지 70퍼센트는 암흑 에너지로 구성되어 있습니다. 그것이 우주의 시작과 운명을 결정하죠. 이건 어떤 의미에서는 천동설이 지동설로 바뀐 것과 비슷한 정도의 혁명적 발견입니다."

"말 그대로 코페르니쿠스적이죠."

"잠깐 역사를 훑어볼까요. 옛날에는 과거부터 영원한 미래에 이르기까지 우주가 계속 같은 모습으로 존재할 거라 생각했습니다. 그러다 빅뱅 이론의 등장으로 이 상식이 뒤집혔어요.

그 후 COBE의 발견으로 우주는 원자보다 훨씬 작은 미시 세계임을 추측할 수 있게 되었죠. 그 우주에 행성이 생기고 은하가 생기고 인간이 태어난 건데, 그 모든 것이 불확정성의 원리(전자를 비롯한 미시 세계에서는 위치와 운동량을 본질적으로 동시에 정확히 결정할 수 없다는 원리. 하이젠베르크가 이론적으로 도출했으며 양자역학의 근간을 이루고 있다—옮긴이) 관계에서 일어나는 양자역학적 요동quantum foam, quantum fluctuation 때문입니다."

무라야마는 상당히 빠른 속도로 설명했다. 나는 서둘러 "양자 요동에 대해서는 저도 두루두루 읽어보고 들어보기도 했습니다만…" 하고 끼어들었다. "아직도 제대로 이해하지 못했고, 무엇보다 실감을 못하고 있네요."

## 양자역학의 다양한 패러독스

무라야마는 무슨 뜻인지 알겠다는 듯 고개를 끄덕이며 "진짜 이해하고 있는지 누가 물어보면 사실은 저도 자신이 없습니다"라고 말했다. "…양자역학은 다양한 패러독스를 안고 있는데, 예를 들면 관측 문제도 그중 하나입니다."

양자역학(코펜하겐 해석)에서는 입자가 여러 상태로 '중첩'되어 있다고 말한다. 그런데 관측기기로 입자를 관측하면 이 '중첩 상태'가 어떤 상태로 붕괴된다. 이 관측 문제를 단적으로 드러내는 사고 실험이 바로 '슈뢰딩거의 고양이'이다.

방사성 물질인 라듐 일정량과 가이거 계수관, 시안화수소가스 발생 장치를 넣은 상자를 준비한다. 라듐이 알파 입자를 내보내면 가이거 계수관이 이를 감지하고 여기에 연결된 시안화수소가스 발생 장치가 작동한다. 확률은 반반. 다음으로 그 상자에 고양이를 한 마리 넣고 밀봉한다. 일정 시간이 경과한 후 뚜껑을 열었을 때 고양이는 과연 살아 있을까 아니면 죽어 있을까.

일상적 감각으로 본다면 뚜껑을 열지 않고는 생사를 알 수 없고, 뚜껑을 열기 전에는 두 상태가 반반의 확률로 공존한다고 생각하기 마련이다.

그러나 양자역학에서는 라듐에서 알파 입자가 튀어나올 가능성이 50퍼센트라면 고양이가 살아 있을 확률이 50퍼센트이고 죽어 있을 확률도 50퍼센트이므로, 상자 속에 고양이가 살아 있는 상태와 죽어 있는 상태가 1:1로 중첩되어 있다고 해석한다. 공존이 아니다. 중첩이다. 이 부분이 포인트다. 다만 상자의 뚜껑을 여는 순간 둘 중 하나의 상태로 수렴한다.

소립자의 대부분이 이처럼 거동한다. 항상 확률적이다. 위에 있다면 아래에 있는 상태와 중첩되어 있는 것이다. 오른쪽으로 도는 회전과 왼쪽으로 도는 회전이 겹쳐 있다. 일상적인 감각으로는 좀처럼(사실은 전혀) 이해가 되지 않는다. 무라야마의 설명은 계속된다.

"확률은 어느 정도 예언할 수 있지만 한 회당 실험의 답은 예언할 수 없다고 하면 감이 잘 안 오죠. 게다가 실험을 통해 답이 하나로 정해져 버리는(붕괴하는) 것의 의미도 잘 몰랐기 때문에 다세계 해석many-worlds interpretation(양자역학에 기초한 세계관의 하나. 관측과는 상관없이 모든 세계가 모든 상태의 중첩이라는 해석)과 같은 발상이 나왔습니다."

1975년, 프린스턴대학교 대학원생이었던 휴 에버렛Hugh Everett은 박사 논문에 '슈뢰딩거의 고양이'가 살아 있는 상태와 죽어 있는 상태가 중첩되어 있다면 그것을 관찰하는 사람도 다양한 상태가 중첩되어 있을 거라는 해석을 발표했다.

당신이 상자 뚜껑을 열었다. 고양이는 죽어 있다. 그렇다면 중첩되어 있던 살아 있는 고양이는 어디로 갔는가. 어디로도 가지 않았다. 죽은 고양이를 관찰한 당신과 살아 있는 고양이를 관찰한 당신도 중첩되어 있는 것이다. 이것이 바로 다세계 해석이다. 나는 중첩되어 있다. 당신도 중첩되어 있다. 죽은 고양이를 관찰한 당신과 살아 있는 고양이를 관찰한 당신만이 아니다. 실험실에 오는 도중 자동차 사고에 휘말린 당신도 중첩되어 있다. 양자론과 우연히 만나는 계기를 얻지 못한 채 다른 인생을 살아가는 당신도 중첩되어 있다. 살아 있는 당신도 죽은 당신도 중첩되어 있다. 세계는 무한하게 중첩되어 있기 때문이다. 물론 이것도 사고 실험의 연장이다. 따라서 이론적으로 가능하다. 무라야마가 말했다.

"불확정성 원리에 따라 일어나고 있는 일을, 예를 들면 컴퓨터로 시뮬레이션할 수 있습니다. 이 영상입니다. 우리가 아무것도 없다고 생각하는 진공상태는 사실 이렇습니다."

이렇게 말하고 나서 무라야마는 테이블 위의 노트북을 열고 전원을 켰다. 화면에 보일 듯 말 듯 움직이는 '무언가'가 나타났다. 불확정성 원리에 따라 일어난 에너지의 요동. 무라야마는 잠시 그 움직임을 바라보다가, "진공이란 글자 그대로 텅 비어서 아무것도 없는 것이라고들 생각하지만 사실은 이렇게 에너지가 부글부글 끓고 있죠"라고 설명했다.

"에너지가 있다면 질량도 있겠고요."

"네. 진공 에너지가 암흑 에너지로 연결되죠."

"그것이 양자 요동이라는 겁니까? 그럼 진공의 공간에서 그 에너지를 추출하거나 배출할 수는 없는 건가요?"

"이런 양자적 요동이 필연적으로 존재한다는 것이 불확정성의 원리입니다."

…언제부턴가 거의 선문답 수준이다. 무라야마는 내 표정(아마도 곤혹스러운 기색이겠지)을 보더니, "이 요동의 효과를 관측할 수 있습니다"라고 말했다.

"이런 식으로 부글부글 요동치는 곳에 금속판 두 장을 가지고 옵니다. 금속이 있는 곳에는 전기가 통하니 어떤 경계 조건이 정해지겠죠. 금속판이 없을 때의 진공과 금속판이 있을 때의 진공은 성질이 다릅니다. 금속판이 가까워질수록 성질이 더 달라지죠. 무한하게 떨어뜨려놓으면 아무런 변화도 없고요. 여기서 금속판이 가까워질수록 에너지가 줄어든다는 계산이 가능합니다. 즉 금속판이 가까운 편이 이득이니 인력이 작용합니다. 이렇게 진공이 요동하는 효과에서 비롯된 힘이 현실에 존재하고, 그것이 측정되고 있습니다."

"이 경우 이득이라는 건 엔트로피가 증가한다는 뜻이겠죠? 여기에 소립자가 있다고 하면. 그런데 여기에 소립자가 있다는 건 확률적으로는…."

"다른 곳에 있을지도 모르죠."

"어디에 있는지는 확정할 수 없다, 하지만 보는 순간 여기에 수렴된다는 겁니까?"

"가장 드라마틱한 사례가 2012년에 작고한 도노무라 아키라外村彰가 진행한 실험입니다."

무라야마는 이렇게 말한 뒤 마우스를 움직였다. 처음에는 화면이 거의 새카맸다. 그러다 흰색 점이 서서히 나타나기 시작했다.

"우선 전자총으로 전자를 발사해 저쪽의 스크린에 도달시킵니다. 그 사이는 진공으로 되어 있어요. 그리고 전자가 지나는 길에 해당하는 위치에 판을 놓습니다. 그 판에는 두 개의 슬릿(틈)이 있어서, 전자가 그 슬릿을 통과해야만 스크린에 도달할 수 있어요. 보통 이런 상황에서는 전자를 무작위로 발사하면 슬릿을 통과한 지점에만 전자가 집중될 거라고 생각하기 마련이죠. 그런데 실험을 해보니 전자가 저마다 드문드문 흩어져서 다른 곳으로 가는 겁니다. 몇 번이고 발사해도 그때마다 각각 다른 곳으로 가는 거예요. 예측이 전혀 불가능합니다.

이걸 계속 반복하면 스크린에 서서히 줄무늬가 나타나기 시작합니다. 전자가 빛을 감지하면서 진하고 연한 줄무늬가 영상으로 그려지는 건데요, 그것이 바로 전자가 알갱이인 동시에 파동성을 가지고 있다는 증거입니다. 개수가 어느 정도 모이면 패턴이 조금씩 나타나기 시작해요. 지금도 꽤 보이죠. 계속하다보면 세로줄이 더 분명하게 보입니다."

"광양자에도 같은 현상이 나타나죠."

"네. 무작위이긴 하지만 한 번 한 번 어딘가에 확실히 떨어집니다.

즉 전자는 입자이거나 파동이거나 둘 중 하나가 아니라, 양쪽 성질을 모두 갖추고(중첩되어) 있습니다."

각각의 이야기는 웬만큼 알 것 같다. 하지만 각각이 모인 전체는 도무지 모르겠다. 이해가 되지 않는다.

결국 최첨단 과학은 인간의 감각을 넘어선다. 그렇게 생각해야 하는지도 모른다. 애초에 인간의 감각이란 매우 취약하고 협소한 것이므로. 그렇게 생각하기로 하자. 그러지 않으면 대화가 진전되지 않는다.

## 암흑 물질과 암흑 에너지라는 대발견

어쨌든 최근 20년간 우주 분야의 최대 발견이 암흑 물질과 암흑 에너지라는 사실은 틀림없다. 다시 한 번 그쪽으로 화제를 돌려본다.

"암흑 물질이 발견된 경위를 알려주시겠습니까?"

"은하와 행성의 운동을 관측하면 매우 빠른 속도로 오가고 있다는 사실을 알 수 있습니다. 은하의 운동을 바탕으로 은하단 전체의 질량을 추정해 그것을 은하의 수, 은하단 전체의 휘도를 기준으로 추정한 수치와 비교해보면 광학적으로 관측 가능한 양의 400배나 되는 질량이 존재한다는 사실이 밝혀졌습니다. 즉 눈에 보이지는 않지만 끌어당기는 힘을 가진 뭔가가 분명히 존재한다는 결론에 도달한 거죠."

"눈에 보이지 않는 별과 별 사이의 물질, 가스 등의 질량을 전부 더

해도 은하가 모여 있을 수 있는 만큼의 중력에 미치지 못한다는 말씀이죠."

"네. 그래서 눈에 보이지 않는 또 다른 물질이 있어서, 그것이 중력을 발휘한다고 생각하게 되었습니다. 이 문제가 확실하게 밝혀진 건 이번 세기에 들어서입니다. 다만 그 정체는 아직도 거의 밝혀지지 않았죠. 가설은 일일이 열거할 수 없을 만큼 많지만, 그 알갱이 하나의 무게가 얼마나 되는가 하는 단순한 문제 풀이도 70줄씩 차이가 날 때가 있어요."

"70줄이나요? 과연 천문학적인 차이로군요."

"결국 아무것도 모른다는 거죠."

"암흑 에너지의 발견은요?"

"아까 우주가 팽창하고 있다는 말이 나왔는데, 그건 아인슈타인의 방정식으로 설명할 수 있습니다. 즉 지상에서 공을 손에 들고 위로 얍, 하고 던진 것과 마찬가지입니다. 공을 던지는 힘이 빅뱅이고, 하늘 높이 올라가는 공이 팽창하는 우주입니다. 사실 우주의 팽창과 공의 움직임을 완전히 똑같은 수식으로 설명할 수 있어요.

던져져 올라가는 공은 중력으로 끌어당겨지기 때문에 당연히 점점 느려지다가 어느 지점에서 멈춘 뒤 떨어집니다. 우주도 어느 지점까지 팽창하면 멈춰서 찌그러지기 시작해 결국 와지끈 하고 으스러지지 않을까 합니다. 물론 로켓으로 발사한 공이라면 중력을 이기고 전진할지도 모르죠. 바로 그 경우가 영원히 팽창하는 우주입니다.

어떤 경우든 던져올린 공은 점점 느려집니다. 멈춰버릴 것처럼 느려질지 혹은 중력을 이기고 멀리 가버릴지, 우주의 팽창은 둘 중 어느 쪽일지, 감속 양상을 측정해보면 알 수 있겠죠.

그런데 옛날과 지금의 팽창 속도를 비교해보면 느려지기는커녕 오히려 빨라지고 있다는 사실이 밝혀졌습니다. 1998년의 일이죠. 이 발견에 모두가 경악했어요. 한편 팽창이 가속화하고 있다고 가정하면 우주의 구조 등 지금까지의 모순이 매우 깔끔하게 해소된다는 사실도 알게 되었고요. 그렇지만 가속화의 이유는 여전히 밝혀지지 않은 실정입니다."

"암흑 물질은 은하의 운동을 기초로 한 추측에서 출발해 증명되었고, 그다음으로 우주의 가속을 설명하기 위해 암흑 에너지라는 발상이 등장했죠. 둘 다 눈에 보이지 않는다는 점은 그렇다 치고, 관측이 불가능하다는 점이 의아합니다."

"암흑 물질은 빛에 반응하지 않는 물질입니다. 중성미자도 빛에 반응하지 않아요. 그러니 (이런 물질이) 존재한다는 것 자체는 그렇게 이상한 일이 아닙니다."

"…최근 20년 동안 우주를 보는 관점이 크게 바뀌어왔는데, 향후 10~20년 동안 눈에 보이도록 하는 건 무리라 해도, 적어도 뭔가 존재한다는 것은 증명할 수 있을까요?"

"크게 보면 가능할 겁니다. 앞으로 수년 혹은 10년 안에 그 정체가 밝혀질 가능성은 충분히 있습니다."

"어쨌든 암흑 물질과 암흑 에너지 양쪽을 합하면 우주의 90퍼센트 이상이잖습니까. 그렇다는 전제 아래 우주가 어떻게 사라질지에 관해 새로이 시뮬레이션도 진행할 수 있게 되었죠."

"네. 암흑 에너지는 부피(공간)와 함께 앞으로도 늘어날 것으로 추측되지만, 부피보다 천천히 늘어난다면 우주의 팽창 속도가 줄어들어 느려질 겁니다. 반대로 부피 증가보다 에너지 증가가 빠르면 팽창이 점차 가속화해, 어느 지점에서는 우주의 팽창이 무한히 빨라져 우주가 무한히 찢기고 거기서 끝날 가능성도 있습니다."

"빅 립big rip 말씀이군요. 그런데 우주가 수축하거나 진자처럼 다시 돌아오는 일은 있을 수 없는 건가요? 던진 공은 지상으로 다시 돌아오잖아요."

"그럴 수 있습니다. 물론 가속이 그대로 진행된다면 감속은 일어나지 않겠지만, 가속이 감속으로 바뀌어 언젠가 멈춘다면 돌아올 가능성은 있어요. 지금 같은 가속 상태가 무한히 이어진다면 결국은 열사 상태가 되어 식어버릴 테고(빅 프리즈), 흥미로운 일은 더 이상 일어나지 않겠죠. 하지만 그러기까지는 굉장히 오랜 시간이 걸립니다. 어찌 되었든 부피 증가가 빠를지 에너지 증가가 빠를지에 따라 결과가 달라지겠죠."

"현재 가장 유력한 견해는요?"

"어떤 경우든 우주의 팽창은 가속화하고 있으므로 팽창이 감속으로 인해 멈춘 다음 떨어져 찌그러진다는 설은 틀렸습니다."

"그것이 행성과 항성뿐만 아니라 우주 전체의 분자와 원자까지 찢겨 소립자가 되고 공간만 계속 팽창하는 빅 립입니까?"

"빅 립이거나 혹은 립rip 되지 않고 계속 가속하면서 팽창을 지속하거나."

"하지만 영원히 가속하면 광속을 넘어서버리잖아요."

"상관없어요. 물론 아인슈타인은 물질의 운동이 광속을 넘어서서는 안 된다고 말했지요. 하지만 은하는 우주에 존재하지만 기본적으로는 멈춰 있거든요. 즉 우주가 스스로 팽창해왔기 때문에, 빠르게 움직이는 듯 보여도 은하 자체는 멈춰 있다는 겁니다. 이 현상은 광속을 넘어서서는 안 된다는 사실과 모순되지 않죠. 어디까지나 겉보기의 속도입니다."

…그러니까 공간의 팽창과 속도는 다르다는 뜻이리라. 들으면 그렇구나 한다. 그렇구나 하면서도 어딘가 납득하지 못하는 나를 발견한다. 어딘가 모르게 말로 구워삶아지는 느낌. 아무리 노력해도 그런 느낌을 씻어낼 수가 없다. 하지만 그런 느낌에 일일이 신경을 쓰면 대화가 진전되지 않는다. "만약 원자가 찢겨 모든 것이 소립자가 된다면 그 후에는 어떤 상황이 됩니까? 소립자가 더 찢긴다는 게 말은 되나요?" 이렇게 질문하니 무라야마는 "소립자가 끈으로 만들어져 있다면 더 확대될 수도 있을 거예요"라고 대답한다.

"그런데 현재 소립자는 점이나 알갱이로 인식됩니다. 아르키메데스에 따르면 점이라는 건 위치만 있고 크기가 없잖아요. 크기가 없는 것을 늘린다고 생각하긴 힘듭니다. 그래서 일단 소립자가 되는데, 그다음에 어떻게 되는지는 모릅니다."

"무라야마 씨도 모르시나요?"

"네. 모릅니다."

문득 깨달았다. 무라야마는 무리를 하지 않는다. 모르면 모른다고 바로 대답한다. 서술어가 명확하다. 사실에 대해 겸허하다고 할 수도 있겠다.

과학의 최첨단에 있는 사람들은 거의 모두 겸허하다. 최첨단에 있기 때문에 안이하게 단정할 수가 없겠지. 그래도 무라야마는 그런 경향이 꽤나 두드러진다. 명예욕과 자기현시욕이 적을지도 모른다(이 부분은 과학자로서 장단점이 있으리라 본다). 그리고 무라야마의 이런 태도는 인터뷰 후반에서 더욱 도드라졌다.

## 빅뱅 이전에 대해서는 '모른다'고 할 수밖에 없다

지금부터는 우주의 시작에 대한 이야기이다. 끝에 비해 시작에 대한 이야기는 거의 모든 사람들이 어느 정도는 알고 있다. 시공의 한 점이 급격히 팽창하여 우주가 생겼다. 빅뱅이다. 하지만 시작 역시 끝 이상으로 생생한 감각이 느껴지지 않는다. 무엇이 팽창하는 것인가. 공간의 외부에는 무엇이 있는가. 빅뱅 이전에는 무엇이 있었는가. 이런 근원적인 의문을 씻어낼 수가 없다. 설명을 들어도 이해가 되지 않는다. 그렇다면 무라야마는 어떤 표현으로 어떻게 답할 것인가. 내가 질문했다.

"먼저 빅뱅 혹은 우주 인플레이션 이전에 대해 말씀해주십시오."

"마찬가지로 모른다고 할수밖에 없습니다."

즉답이었다. 나는 몇 초 있다가 "모르신다고요?" 하고 거듭 확인했다. 어미가 노골적으로 올라갔을지도 모르겠다. 짓궂은 남자다. 무라야마는 고개를 살짝 끄덕였다.

"네. 하지만 왜 모르는지는 확실하게 밝혀져 있습니다. 인플레이션 이전의 우주는 원자보다 작았어요. 거기까지는 알고 있습니다. 그런데 더 작아진 우주 전체가 점으로 찌그러져버린다면 에너지는 무한대가 됩니다. 그렇게 되면 물리학자들은 두 손 들 수밖에요. 어떻게 생각해야 할지 알 수가 없어요."

"요컨대 특이점이군요."

"맞습니다. 수학자들은 특이점을 다양하게 다룹니다. 적어도 그걸 다루는 이론을 만들 수 있어요. 예를 들면 자연수의 절반은 짝수잖아요. 물론 자연수는 무한하게 있습니다. 그렇다면 짝수는 그 절반이니 자연수보다 적겠지, 라고 생각하겠지만, 수학자들에게 물으면 그렇지 않다고 말합니다. 자연수와 짝수는 같은 수만큼 존재한다고 말하죠(그림 13).

"똑같다고 단언할 수 있는 이유는 무엇입니까?"

"짝수와 자연수를 비교하면 일대일로 대응시킬 수 있죠. 자연수가 −4, -3, -2, -1, 0, 1, 2, 3, 4로 연속되는 가운데 짝수만 고르면 −4, -2, 0, 2, 4와 같이 절반이 됩니다. 하지만 1에 대해서는 2, 2에 대해서는 4, −1에 대해서는 −2, -2에 대해서는 −4처럼 정확히 하나씩 대응시키면 수가 똑같습니다. 그래서 자연수의 수와 짝수의 수가 같다고 하는

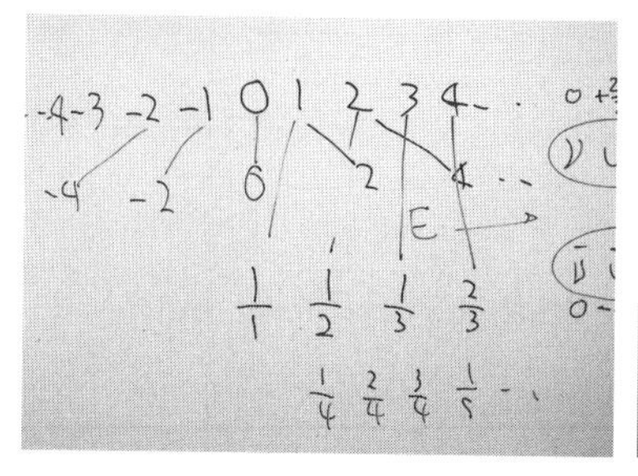

**그림 13** | 자연수와 짝수는 같은 수만큼 있다

**그림 14** | 원과 쌍곡선의 방정식

겁니다. 유리수(분수로 나타낼 수 있는 수)도 일대일로 대응할 수 있어요. 순서를 정하는 겁니다. 1은 1, 2는 $\frac{1}{2}$, 3은 $\frac{1}{3}$, 4는 $\frac{2}{3}$죠. 이렇게 하면 모든 유리수를 합쳐도 개수가 같습니다."

"그렇게 생각한다면 그렇게 되겠지만…."

"수학자는 무한대처럼 인간의 감각으로 다룰 수 없는 개념도 정확히 정의하고 비교하고 계산할 수 있어요."

"그렇다면 허수는 어떻습니까? 빅뱅 이전의 시간은 허수였다는 설이 있죠. 그런데 저는 무슨 뜻인지 전혀 모르겠습니다."

"호킹이 주장한 설 말씀이죠. 그건 고등학교 수학의 범위에서 이해할 수 있습니다. 원의 방정식은 $x^2+y^2=1$이죠. 그런데 부호를 마이너스로 바꿔서 $x^2-y^2=1$로 하면 쌍곡선 방정식이 됩니다(그림 14). 즉 부호를 플러스에서 마이너스로 바꾸면 오른쪽이나 왼쪽이나 똑같이 방향이 없는 것에서 시작해 한 방향으로만 가는 것으로 변화합니다. 호킹은 다음과 같이 주장합니다. 우주의 시작을 생각할 때 시간이 허수라면 여기서 y축은 시간임에도 불구하고 오른쪽으로도 왼쪽으로도 움직일 수 있다. 그러면 어디가 시작인가, 하는 개념은 사라진다. 따라서 시간의 시작이라는 개념을 고찰하는 것은 의미가 없어진다. 그러나 빅뱅이 일어나 시간이 허수에서 실수實數로 바뀌면 거기서부터 시간이 흐르기 시작해 한 방향으로만 가게 되므로 우주가 팽창하기 시작한다. 우주의 시간이 허수라면 시간이 흐르지 않기 때문에 우주가 찌그러진다는 개념은 사라진다. 즉 특이점을 피할 수 있다."

## 우리가 지금 여기에 있는 것을 어떻게 설명할 수 있는가

"…저는 다분히 문과형 인간이지만 어느 정도는 알 것 같습니다. 하지만 역시나 어느 정도밖에 모르겠습니다. 만약 시간이 허수인 세계가 있다면 그곳에선 과거와 미래를 자유롭게 오갈 수 있겠네요. 이론적으로는 그렇겠죠. 그래도 여전히 이론입니다. 현실 세계에 완전히 투영할 수는 없습니다. 아무리 이해해보려고 해도 완벽하게 이해가 안 됩니다. 그래서 여쭤보고 싶은데, 무라야마 씨는 완전히 이해가 되십니까?"

이 질문에도 무라야마는 "물론 완전히 이해는 안 됩니다"라고 망설임 없이 답했다. "우주에서는 멀리 내다보면 과거가 보이기 때문에 여기까지(과거)는 알 수 있습니다. 하지만 빅뱅 이전은 관측이 불가능합니다. 그래서 실험과 관측이 아니라 이론의 힘을 활용해야 합니다. 바로 수학입니다."

"그래서 우주를 규명하기 위한 전제로 수학과 물리의 연계를 말하는군요. 여기까지는 알겠습니다. 방금 전의 이야기로 다시 돌아가보겠습니다. 물질의 시작은 진공의 요동과 함께 최초로 쿼크quark가 발생했고 그 후 수소와 헬륨 등의 원자가 생겨났다고 설명됩니다. 이 과정만 해도 무라야마 씨께 확인하고 싶은 것이 몇 가지나 있습니다. 가령 물질과 반물질이라든가…."

"그건 그야말로 '우리는 어디서 왔는가' 또는 '왜 아무것도 없지 않고 무언가가 있는가' 하는 명제에 대한 답입니다. 물질과 반물질은 모두 빅뱅의 에너지가 물질로 바뀐 것입니다. 그런데 에너지가 물질로 바뀔 때는 반드시 일대일 관계가 성립한다는 건 실험적 사실이에요. 그렇게 되면 우리가 지금 여기에 있는 것이 설명이 안 됩니다."

"물질과 반물질이 만나면 소멸한다, 그렇게 따지면 현재 우주에 물질이 존재하는 이유가 설명되지 않는다, 그런 말씀이죠. 그런데 그 전에 반물질이 존재했다는 것을 대전제로 삼아도 될까요?"

"반물질은 지금도 존재합니다. 예컨대 병원에서 쓰는 PETpositron emission tomography(양전자 단층촬영)는 전자의 반물질인 양전자를 써서 신체 내부를 촬영하지요. 물질과 반물질은 일대일 관계입니다. 하지만 이 이론으로 간다면 우주는 텅 비어버릴 겁니다. 여기 잔여물(물질)이 남은 상황을 설명하려면 물질과 반물질 사이의 균형을 무너뜨려야 하죠. 그래서 주목받은 것이 전하를 가지지 않은 소립자인 중성미자입니다. 반중성미자도 전하를 가지고 있지 않으니 반중성미자가 중성미자로 바뀌는 일도 가능하지 않겠느냐는 거죠."

"1998년에 슈퍼카미오칸데(기후 현 가미오카 광산에 위치한 중성미자 검출 연구소—옮긴이)가 발견한 중성미자 진동 현상에 의하면, 중성미자에도 미세한 질량이 있다는 사실이 밝혀졌죠."

"네. 아주 큰 전진이에요. 사실 중성미자와 반중성미자가 교체될 때 한 가지 방해물이 있었습니다. 중성미자는 왼쪽 꼬임인데 반중성미자는 오른쪽 꼬임이에요. 거기서 질량이 없다고 해버리면…."

"그런 걸 어떻게 알죠?"

나도 모르게 무라야마의 설명을 중간에 잘라버렸다. 갑자기 "중성미자는 왼쪽 꼬임이고 반중성미자는 오른쪽 꼬임…"이라고 해버리니 이해가 안 된다. 그 전제가 되는 사실과도 가능하면 친숙해지고 싶다. 애초에 중성미자까지 관측이 가능해졌다는 걸까. 무라야마는 시원스레 "가능해졌습니다"라고 대답한다. "그러니까 중성미자는 왼쪽 꼬임이고 반중성미자는 오른쪽 꼬임이라는 것은 확실합니다. 또 중성미자가 질량이 없다고 한다면 항상 빛의 속도로 날고 있다는 말이 됩니다. 빛의 속도로 날고 있는 걸 넘어설 수는 없겠죠. 그래서 왼쪽 꼬임은 어딜 가든 왼쪽 꼬임입니다. 그렇지만 중성미자에 질량이 있다면 빛의 속도보다 느리므로 관찰자는 중성미자를 쫓아가며 볼 수가 있습니다. 왼쪽 꼬임인 것을 쫓아가며 보다 보면 회전이 반전되어 오른쪽 꼬임처럼 보이죠. 이 경우 중성미자가 반중성미자가 되어도 좋은 겁니다."

대화가 끊겼다. 무엇을 어떻게 묻나. 어떻게 물어야 할까. 문과형 인

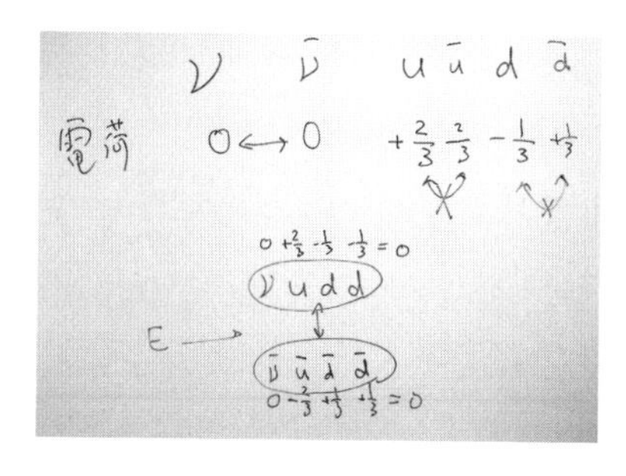


**그림 15** | 쿼크의 업다운

간으로 인생의 절반을 살아온 사람으로서 묻고 싶은 건 얼마든지 있다. 질량 제로는 즉 빛의 속도라는 것까지는 아슬아슬하게 이해한다고 쳐도, 왼쪽 꼬임의 회전을 쫓아가면서 관찰하면 오른쪽 꼬임으로 보인다니, 뭐가 어떻게 된 일인가. 여기 왼쪽으로 도는 팽이가 있다. 그 옆을 지나가면 팽이가 오른쪽으로 도는 듯이 보인다는 건가. …아니, 그럴 리가 없지. 그리고 그런 겉보기의 차이로 왜 물질(중성미자)이 반물질(반중성미자)로 바뀌었다고 말할 수 있는지도 모르겠다.

…그러나 이런 모든 의문에 대한 답을 들으려면 아마도, 아니, 틀림없이 날이 저물어도 끝나지 않을 것이다. 무라야마는 시간이 없고 나도 바쁘다. 그런 번민이 표정에 옅게 배어나왔는지 무라야마가 위로하는 어조로 말했다.

"과학이니까 증명을 해야 하지만, 아직 증거가 없어요. 제논Xenon처럼 크기가 큰 원자를 쓰면 안에서 만들어진 반중성미자가 중성미자로 바뀌고 다시 거기에 포획되고 하는 식의 반응을 관찰할 수 있지만, 그건 10의 26승 년에 한 번밖에 일어나지 않아요. 하지만 10의 26승 개의 중성미자가 있다면 1년에 한 번 일어나겠지요. 우주 공간에는 많은 원자가 있으니 그런 의미에서는 언제든 일어날 수 있다는 겁니다."

"…10의 26승이라니, 지금 138억 년을 말할 때가 아니네요."

"더 길죠. 138억 년이라고 해봐야 고작 10의 10승이니까요."

"일단 중성미자는 전기를 가지지 않기 때문에 반중성미자가 될 수 있다는 건 알겠습니다. 그럼 중성미자는 왜 우주에 영향을 미치나요?"

"아주 좋은 질문이네요. 중성미자는 약한 상호작용을 하는데, 마찬가지로 약한 상호작용을 하는 쿼크로 대체될 수 있거든요(그림 15).

쿼크에는 업과 다운이 있습니다. 전자의 전하를 1이라고 하면 업쿼크는 $+\frac{2}{3}$, 다운쿼크는 $-\frac{1}{3}$이라는 애매한 전하를 띠고 있어요. 반反업쿼크는 $-\frac{2}{3}$입니다. 이게 업쿼크로 바뀌는 일은 절대로 있을 수가 없습니다. 마찬가지로 반다운쿼크는 $+\frac{1}{3}$이고, 이것도 역시 다운쿼크와 절대 바뀔 수 없어요. 그런데 에너지를 투입하면 이들 쿼크의 상호 교체가 이론적으로는 가능해집니다.

중성미자에 업쿼크와 다운쿼크를 더합니다($0+\frac{2}{3}-\frac{1}{3}-\frac{1}{3}=0$). 그리고 반중성미자와 반업쿼크, 반다운쿼크를 더합니다($0-\frac{2}{3}+\frac{1}{3}+\frac{1}{3}=0$). 양쪽 다 0이 되죠. 그러면 이 조합들이 교체될 수 있습니다. 반쿼크보다는 쿼크 쪽의 균형이 어긋나는 경우도 생각해볼 수 있겠죠."

으음, 내가 말한다. 그것밖에 할 말이 없다. 하지만 그것만으로는 대화가 되지 않는다. 내가 말한다. "…그러니까 결과적으로는 반물질 쪽이 줄어드는 바람에 물질이 조금밖에 남지 않게 되었다, 그리고 그것이 지금 이 세계에 존재하는 우리가 되었다는 이야기군요."

"네. 10억 명의 친구들을 희생해서 우리만 살아남았다는 거죠."

"10억이라는 숫자는 확실한가요?"

"중성미자와 광양자, 반反입자가 우주에 어느 정도 있는지는 정확히 관측되어 있습니다. 광양자와 물질의 비比는 대체로 10억 대 1 정도라고 해요. 광양자의 반입자는 광양자 자신이므로 쌍으로 사라지지 않고 빅뱅 당시 만들어진 개수 그대로 남아 있습니다. 원래는 물질도 광양자도 똑같이 약 10억 개씩 있었는데, 친구와 반反친구가 만나 소멸해 에너지가 되고 거기서 남은 잔돈만큼이라고 생각하는 거죠."

따라서 '우리는 무엇인가'에 대해서는 '우주 창세기에 물질과 반물질이 거의 사라져가는 가운데 남게 된 극히 적은 물질의 후예'라는 해답을 도출할 수 있다. 무라야마 식으로 말하자면 잔돈. 예상은 했지만 낭만이라고는 손톱만치도 없다. 아니, 어떤 의미에서는 낭만적이라고 볼 수도 있는 건가. 나는 화제를 바꿨다. "그럼 이 우주는 단 하나(유니버스)입니까?" 물론 답을 예상한 질문이었다. 무라야마는 "멀티버스 말씀이군요"라며 고개를 크게 끄덕였다.

## 우주는 정말 유일한가

"지금 우리는 우주의 70퍼센트가 암흑 에너지로 구성되어 있다는 걸 알지만, 이것이 양자 요동, 즉 부글부글 끓던 진공이라면 더 많은 비율을 차지해도 되지 않나 하고 생각할 수 있습니다. 하지만 암흑 에너지가 현재의 추정보다 많았다면 우주는 시작되자마자 찢어졌을 겁니다.

그랬다면 별과 은하는 물론 인간도 태어나지 않았겠죠. 그런데 우주에 암흑 에너지가 그렇게까지 많지는 않았기에 지금에 와서야 마침내 찢어지고 있어요. 그래서 지금까지 별과 은하와 인간이 태어날 시간적 여유를 벌 수 있었고요."

"그렇다면 이 우주는 인간을 위해 만들어졌다고 생각할 수도 있겠네요. 이른바 인류 원리죠. 하지만 그건 세속적인 감각일 테고, 최첨단 분야에 계신 무라야마 씨 입장에서는 그저 웃어넘길 만한 설인지도 모르겠습니다."

"아니, 그렇지는 않아요. 이 우주는 너무나 잘 만들어져 있습니다. 원자핵 안에 양성자와 중성자가 있는데 비슷한 질량이고, 차이라고 해봐야 1,000분의 1 정도밖에 안 나요. 만일 양성자를 1,000분의 2 정도의 질량으로 만들었다면 모두 중성자가 됐겠죠. 그렇게 되면 수소조차 생겨날 수가 없습니다. 그런 예가 수두룩해요."

"수소가 만들어지지 않았다면 다른 원자도 생기지 않았겠네요. 그밖에도 빅뱅 초기의 팽창 속도와 플랑크상수와 빛의 속도, 만유인력상수, 전자와 양성자의 질량비 등이 현재와 조금이라도 달랐다면 이 우주는 존재하지 않을 거고요. 물리상수뿐 아니라 나아가 태양계의 행성, 태양과 지구 사이의 거리 등 여러 우연 중 하나라도 지금과 달랐다면 이 지구상에 인간은 탄생하지 않았겠죠. 천문학적인 수의 우연이 겹쳐 현재의 우주가 있고, 내가 있고. 생각하다 보면 이런 사실에 압도됩니다. 경외심이라는 말을 쓰고 싶어질 정도로요."

"신비주의자가 되거나 종교적이 되거나 혹은 인류 원리의 입장으로

경도되거나. 그래도 그건 도망치는 일 같아요."

"최첨단 과학으로 갈수록 그런 갈등 같은 게 있죠. 그래서 다시 한번 무라야마 씨께 묻고 싶습니다. 우주는 왜 이렇게까지 잘 만들어져 있는 겁니까?"

"모르겠습니다. 우리는 지구의 환경밖에 모르기 때문에 왜 태양에서 절묘하게 좋은 거리에 액체 상태의 물이 존재하고, 공기가 있고, 인간의 신체를 구성하는 탄소·산소·규소 등의 원소가 풍부했는지…. 너무 잘 만들어지긴 했어요.

지금으로서는 우주에는 많은 행성이 있을 테고, 그중에서 그런 축복받은 환경을 가진 행성이 한 개쯤 있어도 이상하진 않지, 하고 이해하는 분위기입니다. 여기까지는 아마도 다들 동의할 거라 생각합니다. 그걸 우주 수준으로 확장해버린 것이 인류 원리고요."

"태양으로부터 적당한 거리에 지구가 탄생했다든가, 물이 어떤 온도에서 우연히 액체가 된다든가 하는 정도라면 행운이었다고 설명할 수 있겠죠. 하지만 수많은 물리상수가 때마침 알맞게도 이 세계의 질서를 만드는 데 공헌하고 있다고 생각하면, 그럼 그건 누가 정한 걸까 하고 묻고 싶어지죠. 이번에는 지적설계론intelligent design(지성이 있는 어떤 존재가 우주와 생물을 설계했다는 설)까지 확대되어버립니다.

하지만 이 설은 우주를 유니버스라고 생각하기 때문에 발생합니다. 만약 이 우주가 멀티버스 중 하나라면, …방금 전 물질·반물질의 예로 말하자면 조건이 갖춰지지 않아 사라져버린 인간이 나 말고 99,999,999명 있음에도 불구하고 남게 된 한 사람이 왜 나는 이 우주에 하나밖에 없는 걸까 하며 고민하는 것과 같은 상태일지도 모르겠습니다."

"양성자와 중성자의 질량이 별로 다르지 않다는 건 업쿼크와 다운쿼크가 매우 가볍다는 사실만 인정하면 설명 가능합니다. 물론 왜 가벼운가에 대해서는 설명이 불가능하지만요."

"현재 우주물리학은 거침없이 진일보하고 있습니다. 다양한 발견이 보고되고 있죠. 그렇다면 우주의 우연을 과학적으로 설명할 수 있는 날도 언젠가는 올 것 같은데요. 그걸 대전제로 무라야마 씨께 질문 드립니다. 우주는 왜 존재합니까?"

"그것도 좋은 질문이네요. 흔히 우주는 무無에서 창조되었다고들 하지만, 그것도 기본적으로는 그저 그렇게 말하는 것일 뿐입니다."

"그러면요?"

"정말 어떤지는 알 수 없습니다. 하지만 답까지 가지는 못하더라도 조금씩 전진할 수는 있지 않을까 합니다. 물리학의 입장을 예로 들면, '인간은 어디서 왔는가'에 대해 우선 원자라는 재료를 생각하겠죠. 원자핵은 행성 안에서 만들어지는데, 여기에 전자가 붙는 건 힉스 입자 덕이다. 이런 식으로 여러 발견과 함께 고찰 방법도 발전해갈 겁니다. 막연하게 '인간은 어디서 왔는가'를 고민하던 시대에서 보면 우주가 시작된 지 1조兆분의 1초까지는 어느 정도 밝혀진 셈이니까 진보하고 있긴 하죠. 그래서 과학자들은 정답이 정말 있는지에 대해서는 자신이 없지만 여하튼 다음 단계로 갈 수는 있지 않을까 하는 꿈과 기대를 품고 노력하고 있습니다."

"방금 전에 살짝 언급한 지적설계론 말입니다, 무라야마 씨가 보시기에는 말도 안 되는 가설입니까?"

"우주에서 어떤 존재의 의지를 느낀다는 말인가요?"

"…자백하자면 가끔씩 그런 기분이 듭니다."

작은 목소리로 털어놓는 내 고백에 무라야마는 이번에도 시원스레 "저도 그래요"라고 대답했다. 망설이거나 머뭇거리는 기색은 전혀 없다. "애초에 100년도 못 사는 인간이 138억 년 전의 우주라든가 우주가 생기고 1조분의 1초 후라든가, 이런 것에 대해 논한다는 것 자체가 믿기 어려운 일이잖아요. 지적설계론이나 창조주의 입장에서 보면 우주는 그야말로 기계적일 거예요. 아인슈타인은 자주 신이라는 말을 사용했는데, 그건 아무래도 자연법칙과 가까울 테고."

"'신은 주사위 놀이를 하지 않는다'는 유명한 말도 그렇죠. 그런데 일선 과학자와 종교가 결코 서로를 받아들일 수 없는 것은 아니더군요. 오히려 친화성이 높았습니다."

"맞아요. 저도 크리스천입니다."

"양가감정에 빠지지는 않습니까?"

"신이 없다는 사실을 과학이 증명할 수 있는 것도 아니고, 그 부분에 대해서는 뭐라고 말할 수가 없네요."

그러고는 잠시 잡담. 어쨌든 질문해야 할 것은 다 했다. 이 우주도 나도 물질과 반물질이 만나 사라지고 남은 부스러기에서 태어났다. 그것은 거의 확실하다. 이렇게 큰소리를 치면서도, 지적설계론적 발상을 아직 완전히 버릴 수는 없다.

그러나 '우리는 어디서 왔는가'에 관해서는 윤곽이 조금씩 명확해지는 것 같다. 물론 '조금씩'이다. 혹시 착각 아니냐고 하면 반론은 못하는 수준. 하지만 약간의 실감은 있다. 그래서 다음 명제를 생각한다. 나는 무잇인가. 이 자아는 무엇인가. 그리고 갈피를 못 잡는 나는 누구인가.

8장

# 나는 누구인가

뇌과학자 후지이 나오타카에게 묻다

**후지이 나오타카** 藤井直敬

뇌과학자. 1965년 히로시마 출생. 도호쿠대학교 의학부 졸업 후 동 대학원에서 박사 학위 취득. 1998년부터 MIT Massachusetts Institute of Technology 연구원으로 근무했고 현재는 이화학연구소 뇌과학총합연구센터에서 적응지성연구팀장으로 일하고 있다.

## 인지는 얼마나 주관적이고 감각은 얼마나 모호한가

안내받은 방은 대략 10제곱미터 크기. 바닥도 벽도 천장도 하얗다. 의자가 하나 놓여 있고 그 옆의 벽 앞에는 모니터 여러 개와 카메라 등이 설치되어 있다.

"이 방에서 SR시스템이라는 장치를 체험하실 겁니다. 이건 헤드 마운트 디스플레이head mounted display입니다."

연구원 한 사람이 이렇게 말하면서 제법 묵직한 고글 같은 기구를 내 머리에 씌워주었다. 미세한 조정은 등 뒤에 있는 후지이 나오타카가 했다. 시야가 순간적으로 막혔다가, 헤드 마운트 디스플레이 안에 설치된 모니터가 켜지자마자 원래대로 돌아왔다. 하지만 실제 광경과는 다르다. 어디까지나 카메라를 통해 보는 광경이다.

나는 주변을 둘러본다. 방 구석에 연구원과 오부나이이가 나란히 서 있다. 후지이가 오른쪽 시야에 들어온다. 헤드폰을 쓰고 있어서 소리가 잘 들리지 않는다.

세 사람이 방 밖으로 나간다. 이제 나는 헤드 마운트 디스플레이와 헤드폰을 착용한 채 하얀 방 안에 혼자 남겨져 있다.

그렇게 몇 분이 흐른다(아니, 채 1분도 지나지 않았을 수도 있다). 소리가 들리지 않고 시선은 모니터에 두고 있으니 어쩐지 현실감이 없다.

문득 불안해진다. 이 세계는 확실한 현실 세계인가. 오른손을 무릎 위에 올린다. 시야에 손이 들어온다. 괜찮다. 틀림없는 현실이다.

그와 동시에 문이 열리고 후지이가 성큼성큼 들어온다. 뭐라고 말을 하려나 했는데, 의자에 앉은 내 눈앞 가까이에서 쓰윽 하고 왼쪽으로 방향을 틀어 등 뒤로 돌아간다.

등 뒤를 천천히 걷던 후지이가 이윽고 오른쪽 시야에 들어오더니 그대로 방 밖으로 걸음을 옮긴다. 뭔가 이상하다. 직감적으로 생각한다. 다시 한 번 내 손을 본다. 틀림없이 내 손이다. 현실임이 분명하다. 그때 문이 닫힌다. 후지이와 오부나이, 그리고 연구원이 방 안으로 들어온다. 하지만 그 뒤에 남자가 한 명 더 있다.

나는 저 남자를 알고 있다. 그런데 저 남자가 여기에 있을 리가 없다. 아니, 여기에 있는 건 당연하다. 하지만 저 자리에 있을 리는 없다.

아아, 벌써 헷갈린다. 저 남자는 아무리 봐도 나다. 자칭 PD이자 작가. 애매한 길이의 장발을 한 불량 중년. 그 남자가, 아니, 내가 눈앞에서 후지이와 이야기를 하고 있다. 그렇다면 이 광경은 방금 전 세 사람이 방 안에 들어왔을 때의 모습이다. 즉 과거다. 세 사람이 방에서 나간다. 나는 의자에 앉은 채로 내 손을 본다. 현실이다. 그럼 방금 전의 모습은 현실인가. 아니, 현실임은 분명하다. 하지만 시제가 다르다. 뭐가 뭔지 모르겠다.

…이후로도 체험은 계속되었지만, (당신이 이 장치를 체험하는 날이 오지 않으리라는 보장은 없기에) 스포일러가 될 수 있는 묘사는 하지 않는 편이 나을 듯하다. 여하튼 기묘한 시간이었다. 시간이 틀어져 있다. 또

는 자아가 명확하지 않다. 태어나서 처음 느끼는 감각이었다.

후지이가 소속된 이화학연구소 뇌과학총합연구센터 적응지성연구팀의 웹사이트는 이날 내가 체험한 장치에 대해 이렇게 설명하고 있다.

> 우리의 뇌는 눈앞에 펼쳐지는 '현실'이 확실한 것이라고 굳게 믿습니다. 앞뒤가 맞지 않는 일이 일어나면 '기분 탓일 거야' 또는 '착각일 거야'라며 애써 앞뒤가 맞도록 해석합니다. 반면 꿈속에서는 앞뒤가 전혀 맞지 않는 일도 현실이라고 믿습니다. 이런 체험을 '실제로 일어난다'고 믿는 시스템과 그것에 의심을 품을 때 생기는 메타인지認知라 불리는 인간의 고차원 인지 기능은 여러 기술적 한계 때문에 자세하게 이해하기 어려웠습니다.
>
> 그래서 저희 연구팀은 미리 준비한 과거의 영상을 피험자에게 알리지 않고 '현실'과 바꾸는 '대체현실Substitutional Reality, SR 시스템'을 개발했습니다. 피험자는 SR시스템을 통해 헤드 마운트 디스플레이HMD와 헤드폰을 착용하고 두 종류의 장면을 체험합니다. 하나는 HMD상에 부착된 카메라가 실시간으로 전송하는 라이브 영상, 또 하나는 피험자가 있는 장소에서 미리 촬영해 편집한 과거의 영상입니다. 이들 영상을 특수한 방법으로 교차해 피험자에게 보여줌으로써, 과거의 영상을 마치 눈앞에서 일어나는 '현실'처럼 체험하게 하는 데 성공했습니다.
>
> SR시스템은 사전에 기록해 편집해둔 과거의 사건을 피험자로

> 하여금 지금 눈앞에서 벌어지고 있는 현실처럼 믿게 하고, 또 그것에 의심을 품게 할 수 있습니다. 본 장치를 활용하면 지금까지 실행하기 어려웠던 메타인지에 관한 다양한 인지·심리 실험도 진행할 수 있습니다. 새로운 심리 치료나 가상현실VR, 확장현실AR 등과는 다른 체험을 제공하는 휴먼인터페이스로서의 활용도 기대하고 있습니다.

엄청난 히트를 기록한 할리우드 영화 〈매트릭스Matrix〉는 가상현실 세계에서 반복되는 현실 인류 대 인공지능의 싸움이 스토리의 주축을 이룬다. 허와 실이 뒤바뀌고 나아가 융합된다. 경계선은 없다.

〈매트릭스〉의 감독 워쇼스키Wachowski 자매는 윌리엄 깁슨William Gibson의 SF소설《뉴로맨서Neuromancer》(1984)에서 영화의 기본 뼈대를 착안했다고 밝힌 바 있다. 〈매트릭스〉는 SF계의 거장 필립 K. 딕Philip K. Dick의 계보를 잇고 있으며, 그 밖에 〈트론Tron〉, 〈인셉션Inception〉 등이 있고, 만화로는 하나자와 켄고花沢健吾의 《르상티망ルサンチマン》 등도 있다(여담이지만 나는《르상티망》이 하나자와 최고의 걸작이라고 생각한다).

다만 후지이의 말에 따르면 이날의 실험은 실패였다고 한다. 장치에 문제가 발생해 과거 영상의 투사가 충분하지 않았기 때문이란다. 나야 뭐가 어떻게 충분하지 않았는지 잘 모른다. 실제로 현실과 과거가 눈앞에서 뒤섞였다. 그것은 차치하고라도, 내 인지가 얼마나 주관적이고 내 감각이 얼마나 모호한지 실감했다.

## 옴진리교도와 연합적군이 평범한 이들인 이유

이날을 위한 예습으로 나는 후지이가 쓴《연결되는 뇌つながる脳》와《소셜 브레인 입문ソーシャルブレインズ入門》을 읽었다. 책을 그렇게 단숨에 읽은 것은 오랜만이었다. 그래서 실험 후의 인터뷰에서 나는 책을 단숨에 읽은 이유를 설명했다.

"제가 인터뷰어이니 제 쪽에서 다양한 질문을 하고 말씀을 듣는 식으로 진행하겠지만, 우선 제가 먼저 한 말씀 드려도 될까요? 이건 제 소개이기도 하고 이번 대담의 포인트이기도 한 것 같아서요."

"네."

"저는 예전에 옴진리교에 관한 다큐멘터리를 찍은 적이 있습니다. 처음에는 텔레비전 다큐멘터리로 시작했는데, 촬영 중 방송국으로부터 제작 중단 통보를 받고 영화화하게 된 작품이죠. 그 촬영을 계기로 저는 우리와 전혀 다르지 않은 보통 사람들이 왜 그렇게 흉악한 사건을 일으키는지 계속 고민해왔습니다. 그 후 활자 쪽으로 작업을 옮겨 아우슈비츠와 크메르루주 학살 현장에도 가보고, 과거의 전쟁에 관해 생각해보기도 하고, 사형 판결을 받은 옴진리교 간부, 이슬람 근본주의자 군인들, 출소한 연합적군(1970년대 초에 활동한 일본의 신좌파 테러 조직. 아사마 산장 사건 등으로 대표되는 내부 숙청 사건을 일으켜 일본 전체를 충격에 빠뜨렸다—옮긴이) 전 대원 등과 만나 이야기를 나누면서 그들이 매우 평범한 사람들이라는 사실이 무엇을 의미하는지 줄곧 생각해왔죠.

옴진리교 사건(신흥 종교 단체 옴진리교 신자들이 1995년 도쿄 지하철역에 사린가스를 살포해 일본 열도를 공포에 빠뜨린 사건. 2018년 7월 교주 아사하라 쇼코麻原彰晃를 비롯한 관련자들의 사형이 집행되었다—옮긴이)이 일어나자 일본 사회는 그들을 광폭하고 흉악한 집단으로 규정했습니다. 그러나 법정에 출두한 가해자들은 대부분 매우 순수하고 선량한 사람들이었습니다. 그래서 그다음엔 그들을 교주 아사하라에게 세뇌된 위험하고 섬뜩한 집단으로 규정했습니다. 아사하라라는 무시무시한 악의 근원이 일으킨 사건이라고 말이죠. 어떤 경우든 그들이 우리와는 어딘가 다른 존재라는 점을 전제로 했습니다. 다른 존재로 규정하지 않으면 그토록 흉악한 사건을 일으켰다는 사실과의 사이에 모순이 발생할 테니까요.

결론부터 말하면, 저는 이 모든 발상에 위화감을 느낍니다. 사형을 선고받은 여러 가해자들을 면회하고 거듭 편지를 주고받으면서 그들이 보통 사람이라는 것, 그러니까 매우 선량하고 상냥한 사람들이라는 것을 느꼈기 때문입니다. 아사하라도 결코 예외는 아닐 거라 생각합니다. 물론 '예외적인' 분위기는 있었지만, 적어도 '흉포' 혹은 '악랄' 같은 표현은 어울리지 않았습니다.

그래서 생각했습니다. 왜 그렇게 처참한 사건이 일어났는지. 결론은 아사하라와 제자들 간의 상호작용이었다고 봅니다. 돌출된 악에 지배당해 악행을 저질렀다고 생각하면 이해가 쉽지만, 현실은 그리 단순하지 않죠. 옴진리교뿐만 아니라 나치라든가 이슬람 무장 세력,

혹은 일본이 일으킨 전쟁에서도 그런 상호작용이 매우 큰 역할을 하지 않았나 싶습니다.

제가 너무 빠르게 많은 말을 했군요. 사실 이 문제를 주제로 한《A3》를 읽으시는 편이 낫겠지만….”

“아마존에서 주문했는데 아직 안 왔네요. 죄송합니다.”

후지이가 갑자기 고개를 숙였고, 나는 “아닙니다, 죄송이라뇨”라며 나도 모르게 송구스러워했다. “어쨌든 저는 후지이 씨의 책을 읽고 저의 그런 포지션이나 세상을 보는 관점 같은 것에 큰 자극을 받았고 서로 부합하는 부분이 있다고 느꼈습니다.”

“네.”

…여기까지는 인터뷰 내용을 거의 그대로 옮긴 것이다. 다시 읽으면서 내가 상당히 조급했음을 실감한다. 바꿔 말하면, 그만큼 후지이의 글에서 자극받은 부분이 많았다는 뜻이다. 가장 최근에 출간된 그의 책《소셜 브레인 입문》에서 인상적인 부분을 인용한다.

> 지금까지의 인류 역사를 살펴보면 우리는 생각지도 못할 만큼 다양한 잔학 행위를 저질러왔습니다. 특히 전쟁과 관련된 학살은 동서양을 막론하고 역사상 끊임없이 계속되어왔습니다. 매우 안타까운 일이지만, 전시戰時에 그렇게 잔학 행위를 저지른 사람들이 모두 태어날 때부터 잔학했고 인간의 생명을 아무렇지도 않게 여겼던 건 아닙니다. 오히려 그런 행위를 저지른 사람들은 대부분 서민 동네에 사는 평범한 사람들이었습니

다. 만약 우리가 그곳에 같이 있었다면 그런 행위에 가담하지 않고 버틸 수 있었을지 의문입니다. (중략) 전장에서 적을 사살하는 것은 명예로운 일이지만 평시에는 그저 살인일 뿐입니다. 똑같은 일을 해도 그 일에 대한 평가는 당시의 여론에 따라 달라집니다. (중략) 사회의 그런 강제력은 우리가 생각지도 못한 곳에서 예상보다 강한 힘을 발휘합니다.

이렇게 기술한 뒤 후지이는 사회 강제력의 사례로 쇼와 천황 서거 시 일본 사회를 물들인 자숙 분위기를 들고, 그다음으로는 9·11테러 후 미국(그 시기 후지이는 미국에 거주했다)의 분위기를 든다.

테러로 세계무역센터가 붕괴되는 영상도 매우 충격적이었지만 그 후 미국 사회의 변화 양상이 제게는 더 충격적이었습니다. 특히 텔레비전이나 신문 등 미디어의 히스테릭한 애국적 보도에 정말 놀랐습니다. 여기에 편승해 신경증적으로 아랍계 시민들을 부당하게 차별하는 사람들이 나타났고, 미디어도 그것을 정당한 행동처럼 보도했지요.
그런 히스테릭한 분위기에 편승해 부시 정권은 전쟁을 시작했습니다. 이 시기의 미국은 아프가니스탄 침공은 물론 이라크 침공에조차도 의문을 제기하기를 꺼리는 분위기였습니다.

국가와 미디어의 프로파간다를 접한 후지이는 잔학 행위를 정당화하는 또 하나의 다이너미즘Dynamism인 '사회적 강제력'에 대해 아이히만Karl Adolf Eichmann 재판과 밀그램Stanley Milgram의 실험, 스탠퍼드 감옥 실험 등을 예로 들면서 사회의 규범과 윤리가 얼마나 취약한 기반 위에 구축되는지를 논리적으로 서술한다.

> 그 결과들을 정리하면, 우리는 본질적으로 극히 취약한 윤리성과 무의미한 보수적 경향을 가지고 태어난 생명체라고 말할 수 있겠지요. 일상생활에서도 이런 사실을 매일같이 실감할 수 있습니다. 스트레스가 심한 환경에서는 뇌가 후천적으로 획득한 윤리관과 행동 규범은 완전히 빛이 바래고, 환경이 요구하는 대로 무책임한 행동에 빠질 위험이 있습니다.

미국에서 귀국한 후지이는 '소셜 브레인'을 자신의 연구 영역으로 삼는다. 내가 해석한 바로 그것은 뇌 단독 연구가 아닌, 사회 안에서 (사람과 사람의) 상호작용으로 일어나는 의사 결정 시스템을 해석하는 분야이다.

설명이 길어졌다. 인터뷰로 돌아가자.

"옴진리교의 지하철 사린가스 테러가 일어났을 때 저는 대학원생이었습니다. 기본적으로 태어날 때부터 악惡인 생명체는 없겠죠. 아무리 나쁜 놈도 아래에서 받쳐주는 사람이 있기 때문에 인정을 받는 거지, 혼자 설쳐서는 절대 그런 악을 만들어낼 수 없습니다. 다시 말해 그 악에 대한 책임은 조직의 구성원에게 있다는 논리가 되죠. 물론 어떤 방향으로 어떻게 유도했는지에 따라 책임의 경중은 있겠지만, 누구나 받아들일 수밖에 없는 부분과 적극적으로 수용한 부분, 양쪽이 있다고 봅니다. 결과적으로 말도 안 되는 짓을 저질렀지만 그 사건은 누구에게든 일어날 수 있었던 일이 되는 거죠. 이것은 아주 오래전부터, 즉 3천 년, 4천 년 동안 변함없이 이어져온 현상입니다. 전쟁이 가능하다는 것, 어떤 맥락에서는 아무렇지도 않게 위화감 없이 사람을 죽일 수 있다는 것은 아마도 환경 또는 사회 안의 인간이 가지고 있는 뇌의 특질이라고 생각합니다."

후지이의 말을 들으면서 나는 조지 오웰George Orwell이 쓴 근미래 SF 소설《1984》를 떠올렸다. 이 소설 속에서 세계는 셋으로 분할되어 각각의 독재자가 있고 전쟁 상태이며 인간은 철저하게 관리·통치된다. 사람들은 일반적으로《1984》의 주제를 스탈린주의 비판으로 보지만, 나는 여기에 거부감이 있다. 왜냐하면 주인공이 사는 국가의 독재자인 빅브라더는 실체로 묘사된 적이 한 번도 없기 때문이다. 빅브라더는 항상 텔레스크린(감시 카메라와 프로파간다의 기능을 겸비한 쌍방향 텔레비전)이나 포스터 등 미디어를 통해서만 등장한다. 나머지는 사람들의 입소문, 즉 철저한 가상이다. 따라서 반대로 오웰이 궁극의 민주주의에 따라 합의가 형성된 가상의 독제 체제를 그리고 있다는 해석도 성립하지 않을까 한다.

그렇다고 가상이 픽션이라는 의미는 아니다. 대다수의 현실이 이 가상에서 시작하고, 가상이기 때문에 비극과 이어진다. 실감이 없어서 브레이크가 작동하지 않는다.

## 인간이라는 생물을 바꾸고 싶다

"실재하는 악인이 많은 사람들을 제어하면서 악행을 저지르는 게 아니라 이른바 시장 원리를 따르는 민의民意가 반영되어 독재적 위계 체제가 만들어지고, 그 상부 구조가 하부 구조인 민의에 따라 조작되고, 동시에 하부 구조는 상부 구조로부터 자극을 받는 식의 상호작용이 가속화하면서 최종적으로 최악의 사태가 벌어진다고 저는 예상합니다. 전쟁과 학대뿐 아니라 다수의 사회현상이 그렇게 발생하니까요.

그런 의미에서는 옴진리교도, 나치도, 원자력 안전 신화도, 이라크 전쟁도 메커니즘적으로는 가까운 사이일지 모릅니다. 이번에 후지이 씨의 책을 읽으면서 뇌과학적으로 저와 비슷한 관점에서 파악하는 과학자가 있다는 사실에 마음이 살짝 들뜨더군요."

"감사합니다. 뇌를 과학적으로 파악할 때, 지금까지는 하나의 개체만을 대상으로 하는 연구가 주류였습니다. 그러나 한 개체만 존재하는 생물은 없습니다. 특히 인간은 반드시 누군가의 부양을 받아 성장하고, 타자와 여러 관계를 맺으며 일상을 보냅니다. 관계를 떠나서는 살아갈 수가 없습니다. 타자와의 관계에 민감하다는 것은 인간에 국한된 특징이 아닙니다. 사회를 형성하는 모든 생물이 그런 듯합니다.

저는 원래 원숭이의 사회성을 연구했습니다. 그들이 무리 안의 타자와 관계를 맺는 데 중요한 요소는 비언어적 의사소통입니다. 하지만 원숭이를 관찰하다 보면 우리는 그들이 무엇을 말하려고 하는지

대충 알 수 있습니다. 우리가 고양이를 보면 졸리구나, 하는 정도밖에 알 수 없지만 고양이들끼리는 수염의 움직임이나 귀의 각도 등으로 엄청나게 다양한 정보를 교환하는지도 모르죠.

타자의 영향을 받으며 살아갈 수밖에 없는 생명—특히 인간의 경우는 맥락의 복잡성 때문에 거기에 한번 사로잡히면 도망칠 수 없는 느낌이 있습니다. 그것이 인간 사회 특유의 다양한 문제를 유발하는 건 아닌가 싶고요. 현재로서는 방법이 없을 수 있지만, 방법이 없다고 끝내버리면 재미없잖아요.

최근 문득 저 자신을 돌아보니, 저는 '인간이라는 생물을 바꾸고 싶다'고 생각하는 것 같습니다. 인간은 수천 년 동안 변하지 않았고, 사회 시스템도 똑같고, 전쟁의 참혹함은 더 심화된 형태로 여전히 존재합니다. 마침내는 원자력을 이용한 무기까지 만들고 말았어요. 그래서 인간의 그런 본성 자체를 특정한 모습으로 리모델링한다고 하면 좀 이상하지만, 뭔가 바꾸는 방향이 없을까 하고 고민 중입니다.

아까 체험하신 SR시스템도, 별도로 개발하고 있는 브레인 머신 인터페이스도, 지금까지는 각각의 몸 안에 완결되어 있던 신체 시스템을 외부 시스템과 연결하는 기술입니다."

"의식과 감각의 경계를 넘어서려는 시도군요."

"네. 저는 지금까지 불가능했던, 경계를 넘는 기술을 만들고 싶습니다. SF소설 같은 데서는 흔히 보지만 그 결과가 어떻게 되는지는 알 수 없잖아요. 그래도 우리의 느낌이나 생각, 나에 대한 감각을 변용시킬 수 있지 않을까, 그런 생각을 늘 합니다."

"인간이 가진 사회성의 폐해를 줄이는 것과 감각을 변용시키는 것의 관련성을 조금 더 상세하게 설명해주실 수 있을까요?"

"정치도 그렇고, 경제도 그렇고, 여러 가지로 생각해봐도 저보다 몇 배 혹은 몇십 배는 똑똑한 분들이 개선 방법을 축적해왔는데도 결과는 아무것도 바뀌지 않았습니다. 이토록 기술이 진보하고 지구적 차원의 의사소통이 가능하게 되었는데도, 그것으로 뭐가 바뀌었나 생각해보면 역시 아무것도 바뀌지 않았습니다. 그렇다면 인간의 본성이나 사고방식을 근본적으로 변화시키는 다른 무언가가 있을지도 모릅니다. 저는 그것의 유무에 대해 체념과 희망을 함께 품고 있습니다. 그 부분이 과학자로서의 제 관심 영역인 듯합니다."

"인류는 유사 이전부터 전쟁과 학대를 계속 반복해왔습니다. 최근에 와서 정보 전달에 혁신이 일어나고 기술도 발달했지만, 결과적으로 인류의 행동 양식은 그다지 바뀌지 않았지요. 전쟁이 변함없이 발생하고 학살도 일어나고요. 오히려 더 심각해질 수도 있어요. 이런 상황에 대한 분노 비슷한 감정이 과학적 호기심과 연결되었다고 생각하면 되겠습니까?"

"그렇죠. 다들 이렇게 똑똑해졌는데 상황은 유사 이전과 바뀐 것이 없어요. 이 생각이 가장 큰 동기가 되었습니다. 저희 같은 과학자들은 결국 국가의 세금으로 먹고살고 있으니 내가 관심 있는 일을 하면서도 어떤 부분에서는 사회에 공헌해야 한다는 책임감이 있다고 할까요, 여하튼 적극적으로 생각해보려고 합니다.

인간의 행복이 어디에 있는지 생각해보면 역시 타자와의 '관계성'

에서 찾을 수 있다고 봅니다. 그 관계성을 바꾸는 기술, 예를 들어 SNS가 처음 등장했을 때 '어, 이러다 뭔가 바뀔지도 모르겠는데'라고 생각했지만 현재로서는 별로 바뀐 게 없어요. 그렇다면 신체 안으로 더 파고들어가 인위적으로 뭔가를 동요시켜야 하는 건 아닌가 하는 생각에 개발한 장치가 브레인 머신 인터페이스이고 새로운 감각을 요동시켜 움직이게 하는 SR시스템입니다. SR시스템에서는 현실과 허구를 구별할 수 없습니다. 과거와 현실도 섞여버리죠. 실험 중 모리 씨는 몇 번이나 본인의 손을 보시던데요."

"다들 그러나요?"

"백 퍼센트 그렇습니다."

"불안해지더라고요. 나라는 이 그릇은 어디에 있나, 실제로 분명히 존재하는가. 당연히 실재한다고 생각했는데 그 감각이 맞는 건가. 그래서 확인하고 싶어지더군요. 가장 간편한 방법이 내 손을 확인하는 것이었습니다."

이렇게 대답하면서 나는 실험에서 느낀 강력한 불안감과 상실감이 '나는 무엇인가'라는 명제를 풀 수 있는 힌트라는 점과 그것이 상당히 많은 영역에서 중복되는 감각일지도 모른다는 점을 깨달았다. 물론 실험은 모사模寫적이다. 어디까지나 감각의 버그다. 그러나 감각이란 원래 그렇게 모사적이고 버그적일 수 있다. 끝판왕 같은 독재자가 군림하는 악의 결사적 이미지가 모사적이고 버그적인 것처럼.

어쨌든 인간의 감각은 어처구니없을 정도로 취약하다. 가짜라 해도 좋다. 가령 시각은 망막세포가 포착한 빛에 관한 정보를 뇌 내에서 재

구성하는 과정이다. 뇌 내 스크린에 재현되기까지 몇 가지 프로세스와 가공을 거친다. 결코 외부 세계의 구조와 정보가 그대로 재현되는 것이 아니다.

우리는 '동영상'이라는 말을 당연하다는 듯이 쓴다. 그러나 실제로 '동영상'은 존재하지 않는다. 필름의 경우 1초당 24컷, 비디오의 경우 1초당 30컷의 정지 화면이 연속해서 움직이기 때문에 그것을 본 사람들은 '그림이 움직인다'고 인식한다. 혹은 착각한다. 원리로 보자면 플립북(각 페이지에 조금씩 다른 그림을 그려 페이지를 빨리 넘기면 그림이 움직이는 것처럼 보이도록 만든 책—옮긴이)이다. 영화도 텔레비전도 유튜브도 모두 이 메커니즘이다. 매와 독수리처럼 동체 시력이 남달리 좋은 생물이 텔레비전이나 영화를 본다면 매끄럽게 움직이는 것으로 인지하지 못할 가능성이 높다.

꿀벌이 인지하는 세계는 하이에나가 인지하는 세계와는 전혀 다르다. 왜냐하면 꿀벌에게는 기하학적인 꽃잎의 형태가, 하이에나에게는 썩은 고기 냄새가 일상적으로 중요한 의미를 갖기 때문이다. 그렇다면 그들이 보는 세상의 모습이 다른 것은 당연하다.

에스토니아 출신의 생물학자 윅스퀼Jakob von Uexküll이 제창한 환세계環世界(모든 동물이 저마다 종 특유의 지각 세계를 가지고 살아간다는 세계관)는 인간에게도 적용된다. 결국 인간은 자신에게 의미가 있는 것만 보고 듣는다. 시각과 청각의 주파수 범위가 조금이라도 틀어지면 전혀 다른 세상이 열린다. 우리는 그 정도로 취약하고 일방적인 세계에 살고 있다. 그러면서 '우리는 어디서 왔고 어디로 가는가' 하는 문제로 번민한다. 후지이가 "저는 원래 안과 의사였습니다" 하고 속삭이듯 말했다.

"기본적으로 안과 의사는 인간의 삶과 죽음에 크게 관여하지는 않지만 응급 상황에선 환자가 사망하는 현장에 입회하는 경우도 있고 죽음이 일상입니다. 일본에 국한된 일은 아니지만, 죽음을 숨기는 사회는 매우 불건전하다고 봅니다. 우리는 인간의 생명이 절대적으로 중요하다는 말을 아무렇지도 않게 하죠. 하지만 저는 그런 말에 강한 거부감을 느껴요. 인간의 생명도 개미의 생명도 똑같습니다. 우리도 분명 죽습니다. 죽기 전까지 행복하게 살려면 어떻게 해야 하는가, 사람이 행복해지려면 어떻게 해야 하는가…. 종교인들이 예전부터 이것에 대해 말해왔지만 우리를 별로 행복하게 해주고 있지는 않잖아요. 순간적인 행복은 존재하지만, 그런 행복은 종교에 기대지 않아도 느낄 수 있습니다."

"행복이라는 감각만 생각한다면 예컨대 뇌 내 물질을 분비시키는 장치를 개발하면 행복과 지복至福의 감각을 얻을 수 있잖습니까."

내가 말했다. 올더스 헉슬리Aldous Huxley가 《멋진 신세계*Brave New World*》에서 그런 미래 사회다. 후지이는 말없이 고개를 끄덕였다.

"우선은 행복해지겠지만 언젠가는 원래 상태로 돌아가야 합니다. 그러면 더 힘들겠죠."

## 내가 보는 보라색이 당신에게는 갈색일 수 있다

2012년 4월, 에든버러대학교 로슬린연구소 연구팀은 무지개송어의 머리에 신경 활동을 기록하는 마커를 붙이고 조직에 해가 되는 자극을 주었더니 무지개송어가 민감하게 반응했다는 사실을 검증해《사이언스》등에 발표한 바 있다. 즉 어류도 포유류와 거의 똑같은 수준의 통각을 느낄 가능성이 있으며, 인간과 다른 점은 고통스러워하는 소리를 밖으로 내지 않을 뿐이라는 것이다. 미국국립대기연구센터 NCAR는 어류뿐 아니라 식물도 스트레스를 받으면 진정·소염 작용을 하는 아스피린과 같은 물질을 방출해 다른 식물에게 자신의 힘든 상황을 전달하고자 한다는 보고를 내놓기도 했다.《물고기는 통증을 느끼는가? *Do Fish Feel Pain?*》의 저자 빅토리아 브레이스웨이트 Victoria Braithwaite는 우리가 어류를 포함한 생물 전반의 감각에 대해 다시 생각해야 하는 시기에 와 있다고 주장한다. 여기서 동물 복지에 대해 언급할 생각은 없지만, 낚시가 스포츠로서 행해지는 실태나 고급 식당의 단골 요리인 이키즈쿠리(활어를 재빨리 회 떠 살아 있는 채로 담아내는 요리—옮긴이) 등에 내포된 잔혹성에 대해 우리는 새로이 인식해야 한다.

그런 다음 생각한다. 지각은 단연 일인칭이다. 타자와 공유할 수 없다. 통각만이 아니다. 내가 보는 보라색과 당신이 보는 보라색이 완전히 똑같은 색이라는 증명은 절대 할 수 없다. 내가 보는 보라색이 당신에게는 갈색일 수 있다.

"톰슨가젤이나 누 등의 초식동물은 사자에게 습격당해 잡아먹힐 때 대체로 동공을 열고 있습니다. 이때 뇌에서 특정 물질이 분비되기 때문에 고통을 느끼지 않는다는 이야기를 들은 적이 있어요."

"그런 신체 반응 시스템이 있다고 해도 이상하지는 않죠."

"감각은 공유할 수 없잖아요. 그런데 SR시스템 실험은 그걸 어느 정도 가능하게 하고자 하는 목적이 있는 것 같습니다."

"원래 목적은 원숭이를 대상으로 하던 '사회성' 실험을 인간에게도 해보자는 것이었습니다. 실험이기 때문에 피험자에게 완전히 똑같은 사회적 자극을 주는 것이 전제입니다. 제가 말을 건다거나, 웃는다거나, 그저 스쳐 지나가기만 한다거나. 그런데 제가 매번 완전히 똑같이 행동할 수는 없죠. 옷이 다른가 하면, 표정이나 걷는 속도가 다를 수 있어요. 그래서 완전히 똑같은 사회적 자극을 체험하도록 한다는 의미에서 처음에는 과거의 영상을 보여주는 데 집중했습니다. 현재와 과거의 교차를 구별하지 못하게 하려고 여러모로 궁리하고 있을 때, 그걸 한데 섞을 수는 없을까 하는 이야기가 나왔고, 그때 흥미로운 감각이 나타난다는 걸 알게 되었습니다."

"처음 느끼는 감각이었습니다."

"모리 씨가 본인의 손을 몇 번이나 확인하셨듯이, 결국 믿을 수 있는 건 자기 신체뿐입니다. 신체만이 자기 현실과 연결되어 있는 인터페이스예요. 그럼 신체를 없애면 어떻게 될까요. 몸을 꼼짝 못하게 하거나 덮개를 씌우거나 해버리면 더 이상 알 수가 없어요. 구별이 안 되는 거죠. 실시간 영상을 지연시킬 수도 있습니다. 그러면 시각으로 인지

하는 손의 움직임이 2초 정도 느려집니다. 그것만으로도 사람은 그것을 자기 신체로 생각할 수 없게 됩니다. 데자뷔는 누구나 경험하지만 언제 일어날지는 아무도 모르죠. 하지만 SR은 데자뷔 실험이 가능합니다. 같은 영상을 반복해서 보여주기만 하면 되니까요. 뇌파 등을 계측할 수 있기 때문에 하나의 플랫폼으로는 효과적이지 않나 싶습니다.

흥미로운 점은 현실, 과거, 그리고 상당히 의심쩍은 과거가 섞여 있다는 겁니다. 실험 중에 피험자가 찍힌 영상을 나중에 한 번 더 보여주죠. 그러면서 "방금 건 들켜버렸네요"라고 말해봅니다. 사실 그 영상은 과거의 영상이지만 그렇게 말하면 다들 "아뇨, 아닌 거 알아요"라고 대답합니다. 현실로 돌아왔다는 안도감을 이용하는 실험이죠. 다시 한 번 현실로 돌아오게 한 다음 "지금 것도 거짓말이었는데 아셨어요?"라고 물으면 거기서부터는 다들 불안해합니다. 지금 이 현실도 어쩌면 거짓일지 모른다고 생각하죠. 그렇게 여러 방법으로 조작당하면 자신이 과거와 현재를 구별할 수 없다는 사실을 깨닫게 됩니다."

"인지가 없으면 주체도 존재할 수 없다는 거네요."

"그렇죠."

"초등학교 저학년 무렵 저는 수업 중에 자주 뒤를 돌아보곤 했습니다. '혹시 지금 내 뒤쪽의 세상은 존재하지 않을지도 몰라' 하는 생각에 사로잡혀 있어서 그걸 확인하고 싶었어요. 그런데 천천히 돌아보면 소멸되었던 세상이 다시 생겨날 수도 있으니 불시에 해보려고 했습니다. 당연히 뒷자리에 앉은 애는 깜짝 놀라죠. 그러다 보니 수업 중엔 물론이고 쉬는 시간이나 걸을 때도 그렇게 하게 되더군요."

오부나이가 "굉장히 위험한 어린이였네요"라고 중얼거렸다. 후지이는 입가에 살짝 웃음을 머금었다.

"그것과 비슷합니다. SR시스템은 파노라마 카메라로 360도를 찍고 있습니다. 그런데 체험하는 장면은 극히 일부이므로 같은 영상을 반복해서 보더라도 뒤에서 일어나는 장면은 놓치는 경우가 많죠. 그건 현실과 똑같지만, 현실에선 내가 못 봤다는, 못 보고 놓쳤다는 인지가 별로 일어나지 않잖아요.

특히 내가 거기에 있었다고 믿어버리면 머릿속 정보가 그렇게 고정되어 현실의 체험과 가까운 느낌을 받습니다. 그걸 공유하는 세상이 되면 인터뷰나 현장을 많은 사람들이 추체험할 수 있어요. 전에는 언어화해서 체험해야 했지만, 그렇게 되면 실제 체험이 가능합니다."

"그런데 그건." 내가 말했다. "악용하려고 마음먹으면 얼마든지 악용할 수 있을 것 같은데요. 저만 해도 방금 몇 가지 아이디어가 떠올랐거든요."

"할 수 있죠. 조금 전에 세뇌 이야기가 나오기도 했지만, 그런 위험이 상당히 큽니다. 재미있는 것 하나 알려드릴까요? 제가 연구소에 없을 때 실험 중인 방 안에 제가 들어가 '안녕하세요' 하고 피험자에게 인사하는 과거의 비디오를 보여주면 피험자는 경험적으로 저와 만난 셈이에요. 하지만 저는 그날 연구소에 없었어요. 따라서 피험자가 체험한 현실과 제 현실은 다르죠. 그런 다음 저와 피험자가 다른 장소에서 우연히 만나면 그쪽은 저와 만난 적이 있으니까 '안녕하세요'라고 인사하겠지만 저는 만난 적이 없으니 '뭐지, 지금 인사는?' 하게 되는 겁니다. 분열된 두 개의 세계가 만들어지는 셈이죠."

"다세계 해석이 쉽게 실현되네요."

"요약하자면 이 세계는 매우 주관적이라는 겁니다. 모든 사람의 머릿속에 각자 하나의 세계가 있고, 그것들이 동시에 존재하죠."

"중첩되면서요."

"네. 그걸 실감할 수 있어요. 사실 그걸 나쁜 방향으로 이용하려고 들면 얼마든지 방법을 생각해낼 수 있을 거예요."

## 다차원의 세계를 어떻게 있는 그대로 이해하는가

"방금 하신 말씀을 들으면서 저는 미디어 리터러시media literacy를 생각했습니다. 미디어의 정보를 어떻게 수용할 것인가에 있어서 가장 중요한 포인트는 기자, 카메라맨, 편집자, PD 등 정보를 제공하는 모든 사람들이 결국에는 자신의 관점으로 사건을 보고 있다는 사실을 아는 것입니다.

예를 들어 살인 사건이 일어났다고 해봅시다. 그 사건을 어디서부터 볼 것인지에 따라 사실은 완전히 달라집니다. 흔히 저널리스트는 '단 하나의 사실만을 추구합니다'라고 말하지만, 저는 '단 하나의 사실' 같은 건 존재하지 않는다고 생각합니다. 100명이 있다면 100가지 사실이 있어요. 물론 사실은 하나밖에 없겠지만, 사실을 정확하게 파악하는 건 인간의 지혜가 미칠 수 있는 영역이 아닙니다. 즉 정보란 인간의 시점이고, '객관적'이라는 건 존재할 수 없어요. 이 인식이 미디어 리터러시의 대전제입니다."

"그렇군요. 예컨대 미디어 리터러시를 주제로 수업을 한다고 할 때, 어떤 사건이 일어나는 장면을 전원에게 보여준 다음 '그럼 이걸로 기사를 써보세요' 하면 같은 장면을 보았음에도 저마다 견해가 다르겠네요. 아주 중요한 부분을 놓치는 사람도 있을 거고요. '나도 거기 있었는데 뭔가를 놓쳐서 기사화할 수 없었다'는 건 그 사람 입장에서는 충격일 겁니다. 역으로 생각하면 기자라도 놓치는 것이 분명히 있다는 이야기이니 (미디어 리터러시의) 체험 수단으로는 흥미롭겠네요. 그렇게 한 사람 한 사람이 믿고 있는 세계 혹은 체험한 세계들이 중첩되면서 이 세계가 만들어지는 셈이에요. 지구에 70억 명이 산다면 70억 개의 세계가 있다는 거죠."

"소셜 브레인, 즉 사회적 뇌라는 발상을 본인의 연구 분야로 삼게 된 배경을 조금 더 자세히 들려주신다면요?"

"첫째는 원래 제가 하던 '하나의 뇌만을 대상으로 한 연구'에 불만이 많았기 때문입니다. 뇌라는 복잡한 다차원의 세계를 2차원이나 3차원 수준으로만 이해하고 기술해도 되는가 하는 의문이 들었죠. 그런 의문이 팽창하기 시작하니 끝이 없더군요. 세계에는 차원이 무한하니까요. 그런데 한번 그 벽을 없애버리면 어디든 상관없어지기 때문에 그 다음부터는 어디에도 차원을 설정할 수 없게 돼요. 그때 나는 무한의 차원과 마주해야 하는구나 하는 걸 깨달았고, 그렇다면 어떻게 마주

할 것인가를 고민하다가, 기술을 연마할 수밖에 없겠구나 하는 생각에 이르렀어요. 그래서 지금 여러 가지 기술을 개발하고 있습니다.

돌아보면 연구실에 틀어박혀 공부하던 과학을 필연적으로 현실 세계로 확장해야 했던 겁니다. 사회적 뇌라는 개념은 이전부터 있었지만, 그걸 과학 안으로 가지고 들어오지 못한 건 무한하게 존재하는 차원을 다룰 수 없었기 때문입니다. 하지만 지금은 컴퓨터의 능력이 향상되었기 때문에—물론 비용은 들겠지만—차원을 다소 확장하더라도 괜찮습니다. 그러니 저의 근원에 있는 가장 큰 주제는 다차원의 세계를 어떻게 있는 그대로 이해하는가 하는 것이겠네요."

"확인차 질문 드립니다만, 지금 후지이 씨가 말씀하신 다차원이라는 것은 오차원이나 육차원이나 평행우주, 그런 의미의 다차원은 아니죠?"

"아닙니다."

"그렇다면 은유로서의 다차원인가요?"

"실제로 무한한 차원이 존재한다는 뜻이에요. 시간과 공간 같은 것이 아니라, 가령 이 컵 하나에 대해 말한다면 얼마나 많은 변수가 있을까요. 무한하게 있다고 할 수 있겠죠. 그걸 우리는 '컵'이라는 하나의 단어에 집어넣어 쓰고 있습니다. 엄청난 차원 압축이죠.

그렇게 해야만 하는 이유는 의사소통 때문입니다. 인간은 언어라는 굉장한 저차원의 가느다란 밴드 패스band pass(통과주파수대역)로만 의사소통을 할 수 있으니 언어를 쓸 수밖에 없어요. 만약 정보의 발신과 수신을 와이드 밴드wide band(광대역)로 할 수 있었다면 다른 종류의 의사소통을 했을지도 모릅니다. 그래서 저는 브레인 머신 인터페이스로 정보의 대역을 넓힌 의사소통을 가능하게 해보려고 합니다. 이런 아이디어는 제 안에서는 명확히 연결되어 있지만 곁에서 보면 조금 이해하기 어려우실 수도 있습니다."

"그 변수를 다른 말로 하면 색깔이나 모양이나 질감, 요컨대 감각질qualia로 수렴된다는 뜻인가요?"

"감각질은 오히려 저차원이죠. 딱딱하다거나 선뜩하다거나, 아무래도 어딘가에서 언어화되어버려요. 결국 무한의 차원에서는 어떤 지점에서 차원 압축을 하지 않는 한 우리가 서로를 이해할 수 없습니다. 다만 압축에는 두 종류가 있어요. 컴퓨터를 예로 들면 ZIP파일은 압축을 풀면 원래대로 돌아갑니다. 하지만 JPEG파일로 압축하면 원상 복구가 불가능하죠. 차원 압축을 할 때는 ZIP파일처럼 가역적 압축을 하는 것이 전제입니다. 그러나 기존의 과학은 복구되지 않는 압축을 하면서 재현성을 추구해왔어요.

제가 하고 있는 연구야 이차원이 오차원이 된 정도의 별반 대단하지 않은 연구일지 모르지만, 적어도 차원 확장을 향해 노력하려는 방향성은 가지고 있습니다. 그래서 사회적 뇌라는 발상을 하게 되었고요. 사회 속에 뇌를 해방시키는 겁니다. 우리가 뇌를 알고 싶어하는 이유는 '나를 알고 싶거나' 혹은 '타인을 알고 싶기' 때문입니다. 그렇다면 우리가 알고 싶어하는 진짜 뇌는 실험실이 아니라 그 바깥에 있는 거죠. 즉 사회와 뇌입니다."

지금까지의 뇌과학이 언어라는 저차원으로 압축된 요소의 구속을 받아왔다고 한다면, 후지이는 언어라는 차원에서 해방된 뇌의 메커니즘을 규명하는 것을 목표로 하고 있다. 거기까지는 알겠다. 하지만 언어는 인간을 인간답게 만드는 수단이기도 한데, 언어의 영역보다 더 감각적인 영역의 의사소통이 된다면 더 하등한 동물 쪽으로 퇴보하는 역설이 성립하는 건 아닐까.

내가 이렇게 질문하니 후지이는 '앞으로 의사소통의 매개는 공기를 진동시키는 말이 아니라, 진화한 컴퓨터가 주류가 될 거라고 생각한다'고 설명했다.

"앞으로는 정보를 기록하고 추적하고 계측하는 것이 모두 가능해질 겁니다. 그 점을 이해하려면 언어를 초월해야만 하고요. 확장된 의사소통에서 비롯되는 정보는, 저도 아직 잘은 모르지만, 오감을 통해 느껴지듯 '이건 내가 발견한 답이니까 느껴봐' 하고 던져주면 '그렇군, 말로 표현은 못하겠지만 뭔지 알겠어' 하는 이해의 형태로 확장될 수밖에 없다고 봐요."

"벤야민Walter Benjamin이 말한 아우라(공동 환상적인 어떤 것, 말로는 설명할 수 없다) 같은 것입니까. 그것도 언어화가 불가능하잖아요."

"말로 할 수는 없지만, 만약 그 사람이 느끼는 정보를 추출하고 공유할 수 있다면 지금까지 불가능했던 의사소통이 가능해지는 겁니다. 그건 인간의 확장이지요."

## 인간을 확장하고 싶다는 동기는 어디서 왔나

녹취록을 읽으며 '인간의 확장'이라고 말했을 때의 후지이의 표정을 떠올려본다. 굳이 설명하자면, 냉정하고 담담한 어조로 말하던 후지이가 이 말을 할 때는 특정한 의미(아우라)를 발신했다고 기억한다. 인간을 확장하고 싶다. 이 동기의 유래에 대해 조금 더 들어보고 싶었다. 내가 말했다.

"대뇌생리학과 분자생물학을 연구하는 과학자들이 지금까지 인간의 뇌 시스템을 바깥쪽에서 조사해왔다면, 후지이 씨는 안쪽에서 파고드는 듯합니다. 즉 A라는 사람의 뇌가 이렇게 움직인다는 사실은 증명할 수 있다 치더라도, 그 사실이 B에게 그대로 들어맞으리라 단정할 수는 없다는 거죠. 기존의 과학에서는 추시追試나 재현성이 중요한 요소였습니다. 하지만 뇌에 대해서는 기존 과학의 방법론으로는 어려운 부분이 있다는 말씀이군요."

이 질문에 후지이는 "네, 어렵습니다"라고 곧바로 대답했다. "하지만 어렵다 해도 대외적으로 좋은 평가를 받기 위해서는—당연하지만 이 일은 어느 정도 좋은 평가를 받아야만 계속할 수 있으니까요—, 종래의 평가 기준에 맞는 형태로 결과물을 내야 합니다. 하지만 현실적으로는 모리 씨가 지적하신 대로 제가 보는 것과 타인이 보는 것이 뇌 내에서 똑같이 재현된다는 증명을 아무도 할 수 없습니다. 100명이 본 것에서 공통점을 찾아내려고 해도 양적으로는 수영장에 가득 찬 물과 컵 하나 분량 물의 차이일 겁니다. 그것으로 납득해야 하는 거예요."

"고차원적으로 해석해야 의미가 있지만 결국 저차원으로의 변환이 불가피하다. 그런 딜레마가 있군요."

"차원이 낮아도 흔들림이 없다면 재현성은 높아요. 다차원은 흔들립니다. 그리고 뇌는 당연하게도 다차원입니다. 하지만 그 요동에 패턴이나 규칙성이 있을 수도 있어요. 현재로서는 그 요동을 기록해서 이해할 수 없지만, 현재 합의된 뇌과학의 결론으로는 '이 약을 먹으면 기억력이 좋아진다'는 등 세속적인 내용이 많아지죠. 그것으로 그 사람이 행복해진다면 괜찮은 거겠지만 저는 그런 방향의 연구가 별로 흥미롭지 않더군요."

"…후지이 씨는 인간이 어디서 왔다고 생각하십니까? 아니면 인간은 무엇입니까?"

녹취록을 읽으면서 이 질문은 지나치게 느닷없었다는 생각이 들었다. 그렇지만 이 질문은 어떤 타이밍이든 늘 느닷없고 대화의 흐름을 끊어놓는다. 몇 초 후 후지이가 대답했다.

"적어도 사람이 완성되는 것은 태어난 순간은 아닐 테니 인간은 세상 어딘가에서 태어난다고 생각합니다. 그때는 신체가 필요하겠죠. '나무통 안의 뇌'라는 사고 실험이 있어요. 뇌 하나에만 의식이 깃들 수 있을까 하는 명제에 대해 많은 철학자들이 의식이 깃들지 않는다고 대답했습니다.

우리는 의식 상태 또는 의식이 움직이는 프로세스를 과대평가하고 있지 않나 싶어요. 우선은 신체성이 있고, 그다음으로 우리가 신체 도식body schema이라고 부르는 자아상이 만들어집니다. 높이가 있는 모자를 쓰고 문을 통과하려고 하면 처음에는 머리를 부딪칩니다. 하지만 조금 지나면 그 높이에 맞춰 자연스럽게 고개를 숙이게 되죠. 신체 도식이 확장되었기 때문입니다. 거기에 맞춰 행동을 바꾸는 거죠. 신체 도식은 계속해서 업데이트돼요. 의식은 이렇게 만들어집니다. 신체가 없다면 의식도 없지 않을까 합니다."

"그렇다면 지금 후지이 씨의 뇌와 완전히 똑같은 조성의 뇌를 새로 만들어 나무통에 넣는다고 해도 거기에 후지이 씨와 똑같은 성격이 깃들 수는 없다는 말씀인가요?"

"순간적으로는 그럴 수도 있겠죠. 완전히 똑같은 복제품이라면 나무통 안에 놓이는 순간, 그 전까지의 제 경험이 네트워크 구조로서 거기에 존재한다고 봐요. 하지만 신체가 없다면 바로 녹아버리겠죠."

"예전에 SF영화나 만화 등을 보면 대뇌가 배양액이 담긴 거대한 유리 용기 속에 떠 있는 모습이 자주 등장했죠. 설정으로는 거의 끝판왕이었나요."

"그건 현실적으로 무리라고 봅니다. 경계가 없으면 안 되니까요. 신체를 거치기 때문에 자기를 유지할 수 있는 겁니다. 제가 브레인 머신 인터페이스로 시험해보고 싶은 것 중 하나가 인간과 인간이 신체를 통하지 않고 연결되었을 때의 변화입니다."

인간은 어디서 오는 것이 아니다. 신체라는 유기물과 동시에 존재한다. 그리고 유기물은 이 세계에 두루 존재한다.

따라서 인간은 '어딘가에서 오는' 것이 아니라, 유기물로 재구성되면서 '계속 존재하고 있다'. (물론 오컬트적인 의미는 아니다.) 나는 후지이가 이렇게 말하고 싶어한다고 해석했다. 그렇다면 인간은 어디로 '가는가'에 대해서도 '가는' 것이 아니라 '계속 존재하고 있다'가 되는 걸까. 이 대목에서 후지이가 "만화가 모로호시 다이지로諸星大二郎의 초기 작품 중에《생물도시生物都市》라는 단편이 있는데요…"라고 불현듯 말했다. 살짝 놀랐다. 나도 그의 작품을 매우 좋아하는 터라 간행된 책은 거의 다 읽었다.

"다른 별에서 귀환한 로켓이 금속에 닿으면 녹아서 이어지잖아요. 로켓뿐 아니라 인간도요. 모든 것이 녹아서 구별이 없어지죠."

여기까지 설명하고 나서 후지이는 미소 지었다.

"…저는 그런 세계를 체험하고 싶은 거예요."

"그러고 보니 그 작품 속 등장인물들은 모든 것과 하나가 되면서 지복을 경험하네요."

"네. 그러니 자신의 경계를 없애는 것이 인간 진화의 다음 단계일지도 모르겠습니다. 경계가 없는 세계는 갇혀 있는 우리의 부자유함, 그 불편한 느낌을 없애줄 겁니다."

"그 감각은 시뮬레이션이 가능한가요?"

"거기까지는 아직 조금 먼 것 같습니다. 저는 감각 차단 탱크isolation tank를 체험해본 적은 없지만 그것과 비슷하지 않을까 합니다. 그것이 누군가와 연결된다는 느낌입니다. 연결되어 있는 감각은 기술이 좀처럼 따라잡을 수 없으리라 생각해요."

사실 나는 시각과 청각을 차단한 채 고농도의 황산마그네슘 용액 안에서 부유하도록 만들어진 감각 차단 탱크를 취재차 한번 체험해본 적이 있다. 사람에 따라 다양한 환각 체험을 한다고 하는데, 나는 목만 아팠다. 그래도 내가 외부 세계와 섞이면서 감각이 용해되어가는 기분은 조금이시만 명확히 맛볼 수 있었다.

생명을 정의하는 몇 가지 조건이 있다. 지구에 탄생한 최초의 생명은 자기 복제와 대사 기능, 그리고 외부 세계와의 경계(막)를 유지하고 있었다. 이 세 조건이 갖추어졌을 때 비로소 생명이 탄생했다고 여겨진다. 기본 요소다. 자기 복제와 대사는 차치하더라도, 경계는 분명한 키워드인 듯하다. 즉 신체다. 하지만 수조에 떠 있는 뇌 그리고 금속과 융합하는 사람들에게 막은 없다. 그러므로 자기가 없다. 그래서 지복을 느끼는 걸까.

## 우리는 경계가 없는 '세계의 일부'다

"만약 유치원생들이 '우리는 무엇인가요'라고 질문한다면 후지이 씨는 뭐라고 대답하시겠습니까?"

"세계의 일부죠. 개체라는 것은 없습니다. 아마 원래는 경계가 없었을 겁니다. 인간이나 고차원의 영장류 외에는 경계에 근원을 둔 개체가 존재하지 않을 수도 있어요. 본래 일부입니다.

의식은 외부 세계와 상호작용한 결과로 생겨납니다. 주체는 자기 안에 있다고 생각하는 편이 행복할 테니 그렇게 생각해도 지장은 없겠지만, 실제로는 상호작용의 결과로 생겨났다고 봅니다. 이것은 자유의지가 존재하는가 하는 문제와 비슷해 보이는데, 저는 자유의지가 있는지 없는지를 두고 왜 고민하는지 잘 모르겠습니다."

인간은 생각만큼 자신의 의식을 자유롭게 제어하지 못한다. 자유롭게 제어하고 있다고 생각할 뿐이다. 실제로는 외부 세계와의 상호작용이다. 그것이 주체라고 후지이는 말한다. 이 논리는 일반적으로는 납득하기 힘들다. 솔직히 인정하고 싶지 않다. 그러나 사실이기도 하다.

에리히 프롬Erich Fromm의 《자유로부터의 도피*Escape from Freedom*》를 인용할 것까지도 없이, 인간의 자유의지는 실제로 매우 취약하다. 맥도날드 매장의 의자는 편안하지 않다. 그래서 누구도 오래 머무르지 않는다. 하지만 자리를 뜨는 사람들은 대부분 자신의 의지로 매장을 나섰다고 믿는다. 오래 머물고 싶다는 자신의 자유의지가 매장에 의해 침해당했다고 생각하는 사람은 없다. 미국의 사회학자 조지 리처George Ritzer는 《맥도날드 그리고 맥도날드화*The Mcdonaldization of Society*》라는 저서에서 이런 사례를 들면서 인간 자유의지의 위태로움에 경종을 울린다.

주체는 단독으로 존재하지 못한다. 외부 세계와의 상호작용에 그 본질이 있다. 다시 말해 외부 세계(환경)에 의해 주체가 만들어진다.

예를 들어 이 사회는 범죄자에 대해 어느 정도 환경적 요인을 고려한다. 하지만 어느 정도다. 주체는 환경과의 상호작용에 의해서만 형성된다고 하면 저지른 범죄에 상응하는 형벌이 존재할 수 없기 때문이다.

그래서 우리는 주체에 매달린다. 형사재판을 원활하게 진행하기 위해서만이 아니다. 나는 스스로 독자적이라고 생각하고 싶다. 독자적인 존재라고 믿고 싶다. 지금 이 의사와 감정이 나만의 의사와 감정이라고 여기고 싶다.

의사와 감정은 외부 세계와의 상호작용에 따라 형성된다. 그런데 인간은 그것을 인정하고 싶지 않다. 물론 나도 그중 한 사람이다. 그러나 동시에 생각한다. 상호작용이라는 것은 (어쨌든) 근간에 독자적인 주체가 있다는 뜻이다. 세상에는 같은 것이 두 개 존재하지 않는다. 상호작용으로 형성된 주체도 유일한 자아인 것은 분명하다.

"슈퍼컴퓨터가 체스에서는 인간을 이겼지만 장기에서는 이기지 못했죠. 장기는 다른 말을 쓸 수 있다는 선택지가 있기 때문에 슈퍼컴퓨터라도 인간을 이기기 어려웠던 듯합니다. 요즘에는 슈퍼컴퓨터 쪽이 우세하지만, 바둑의 세계에서는 아직 인간을 당해내지 못하고 있어요(이 대담은 컴퓨터 대 인간의 바둑 대결에서 아직은 인간이 우세하던 2016년 3월에 이루어졌다—옮긴이). 말하자면 정답이 확실하게 정해져 있는 경우에는 컴퓨터가 강하지만, 바둑은 애초에 선택지가 무한에 가까울 정도로 많아서 통계와 알고리즘으로는 한계가 있다고 들었습니다. 그런데 신기하죠, 이렇게 작은 인간의 뇌가 어떻게 방대한 양의 통계로 도출되는 연산 처리를 능가할 정도로 고차원적인 기능을 하는 걸까요?"

"인간과 컴퓨터는 다른 종류의 계산을 한다고 생각합니다."

"그렇다면 인간 뇌의 메커니즘을 왜 기계에 그대로 응용할 수 없는 걸까요?"

“작동 원리가 밝혀지지 않았거든요.”

“그러니 이상합니다. 아무래도 이해가 안 돼요. 의학과 과학이 이만큼 많이 발전했습니다. 분자생물학 연구도 DNA 수준으로 진행되고 있고요. 그런데 아직도 인간의 의식이라는 가장 기본적인 시스템조차 규명하지 못했다니요.”

“그것이 저희가 항상 비판을 받는 부분입니다. ‘너희들은 아직 뇌의 작동 원리조차 모르지 않느냐, 제대로 알지도 못하면서 그런 실험을 해도 되느냐.’ 그러면 ‘옳은 말씀입니다’라고 대꾸할 수밖에 없어요. 어느 정도 한정된 범위와 조건에서는 물리법칙으로도 설명이 가능할지 모르지만, 현재의 물리법칙으로 설명할 수 없는 것도 많습니다.”

“뇌의 작동 원리에 변수가 너무 많다는 말씀인가요?”

“여기서 방금 전의 차원 이야기로 돌아가게 되는데, 결국에는 계층적 네트워크라는 시스템을 어떻게 이해할 것인가 하는 문제입니다.

어느 계층을 옆으로 잘라 수평 방향에서 볼지, 혹은 위아래로 잘라 수직 방향에서 볼지, 자르는 방법이나 보는 방향에 따라 여러 가지가 달라지죠. 모든 뇌신경세포를 동시에 모니터하는 기술은 최근 어류 등에서는 가능해졌습니다. 그 기술이 인간에게 응용되기까지는 상당히 시간이 걸리겠지만, 5년쯤 지나면 어느 정도 가능해질지도 모르겠네요. 예측은 어렵지만요….

어쨌든 인간의 뇌에 100억 개의 신경세포가 있다고 하고, 그걸 전부 시뮬레이션으로 재현할 수 있는가 하면, 현재 컴퓨터로는 불가능합니다. 대뇌피질의 기본적 단위인 모듈은 수많은 신경세포가 실린더상에 네트워크화된 기둥 구조로 되어 있다고 합니다. 즉 기둥 구조는 사회의 단위인 한 사람 한 사람과 닮아 있죠. 현재의 뇌과학 기술로는 이 기둥 구조까지만 시뮬레이션할 수 있습니다. 혹 뇌 전체의 시뮬레이션이 가능하다고 해도 상당한 계산량이 필요할 테고, 그것이 가능한 시대가 되면 컴퓨터의 원리 자체가 바뀌어 있을지도 모르죠."

"예를 들면 양자 컴퓨터 같은 거요? 아니면 인간과 똑같은, 지금과는 완전히 다른 원리일까요?"

"그럴 가능성도 있습니다. 아니면 뇌가 어쩌다 발견한 계산 능력 시스템이 완전히 다른 원리일 수도 있고요."

## 기술은 진보했다,<br>그러나 아톰은 태어나지 않았다

1952년 월간 만화잡지 〈소년少年〉에 《아톰鉄腕アトム》이 연재되기 시작했다. 당시 데즈카 오사무手塚治虫는 아톰의 탄생을 2003년으로 설정했다. 그때로서는 2003년이면 당연히 아톰 같은 인공지능을 가진 로봇이 개발될 거라고 생각했을 것이다.

물론 그 후 기술이 비약적으로 진보해 컴퓨터가 개발되었고 누구나 당연하게 개인 컴퓨터를 쓰는 시대가 되었다. 컴퓨터 같은 기기의 계산 능력은 인간과 비교가 되지 않는다. 우주 개발부터 일상생활의 모든 분야에 이르기까지 컴퓨터의 작동 원리(디지털)가 침투해 있다.

그러나 그것을 지능이라고 부르기는 어렵다. 감정이 없다. 망설임이 없다. 모순과 고뇌와 불합리도 없다. 그리고 외부 세계와의 상호작용에 의한 자기 형성도 없다. 인간의 뇌와는 근본적으로 다르다.

때때로 텔레비전 등에 인간과 같은 표정을 짓거나 똑같이 걷는 로봇이 소개되어 화제가 되곤 한다. 고작 그 정도다. 대고大鼓를 두드리거나 차茶를 내오는 에도 시대 꼭두각시 인형극의 연장선에 지나지 않는다. 지성과 감정은 전무하다.

기술은 이 정도까지 진보했다. 하지만 아톰(인공지능)은 태어나지 않았다. 감정과 지능의 작동 원리를 완전히 밝혀내지 못했기 때문이다. 인류는 태양계 밖의 우주나 심해의 밑바닥까지도 탐구하기 시작했다. 신의 입자라 불리는 힉스 입자의 연구와 관측도 진행되고 있다. 이런 기술들은 지칠 줄 모르는 호기심이 부리는 재주다. 하지만 그 지칠 줄 모르는 호기심이 왜 어떻게 탄생하는지, 인간은 전혀 밝혀내지 못하고 있다.

'어떻게'에 대해서는 메커니즘이 어느 정도 설명할 수 있다. 그러나 '왜'는 알 수가 없다. 파르메니데스가 '왜 아무것도 없지 않고 무언가가 있는가?'라는 의문을 제기한 고대 그리스 시대부터 '왜'에 대한 규명은 진전된 바가 없는 듯하다.

그래서 결국 원점으로 돌아간다. 인간은 어디서 왔고 어디로 가는가. 그리고 무엇인가.

"대략적인 지도가 어느 정도 존재하고, 거기에 가면 이걸 알 수 있다든가 저기에 가면 그걸 검증할 수 있다든가, 그런 분야는 다른 곳에도 많아요."

후지이가 말했다. "그런 곳에 가면 동료도 많고 효율도 좋겠지 생각하면서도 몸이 움직이질 않네요. 그쪽은 별로 재미가 없다고 생각하는 저를 발견합니다. 대체현실 실험도 그렇고, 이상한 일만 벌이는 이유도 그 때문이겠죠. 다행히 주변에 저 말고도 이상한 말을 하는 사람들이 많아서 서로 '우린 어디로 가는 걸까'라면서도 다시 저마다 고독한 탐색을 위해 떠나는 느낌이랄까요."

"이상한 사람들의 상호작용이네요."

"영역이 정해져 있는 거라면 저는 아무래도 한가운데에는 못 있는 사람인가 봐요. 예전부터 체육관에서 다 함께 놀 때도 벽에 붙어 심심하다고 말하는 부류였으니까요. 늘 구석에 있었죠. 그런데 그러면 저쪽 구석에 있는 사람들과 만날 수 있어요. 경계境界의 언어를 들을 수는 있지만 메인스트림으로 갈 수 없다는 것이 예전부터 제가 안고 있는 고민인데, 그래도 그렇게 하는 건 만족할 수 없기 때문입니다. 그래서 뭔가를 아느냐 물으면 모르는 일들뿐이에요. 그래서 여기에 있는 거죠. 그렇게 대답할 수밖에 없습니다. 아는 곳은 재미가 없어요."

모르니까 뇌과학을 연구한다. 그건 그대로 당연하다. 혹시 모든 것이 밝혀진다면 후지이는 다시 안과 의사로 돌아갈 것이다. 하지만 그런 날은 결코 오지 않는다. 적어도 나와 후지이가 살아 있는 시대에는. 그런 생각을 하며 이번 인터뷰를 마쳤다.

9장

# 뇌는 왜 이런 질문을 하는가

뇌과학자 이케가야 유지에게 묻다

**이케가야 유지** 池谷裕二

뇌 연구자. 1970년 시즈오카 출생. 약학 박사. 도쿄대학교 대학원 약학부 교수. 해마를 중심으로 뇌의 건강과 노화를 연구하고 있다. 일본 문부과학성의 젊은 과학자 표창을 받고 일본 학술진흥회상, 일본 학사원 학술장려상 등을 수상했다.

## 뇌는 왜 이런 '시시한 질문'을 하는가

약속 장소인 혼고 산초메의 한 카페. 방송 활동 덕분에 눈에 익은 동그란 검정 뿔테 안경을 쓴 이케가야 유지가 약속 시간 정각에 딱 맞춰 모습을 드러냈다. 명함을 교환하면서도 어딘가 모르게 굳은 표정이다. 자리에 앉으며 이유를 생각해봤다.

① 원래 낯을 가린다.
② 오부나이에게서 모리 다쓰야의 이름을 듣고 인터넷에 검색해봤다.
③ 오늘은 기분이 좋지 않다.

①과 ③이라면 도리가 없다. 하지만 ②라면 곤란하다. 첫 인터뷰이였던 후쿠오카 신이치도 인터뷰가 얼마간 진행된 뒤에야 '(모리 씨가) 훨씬 더 과격파일 거라 생각했다'는 식으로 말했다. 같이 와인을 마시고 취한 상태였기 때문에 이유는 묻지 않았다. 박장대소하고 끝. 그런데 지금에 와서 다시 생각하는 중이다.

누군가와 처음 만날 때 미리 인터넷에 상대의 이름을 검색해보는 것은 이제 일반적인 일이 되었다. 나도 예외는 아니다. 그런데 그러고 나서 그 사람을 만나면 온라인상의 글이 상당히 과장되어 있다는 사실을 깨닫는 경우가 많다.

인터넷도 미디어인 이상 시장 원리에서 벗어날 수 없다. 말하자면 전철 손잡이에 게시된 광고와 비슷하다. 웹사이트 대다수가 자극적인 콘텐츠를 전면에 부각할 수밖에 없나. 특히 내 경우는 옴진리교에 관한 TV 다큐멘터리를 촬영하는 과정에서 제작사 측과 옥신각신하다가 결국은 영화로 만든 이력이 너무 자극적이어서 무뢰한의 이미지가 지나치게 과장되어 있다(고 생각한다).

이케가야가 나에 관해 알고 있었는지는 알 수 없다. 알고 있었습니까, 하고 물을 만큼 철면피는 못 된다. 하지만 그럴 가능성은 있다. 설령 알고 있었다 해도, 내 책을 몇 권 읽었다든가 영화를 봤다든가 하는 수준은 아니고 인터넷에 검색해본 정도일 것이다. 그렇다면 '뭔가 엉뚱한 사람 아닐까'라고 생각하며 이 자리에 왔을 가능성도 있다.

지금까지 그런 경험이 한두 번이 아니었다. 나에게는 일상 같은 일이다. 얼마간 이야기를 나눈 뒤, "보통 사람들하고 똑같으시네요" 하며 놀란다. "마음에 안 들면 테이블을 뒤엎는 사람일 거라 생각했어요"라는 말을 들은 적도 있다. 그래서 우선 이케가야에게 이 기획의 취지부터 설명했다. 내가 보통 사람이라는 것을 어필해야만 한다. 경어와 존경어를 제대로 구사하고, 알고 보면 누구보다 상식적인 사람이라는 걸 어필해야 해.

"과학자들이 저마다 안고 있는 모순을 확인하면서 '우리는 어디서 왔고 어디로 가는가?'라는 대명제에 대한 말씀을 듣는 기획입니다. 저 자신도 매우 순진한 질문이라는 생각이 들긴 합니다만, 그런 내용으로 인터뷰를 하고자 합니다. 오늘은 시간이 한정되어 있으니 이케가야 씨의 전문 분야에 대해서는 최소한으로 이야기를 듣고, 주제와 관련된 의견도 받고 싶습니다."

의견을 받고 싶습니다? 고견을 듣고자 합니다, 라고 말해야 했나? 아니면 고견을 청하는 바입니다? 아니야, 아무래도 그건 이상하지. 음…. 뭐가 뭔지 모르겠다. 경어는 어렵다. 갑자기 이상한 일본어를 구사하고 있다는 것을 느끼면서도 어찌어찌 겨우 설명을 마친 나에게 이케가야는 고개를 살짝 끄덕이며 말했다.

"저도 '나는 무엇인가?'라든가 '무엇을 위해 이렇게 살아가고 있는가?' 같은 생각을 자주 합니다. 모리 선생님은 순진한 질문이라고 말씀하셨지만, 저 역시 문학소녀나 품을 법한 의문을 얼마간 가지고 있습니다."

이번 대담은 이렇게 시작되었다. 문학소녀라는 단어를 쓴 이케가야는 "하지만 잘 생각해보면 애초에 우리의 뇌가 그런 질문을 하고 싶어하는 버릇이 있다는 사실이 해답의 포인트가 될 겁니다"라고 이야기를 이어갔다.

"그러니까 의심하는 힘이겠지요. 우리의 뇌에는 나는 참 이상하구나, 하고 생각하는 안 좋은 버릇이 있습니다. 애초에 이상하게 생각하는 능력이 없다면 의문 자체가 생겨나지 않습니다. 그러니 뇌가 그런 '시시한 질문(!)'을 하고 싶어한다는 사실이 핵심이라고 볼 수밖에요."

"개나 고양이는 그런 생각을 하지 않는다고 단정 지을 수 있나요?"

"과학적 접근법으로 증명한다든가 해서 단언할 수는 없지만, 직감적으로는 그렇다고 봅니다. 다른 말로 하면, 인간만이 어쩌다 빠져버린 덫이 아닐까 합니다. 인간은 메타인지 능력(인지하고 있다는 사실을 인지하는 능력)을 가지고 '나는 무엇인가?'라는 자기재귀再歸의 질문을 던집니다. 이 질문이 성립되는 사고의 기반을 이루는 수단, 즉 언어는 인간만이 가지고 있지요."

"눈앞의 거울 속에 비친 존재가 자기라는 사실을 알고 있는지 확인하는 미러 테스트가 있죠. 종의 메타인지 능력을 확인하는 테스트이기도 한데요. 물론 인간은 이 테스트를 통과하고요, 그 밖에 코끼리나 돌고래, 까치 등도 통과한다고 들었습니다."

"코끼리가 다 그런 건 아니고 아시아코끼리만요. 돌고래도 특정 종만 그렇습니다."

"그럼 아프리카코끼리는 거울에 비친 자기를 인식하지 못하나요?"

"네. 그걸 보면 아프리카코끼리가 조금 바보 같긴 합니다."

"돌고래는 역시 큰돌고래 정도일까요?"

"네, 맞습니다. 거기엔 실험하기 쉽다는 점도 작용했다고 생각합니다. 그 외에는 침팬지라든가 인간과 가까운 대형 유인원이 자기를 인식할 수 있습니다. 개도 가르치면 할 수 있고요. 하지만 가르치지 않아도 할 수 있다는 점이 아시아코끼리와 까치, 침팬지의 흥미로운 부분입니다."

"이전 대담에서 하세가와 도시카즈 선생께 타자를 돕는 생물은 아마 코끼리가 유일하지 않나 하는 말씀을 들었습니다. 원숭이의 경우는 관심을 보이긴 하지만 도와주려고 하지는 않는다고 하고요."

"쥐도 그렇다는 연구 결과가 보고된 바 있지만, 훈련하지 않으면 타자를 도우려고 하지 않습니다. 프로그래밍된 이타성이라면 벌과 개미에게도 있습니다. 일벌이나 일개미는 완전히 이타 그 자체잖아요. 노동을 통해 조직에 기여할 뿐 자손은 남기지 않으니까요. 하지만 상황에 따라 적절하게 대처할 수 있는 생물은 코끼리가 유일하지 않을까요? 코끼리의 뇌는 인간보다 크기도 하고요. 주름은 별로 없지만."

## '자기를 묻는' 언어의 덫

"방금 전 이케가야 씨는 인간이 가진 뛰어난 인지 능력을 덫이라고 표현하셨습니다. 그 의미에 대해 조금 더 자세히 듣고 싶습니다."

"자신을 자신에게 투사하기 위한 현미경이 되는 언어를 가지고 있다는 뜻입니다."

"언어가 덫이라는 겁니까?"

"저는 그렇게 생각합니다. 언어를 사용하면 자신의 사정거리를 늘릴 수 있습니다. 예를 들면 유리로 된 이 그릇에."

이케가야는 이렇게 말하며 물이 담긴 유리컵을 손에 들었다.

"컵이라는 이름을 붙이면, 실체로서의 컵과는 멀어지고 컵이라는 개념이 생겨납니다. 그 컵이라는 단어가 유리로 된 이 그릇에 다시 심리적으로 내적 투사를 할 수도 있습니다. 이렇듯 우리는 언어를 사용하면서 구체와 추상을 넘나들어 언어의 시선이 닿는 지평선까지 마음의 거점을 이동시킬 수 있어요. 그다음에는 그 지평선 어딘가에 시점을 두고 더욱 먼 곳의 지평선까지 내다볼 수가 있죠. 이런 식으로 마음의 사정거리가 압도적으로 늘어납니다. 이 점이 언어의 대단한 부분입니다. 언어 없이는 생각조차 못하는, 예를 들면 쿼크와 같은 미시 세계부터 우주와 같은 거시 세계까지도 언어를 통해서라면 얼마든지 상상할 수 있죠. 인간은 그런 언어 레이더망의 범위에 자기 자신을 포함하고 있다는 점이 핵심입니다."

"그렇지만 덫이라는 말에는 아무래도 부정적인 느낌이 있는데요."

"인간의 뇌는 원래 생각하지 않아도 될 문제를 생각하도록 만들어졌습니다. 애초에 내가 존재하는 이유 따위는 생각하지 않아도 되잖습니까. 언어란 본래 사회성을 함양하고, 기억을 보강하고, 타자를 이해하기 위한 도구예요. 어디까지나 의사소통 수단이지 '나는 무엇인가'를 자문하기 위해 고안된 것이 아닙니다. 그런데 그런 자문을 한다는 건 우리가 언어를 본래 용도 외의 목적으로 사용하고 있다는 말이 됩니다.

여기서 언어의 부작용으로 '자기를 묻는' 허구의 덫이 생겨났고, 우리는 그 덫에 감쪽같이 빠져 있지요. 이것이 덫인 이유는 구조적으로 무한한 루프에 빠질 수 있기 때문입니다. 가령 '나는 무엇일까'라는 물음에 답이 나오면, 그 답을 음미한 뒤 '나에게 그런 대답을 하고 있는 나는 무엇일까' 하는 상위 질문을 던질 수 있습니다. 영원히 끝나지 않고 실체가 없어요. 양파 껍질을 계속 벗기다 보면 마지막에 아무것도 남지 않는 것과 마찬가지입니다. 도착지가 공허하다는 것이 뻔한데도 더 묻고 싶어지는 건 덫이라고 할 수밖에요."

"그러니까 언어의 부작용이라는 의미네요."

"네. 언어가 설치해두었다는 의미에서 덫이라는 단어를 사용했지만, 부작용 또는 부산물이라는 단어가 적절할지도 모릅니다. 무한한 정의가 가능한 것은 언어뿐입니다. 새의 노래나 돌고래의 초음파는 언어가 아닙니다. 단순한 신호입니다. 언어에는 문법이 있어야 합니다. 그런데 문법의 중요한 특징은 재귀성을 가지고 있다는 것이지요. 다시 말해 이레코 구조(그릇이나 마트료시카 인형처럼 크기 순으로 포갤 수 있는 구조—옮긴이)요.

예를 들어 '이케가야는 컵을 보았다'라는 문장을 '모리 씨는 이케가야가 컵을 보고 있는 것을 보았다'처럼 더 큰 틀의 주술主述 구조 안으로 가지고 들어갈 수 있습니다. 나아가 '후쿠자와 유키치福沢諭吉(일본 개화기의 계몽사상가·교육가—옮긴이)는 모리 씨가 이케가야가 컵을 보고 있는 것을 본 것은 무의미한 행동이라고 비웃었다'라고 이레코 구조의 단계를 더 늘릴 수도 있습니다. 사물에 대해 말할 때도, 숫자를 셀 때도 이레코 구조가 필요합니다. '그다음으로 큰 숫자'라는 조작을 반복함으로써 1, 2, 3, 4…라는 숫자의 연속 개념이 생겨납니다. 반복이라는 이런 재귀 조작 자체는 원리적으로는 무한하게 이어질 수 있습니다. 한편 물리적 제약 탓에 현실에서는 이런 반복을 무한하게 이어갈 수 없습니다. 결과적으로 '마침내 어디까지 갈 것인가'라는 불가사의한 감각을 남기지요. 왜냐하면 우리 마음의 수용 능력이 유한하기 때문입니다. 재귀라는 프로세스에 따라 무한이라는 개념이 생겨났지만, 이와 동시에 무한하지 않다는 개념도 발생합니다. 즉 대비 개념으로서 유한이라는 것이 나타나죠. 유한이라는 개념으로 인해 한계를 알게 되는 셈입니다. 생명에는 한계가 있다거나 식량에는 한계가 있으니 땅을 두고 전쟁을 일으킨다거나 하는 식으로요. 유한성을 이렇게 이해하는 생물은 아마도 인간밖에 없을 겁니다."

언어의 덫, 또는 부작용. 그것은 지능의 덫이기도 하고 부작용이기도 하다. 한 예로 우주 어딘가에 고도의 문명을 가진 우주인이 존재한다 해도, 그들이 언어 없이 고도의 문명을 성취했을 거라고 보기는 어렵다. 언어란 의사소통 수단인 동시에 의사소통의 본질이기도 한 것이다. 그렇다면 일정한 진화가 이루어질 때 우주 전역의 생명체는 모두 '우리는 어디서 왔고…'를 고민하기 시작한다는 것인가. 이케가야는 이야기를 이어갔다.

## 우리는 우주를 노화시키기 위해 존재한다

"우주에는 에너지의 흐름이 있죠. 예를 들면 태양에너지. 지구상의 에너지는 대부분 태양으로부터 옵니다. 태양이 지표에 내려주는 에너지를 통해 지구상의 모든 생명 현상이 이루어져요. 태양빛이 없는 밤이 되면 에너지가 증산(식물체 내의 수분이 수증기가 되어 밖으로 발산하는 현상—옮긴이)합니다. 낮 동안 축적된 에너지가 거기서 변환되는 겁니다. 에너지의 입력과 출력이 있으면 자주 창발emergence 패턴이 나타납니다. 일정한 질서가 생겨나죠."

"그걸 엔트로피로 생각하면 될까요?"

"맞습니다. 보통 엔트로피는 증가하는 방향으로 갑니다. 여기 이 그릇에 담긴 설탕을 커피에 넣어 저으면 다시 원래대로 돌아가지 못합니다. 그걸 불가역적 확산이라고 하죠. 엔트로피가 증가함에 따라 모든 것은 무질서하게, 그리고 평탄하게 되어갑니다. 그런데 희한하게도 우리의 신체는 엔트로피 증가의 법칙을 거스릅니다. 생명이라는 질서를 유지하고 있으니까요. 왜 그럴까요. 혹시 생각해본 적이 있으신지요."

느닷없이 질문을 받았다. 연재를 상당히 길게 계속해왔지만 과학자에게 질문을 받은 기억은 거의 없다. 이케가야에게 다른 뜻은 없다. 대화를 즐기고 있는 분위기다. 그럼 나도 즐겨보자. 엔트로피와 신체의 관계에 대해서는 전에 나가누마와도 이야기를 한 적이 있다. 나는 그때를 떠올리며 말했다.

"벨기에의 물리학자이자 화학자인 프리고진Ilya Prigogine이 말했죠. 강물은 일정한 방향으로 흐르는 듯하지만 실제로는 그렇지 않다고요. 각각의 부분을 자세히 들여다보면 소용돌이를 만들어 난류를 형성하고 있다고."

"소용돌이는 정말 그렇죠. 욕조의 마개를 빼면 자연스럽게 소용돌이가 생기고요. 소용돌이야말로 질서의 좋은 예입니다. 그건 왜 발생한다고 생각하세요?"

"그러는 편이 전체의 엔트로피를 빨리 증가시킬 수 있으니까요."

"그렇죠. 소용돌이가 생겨야 물이 빨리 빠집니다. 시스템 전체로 보면 더 효과적으로 평탄한 상태에 이를 수 있죠. 부분만을 보면 소용돌이는 엔트로피가 감소하는 구조이므로 모순된 존재인 듯 보이지만, 전체적으로는 오히려 엔트로피 증가에 공헌하고 있습니다. 그렇게 생각하면 우리 생명체는 우주를 조금이라도 빨리 노화시키기 위해 존재하는 셈입니다."

합격인가 보다. 정확한 평가를 듣지는 못했지만. 나는 이케가야의 말에 고개를 끄덕이며 "한 치의 틈도 없네요" 하고 감탄했다. 실제로 그렇게 생각한다. 우리는 무엇을 위해 존재하는가. 그 생각에 몰입하는 남자에게 신(혹은 악마, 혹은 창조주)이 말한다. 미물이여, 네가 존재하는 것은 우주의 엔트로피를 빨리 증가시키기 위함이 아닌가. 이케가야가 조용히 웃음 짓는다.

"그것으로 된 것 아니겠습니까. 우리가 존재함으로써 우주가 빨리 노화할 수 있다면 우주에 기여하고 있는 셈이니까요. 우리가 지금 여기서 호흡을 하는 것만으로도 엔트로피 증가로 이어져요. 부분적으로 보면 엔트로피는 감소할지도 모르지만, 우주 전체로서는 증가하고 있어요."

"하지만 우주가 정말 엔트로피의 빠른 증가를 바라고 있을까요. 뭐, 우주를 주어로 삼은 단계에서 이미 틀린 건지도 모르지만."

"실제로 어떤지는 모릅니다. 엔트로피 증가의 방향을 정한 주체가 누구인지는 사실 알 수 없고, 본질적으로는 확률론의 문제에 불과해요. 굳이 말하자면 '자연의 섭리'지요. 그건 토를 달아서는 안 되는 '무언가'겠죠. 수학의 공리(증명 없이 참으로 받아들이는 명제—옮긴이)와도 비슷합니다. 여하튼 우리는 엔트로피의 증가라는 형태로 우주 전체에 공헌하고 있습니다. 그래서 이렇게 살아 있는 것만으로도 의미가 있는 거고요."

이케가야는 이렇게 말하더니, "그래서 사람을 죽이면 안 됩니다. 물론 자살도 안 되고요"라고 중얼거렸다. 조금 갑작스러운 느낌이다. 하지만 그 마음은 알 것 같다.

"지금 말씀하신 언어와 언어의 자기재귀성을 뇌의 메커니즘과 시냅스의 가소성과 연관 지어 설명해주실 수 있을까요?"

"시냅스는 전기회로에서 말하는 저항 같은 것입니다. 시냅스가 있어서 다음 신경세포(뉴런)에 전기가 잘 통하지 않아요. 시차도 발생하고요."

"시냅스는 뉴런과 뉴런 사이에 있는 접합부죠."

"네. 시냅스는 일방통행이라서 뉴런끼리 같은 시냅스로 정보를 주고받는 일은 없습니다. 시냅스를 통과하기 때문에 뉴런에서 뉴런으로 전기가 부드럽게 흐르지 못합니다. 저항이 강하면 신호가 잘 흐르지 않아 정보가 다음 뉴런으로 잘 지나가지 못하죠. 반대로 저항이 약한 부분에서는 신호가 수월하게 지나갑니다. 즉 시냅스의 가소성이란 시냅스의 저항치가 바뀐다는 것입니다. 신호가 지나가기 쉬운 정도를 변경하는 거죠."

"만약 모든 시냅스의 저항이 제로라면 뇌가 더 활성화되지 않을까 하는 생각도 드는데요."

"원리상으로 저항이 제로가 되지는 않겠지만, 한없이 0이 되면 뇌가 과잉 흥분해서 뇌전증이라는 병이 됩니다. 일반적으로 뇌는 지나치게 흥분하지 않도록 항상 브레이크를 걸고 있는데, 뇌전증은 그 통제력을 잃어버리는 질환이에요."

"그러니까 가소성은 시냅스의 저항치를 바꾸는 것이네요. 그리고 일단 변경된 저항치는 쉽게 원래대로 돌아가지 않고요."

"네, 통상적으로는 원래대로 돌아가지 않고 얼마간 변경된 상태로 있습니다."

"그게 기억의 메커니즘이죠."

"기억 시스템의 근간이 되는 바탕에 시냅스의 가소성이 있다는 건 일단 맞습니다."

"그때 해마가 중요한 역할을 하죠."

"네. 모든 기억은 아니고 일화적 기억Episodic-like memory 등이 그렇습니다. 지금의 대담 내용을 나중에도 기억한다면, 그건 해마의 시냅스 가소성을 사용하고 있는 겁니다. 반면 골프를 잘 치는 데는 해마가 필요 없습니다. 골프를 잘 치게 되는 것도 뇌로 보면 기억의 일종이지만 그런 종류의 기억은 뇌의 다른 곳을 사용합니다. 그래서 기억을 해마에 한정지어버리면 문제가 될 소지가 있습니다."

"커피는 쓰다든가 물은 차다든가, 그런 기억은 뇌의 어느 부분이 관여하나요?"

"그런 지식에 관한 기억은 해마와 그 주변 부위가 주로 담당합니다. 자세히 말하면 해마곁이랑(해마방회)의 앞부분인 후각주위피질perirhinal cortex이라고 불리는 부분 등입니다. 거기서 정보를 처리하죠."

"기억의 메커니즘 하나만 봐도 해마나 편도체나 후각주위피질 같은 다양한 부분이 연관되어 있군요."

"그것이 바로 언어의 문제입니다. 해마와 편도체의 프로세스는 완전히 다른데도 우리는 그걸 한꺼번에 묶어서 '기억'이라고 부르죠. 이게 문제예요, 뇌에 악의는 없겠지만요. 뇌의 그런 시스템을 적확하게 구별하는 언어가 우리에게 없을 뿐이고요. 편도체가 정동 기억과 관련 있다는 사실은 분명합니다. 예컨대 전에 커피를 마셨더니 너무 써서 이젠 안 마셔야겠다고 생각할 때 커피를 마시지 않게 하는 기관이 편도체입니다. 그렇지만 편도체 자체의 뉴런이 '혐오'라는 감정을 지배하는지는 알 수 없습니다. 저는 아닐 거라고 생각해요."

"커피는 쓰다는 기억은 해마 영역의 일화적 기억 아닌가요?"

"아닙니다. 한번 마셨던 경험은 물론 일화이지만요. 미각 혐오 학습에 해마는 관련이 없다고 봐야 합니다."

"지금 혐오의 기억을 예로 드셨는데, 쾌락이나 기쁨도 있죠."

"네, 쾌락에 관여하는 것은 복측 피개부ventral tegmental area, VTA라는 부분입니다."

메모를 하는데 한숨이 나온다. 역시 복잡하다. 거대한 관공서 같다. 거긴 5번 창구입니다. 이쪽은 12번 창구고요. 먼저 7번에 서류부터 제출하고 그 서류에 도장을 받아서 3번으로 가세요. 그리고 인지도 필요해요. 인지는 16번에서 사시고요. 아니, 거긴 9번이에요. … 복잡해도 너무 복잡하다. 쓸데없이 복잡하게 만들었다고 생각하고 싶어진다.

"뇌의 기능은 온통 짜깁기에요. 빈말이라도 잘 만들어진 시스템이라고 말하기는 힘듭니다. 진화 과정에서 이것도 필요하고 저것도 필요해서 그때그때 필요에 따라 부품을 연결해서 만든 기관이라, 전체적으로 보면 잘 조직되어 있다고 할 수는 없죠."

"쓸데없는 부분이나 낭비가 많아서 먼 길을 돌아가고 있다는 말씀이죠?"

나는 이렇게 말하면서 하세가와 도시카즈가 말한 '정원사 비유'를 떠올렸다. 동시에 이 기억에 관여하는 부분은 분명히 해마일 거라고 생각한다. 이케가야가 고개를 끄덕였다.

"저는 그렇게 생각합니다. 처음부터 다시 설계한다면 훨씬 더 좋은 뇌가 만들어질 거라 생각해요."

## 인공지능은 왜 실현되지 않고 있나

"이토록 과학이 발달했고 컴퓨터의 역사도 반세기나 되었는데 인간과 같은 감정과 판단력을 가진 인공지능은 왜 아직도 실현되지 않고 있는 걸까요?"

"거기엔 몇 가지 이유가 있습니다만…."

이렇게 말하고 나서 이케가야는 잠시 생각에 잠겼다.

"인간은 계산이 느리고 부정확합니다. 기억력도 형편없죠. 그래서 컴퓨터로 하여금 계산과 기억을 대리하게 했어요. 즉 컴퓨터는 인간을 보조하기 위해 만들어졌습니다. (인공지능의 개발과는) 방향성이 다르죠."

왜 인간과 같은 인공지능을 아직도 개발하지 못했느냐는 질문에 이케가야는 이렇게 대답했다. 그럼 마음만 먹으면 만들 수 있다는 뜻일까. 이 질문을 듣고 이케가야는 다시 생각에 잠겼다.

"…그 경우엔 근본적으로 다른 설계를 해야 합니다. 인간 뇌의 작동 원리를 모사한 전기회로를 만들면 뇌와 닮은 거동을 다소 보이기는 할 겁니다. 그런 특수한 전자 칩 제작에 성공한 과학자들이 있으니까요. 하지만 저는 이런 생각이 듭니다. 인공 뇌를 만들고자 노력하느니 현실에서 아이를 만드는 편이 빠르지 않을까요. 섹스만 하면 실물 뇌가 만들어지지 않습니까. 그러니 과학적으로는 인간을 본뜬 안드로이드를 설계하고자 하는 노력이 별로 의미가 없습니다. 같은 노력으로 인간이 할 수 없는 일을 대리로 시킬 수 있는, 인간과는 다른 기능을 가진 로봇을 만드는 편이 인간 사회에 훨씬 유익합니다. 예를 들어 강력한 건설 기계를 만든다든지, 빠른 탈것을 만든다든지."

…논리는 이해가 된다. 그러나 어디까지나 논리다. 더 나가자면 명분. 그러나 핵무기를 만들어버린 맨해튼 계획도 그렇고, 과학자의 동기가 유익성과 실용성에 반드시 부합하지는 않는다. 모로 박사와 프랑켄슈타인과 엄브렐러 사의 세균 무기 연구 개발자까지(물론 이들은

모두 가공의 존재이긴 하지만), 실제 인물 중에는 독가스 무기를 개발하고도 노벨상을 수상한 프리츠 하버Fritz Haber와 '죽음의 천사' 요제프 멩겔레Josef Mengele, 맨해튼 계획에 참여한 과학자 등 악마적 동기를 가진 인물들이 얼마든지 있다. 이런 생각을 하는 나에게 이케가야는 "그것도 있고 소재의 문제도 있죠"라고 말한다. 인공지능을 개발하지 못한 또 하나의 이유다.

"컴퓨터는 반도체와 전선으로 구성되어 있지만 인간은 단백질과 지방으로 이루어져 있죠. 이 차이는 큽니다. 가령 인간의 뇌와 똑같은 전자회로가 만들어졌다 해도, 스위치를 켜면 그와 동시에 열이 발생하고 눈 깜짝할 사이에 자신의 열로 인해 녹아버릴 겁니다. 컴퓨터는 뇌에 비하면 열효율이 월등히 떨어집니다. 그래서 새로운 소재가 개발되지 않는 한 인공지능 개발은 무리예요."

그렇구나. 그건 이해가 간다. 하지만 바꿔 말하면 이토록 과학이 발달했는데도 왜 인류는 여전히 자신의 뇌와 똑같은 소재조차 개발하지 못하고 있나 하는 의문이 샘솟는다. 내가 말했다.

"인간의 뇌는 뉴런만 해도 1,000억 개 이상이라고 하죠."

"네. 신경세포 한 개당 1만 개의 시냅스가 있습니다. 곱셈을 하면 총 시냅스 수는 은하계에 존재하는 별의 수와도 비교할 수 없을 정도죠."

"어마어마한 수네요. 하지만 인간의 뇌도 전위차 등으로 인해 온도가 일정 범위 내에서 오르락내리락합니다. 그럼에도 불구하고 뜨거워지지는 않잖아요."

"신경세포의 경우는 섬유를 타고 전기가 흐르는 것이 아니라 직경으로 통하는 형태이므로 열효율이 매우 좋습니다."

"그 시스템을 흉내 낼 수는 없는 건가요?"

"나노테크놀로지로 그런 소재를 개발하면 가능하겠죠."

결국 다시 원점으로 돌아온다. 일상적인 것(그래봐야 우리의 뇌를 구성하는 소재다)인데도 여전히 개발하지 못했다. 같은 것을 만들어내지 못한다. 이상하다. 하지만 오늘은 납득할 수밖에 없다. 이 주제만으로도 시간이 부족하기 때문이다.

## 정체성이라는 '잘 만들어진 착각'

2000년, 미국 시카고에 있는 페르미 국립 가속기 연구소Fermi National Accelerator Laboratory의 물리학자 데이비드 앤더슨David Anderson과 워싱턴대학교에서 항공역학을 연구하는 스콧 에버하트Scott Eberhardt의 공저《비행의 이해*Understanding Flight*》가 출간되었다. 두 사람은 이 책에서 비행기가 공중을 나는 메커니즘으로 설명되어온 베르누이의 정리가 사실은 틀렸다고 주장해 엄청난 화제를 불러일으켰다.

여기서 자세히 설명하기는 어렵지만, 요는 양력揚力 발생 메커니즘에 대한 문제 제기라고 보면 될 것이다. 당시 이 주장은 과학계뿐 아니라 사회적으로도 큰 논란이 되었으나, 결과적으로는 (앤더슨과 에버하트의 주장에도 몇 가지 모순이 있어서) 베르누이의 정리 자체가 틀린 것이 아니라 항공역학에 대한 응용 방법에 몇 가지 오류가 있었다는 결론으로 정리되는 듯했다(일부에서는 여전히 논쟁이 이어지고 있다).

그러나 만약 그렇다고 한다면 라이트 형제가 하늘을 난 지 100년도 더 지나 수많은 사람들이 비행기를 타면서도 비행기가 하늘을 나는 메커니즘을 부분적으로 오해하고 있었다는 뜻이 된다.

논쟁이야 어떻든 비행기는 공중에 뜬다. 메커니즘이 어떻든 우리는 비행기를 이용하고 있다. 다른 분야와 마찬가지로 규명해낸 부분은 극히 일부라고 생각하는 편이 나을까. 게다가 규명되지 않은 요소의 대부분은 '어떻게'가 아니라 '왜'다. 과학은 전자가 어떻게 움직이는지는 설명할 수 있지만 전자가 왜 존재하는지는 설명하지 못한다.

그래서 생각한다. 그리고 생각하는 나를 생각한다. "나는 생각한다, 고로 나는 존재한다." 언제 적 말을 인용하고 있나 싶다. 이 말을 남긴 데카르트에 대해 나쓰메 소세키夏目漱石는 "세 살배기 아이도 알 만한 진리를 생각해내는 데 십 몇 년이나 걸렸다고 한다"(《나는 고양이로소이다吾輩は猫である》)라고 썼다. 물론 지적할 부분이 여러모로 많은 잠언이긴 하지만, 지금은 역시나 생각한다. 나는 무엇인가. 이케가야가 말했다.

"아마도 자기라는 정체성은 잘 만들어진 착각이 아닐까 합니다. 물을 가치도 없는 가상 환각요. 인간이 자신에게 정체성이 있다고 착각하도록 설계되어 있다는 사실 자체가 흥미로운 일이고, 그 결과 정체성이라는 개념이 생생하게 지각되죠."

"그렇지만 오해하는 주체는 존재합니다."

"그것이 바로 언어가 쳐놓은 덫이라고 생각해요. 언어가 없었다면 정체성이라는 말도 개념도 없었을 테니까요."

"그러니까 정체성이 착각이라고 한다면 그걸 착각으로 간주하는 주체도 착각이다. …이것 역시 무한 루프인 건가요?"

"그런 거죠. 따라서 '나는 무엇일까'라는 생각 자체가 우습다는 겁니다. 기능과 구조는 본래 덧그려진 것이고, 본질적으로 우리는 거기서 벗어날 수 없습니다. 뇌로 뇌를 생각하는 한은요. 그래서 루프를 빙글빙글 돌지 않는 것이 중요합니다. '나는 무엇인가' 하고 생각하기 시작한 시점에서 그 위의 자신, 또 그 위의 자신이라는 여러 겹의 얇은 껍질이 발생하는 건 당연한 수순입니다. 그렇게 루프를 따라 달리기 시작하면 남은 건 우리의 패배죠. 자업자득, 자승자박입니다. 그것은 뇌 내 신경 활동에서 비롯된 이온의 흐름일 뿐입니다. 그런 이온의 소용돌이에 대해 '나는 무엇인가'라는 의문을 갖는 것 자체가 우스운 일이에요."

여기까지 말한 뒤 이케가야는 말을 고르는 듯 잠시 침묵에 잠겼다. 카페에 다른 손님은 없다. 조용한 오후가 지나가고 있었다.

"…현재 과학계는 데카르트의 이원론에 대해 부정적이잖아요. 그런데 '나는 무엇인가'라는 관점은 당시 시류였던 이원론에 불과합니다. 문제 설정 자체에 문제가 있고, 데카르트가 그걸 재탕했다는 사실을 사람들은 모르고 있어요. 예를 들어 사물을 볼 때 뇌의 후두부가 활성화된다는 사실이 MRI(자기공명영상) 촬영을 통해 밝혀졌다 해도 전혀 이해가 가지 않는 느낌이 있지 않습니까. 뇌의 그 부분이 활동한다는 건 시각으로 치면 대체 어디에 해당한다는 말인가. 이런 생각을 하게 되죠. 여기서 이상하다고 생각하는 것이 바로 이원론입니다. 왜냐하면 뇌의 이 활동을 보는 누군가(혹은 나)를 따로 떼어 상정하고 있으니까요. 이 생각에서 자신이라는 실체와 신경의 활동은 괴리되어 있어요. 말하자면 마음과 뇌가 별개라고 생각하기 때문에 기묘한 루프의 비극이 일어나는 겁니다."

마음과 뇌는 별개의 존재. 이렇게 생각할 때 내가 마음을 관찰한다는 발상이 생겨난다. 그리고 그다음으로 마음을 관찰하는 나를 관찰하는 내가 생겨난다. 그러므로 데카르트의 잠언은 '나는 내가 생각한다고 생각한다, 고로 나는 내가 존재한다고 생각한다'가 더 정확한 표현 같다. 하지만 그렇다 해도 '나는 내가 존재한다고 생각한다'의 '나'는 무엇인가 하는 명제에서 놓여날 수 없다. 나는 뇌 내 신경 활동에서 비롯된 이온의 소용돌이이다. 그것이 뇌이자 마음이다. 물론 소용돌이의 흐름과 양상은 사람에 따라 다르다. 즉 개체차가 있다. 하천의 돌 하나하나처럼. 결국 그것이 정체성이자 '나는 생각한다'의 '나'이다.

그렇다면 이온의 움직임이 멈출 경우 마음도 정지한다. 노골적이지만 그렇다. 무덤이나 불단에 조상은 존재하지 않는다. 신사에 영령도 존재하지 않는다. 환생도 없다. 수호령도 천벌도 없다. 내세도 천국도 존재하니 않으니 (일반적 정의인) 신도 필요 없다.

"이건 매우 SF적인 발상이지만, 향후 과학이 크게 발달해서 현재 이케가야 씨의 뇌 이온의 움직임을 전부 IC칩 등에 완벽하게 이식할 수 있다면 이케가야 씨의 정체성은 두 개로 나타나는 걸까요?"

"그럴 가능성을 부정할 수는 없겠죠. 사고 실험으로 말한다면 스위치를 켠 순간은 그렇다고 생각합니다."

"그다음 순간부터는 변해버린다는 의미인가요?"

"우리는 경험에 따라 변화하는 존재입니다. 뇌의 특징 중 하나는 경험에 근거한 '자기 다시 쓰기' 기능입니다. 본래의 자신이 여기에 있고 한편으로 내 눈앞에 나를 그대로 닮은 복제품인 안드로이드가 있다면, 나와 안드로이드의 시야에 들어오는 풍경부터 이미 다릅니다. 다른 위치에 있고 다른 것을 보고 있으니까요. 경험에 차이가 있는 이상, 자연스레 다른 인격으로 분화해가죠. 스위치를 켠 순간에는 똑같지만 눈 깜짝할 사이에 존재가 분기되어 다른 사람이 되는 겁니다."

"SF영화 같은 데 보면 커다란 수조에 떠 있는 뇌와 대화하는 장면이 나옵니다. 그런 것도 가능한가요?"

수조 안의 뇌. 이 질문은 후지이 나오타카에게도 했었다. 철학자 힐러리 퍼트넘Hilary Putnam이 제시한 유명한 사고 실험이기도 하다. 후지이는 오직 뇌만으로 존재할 수는 없다고 대답했다. 이케가야는 잠깐 생각한 뒤 "물론 있을 법도 하지만…"이라고 말한다.

"아마도 우리는 거기에 생겨난 마음을 이해할 수 없을 겁니다."

"대화할 수 없다는 뜻인가요?"

"대화는커녕 거기에 마음이 있다는 것도 인식하지 못할 가능성이 큽니다. 예를 들어 우주인과 교신하려는 사람이 있다고 해볼까요. 저는 개인적으로 우주인이 있을 거라고 믿지만, 가령 우연히 만난다 해도 대화를 할 수 있을지는 의문입니다. 신체 형태나 신경 시스템이 다르면 마음의 구조도 완전히 달라집니다. 마음의 시스템이 다르면 대화가 이루어지지 않겠죠. 심지어 같은 인간끼리도 종교가 다르다는 이유로 서로 이해하지 못하는 정도니까요."

가상현실을 주제로 한 영화와 소설은 많다. 그것들이 공통적으로 제시하는 주제는 말하자면 '호접몽'이다. 이 현실은 진짜 현실인가? 현실이라고 뇌가 착각하는 것은 아닌가?

우리는 눈, 귀, 코, 입, 피부가 뇌에 보내는 전기신호에 따라 세계를 인지한다. 수조 안의 뇌도 홋카이도 대자연의 설산에 있는 듯한 영상과 소리, 냄새, 온도를 신호로 보내면 자신이 설산에 있다고 인식할 것이다. 아마존 정글의 신호를 보내면 바로 거기가 아마존이다.

그리고 당연하게도 이 명제는 수조 안의 뇌에만 해당하지 않는다. 우리와 수조 안의 뇌는 무엇이 다른가. 우리가 인식하고 있는 이 세계는 정말로 현실일까.

그러나 결론은 이미 나와 있다. 현실과 가상현실을 식별할 재주는 없다. 밤에 잠자리에 들어 이튿날 아침 눈을 떴을 때 우리가 수조 안의 뇌라는 것을 깨달을(어떤 식으로 깨달을지가 문제지만) 가능성도 완전히 부정할 수는 없다. 그리고 물론 수조 안의 뇌임을 깨달은 직후 꿈에서 깨어날 가능성도 부정할 수 없다.

끝내 (이케가야가 말한) 루프에 빠져들고 있다.

## 타행성인과의 의사소통은 성립하지 않는다

나는 타행성인과의 대화로 화제를 돌리려고 "그렇지만 아마도…" 하고 이야기를 꺼냈다.

"다른 행성의 우주인에게도 언어 정도는 있겠죠. 번역이 불가능하진 않을 겁니다. 그런데도 의사소통이 성립하지 않나요?"

"어려울 겁니다. 문법이 다르면 사고하는 방법도 달라집니다. 우리가 우주인을 발견한 시점부터 그 우주인을 생물이라고 인식할 수도 없을 거라고 봅니다. 그 우주인은 우리가 '생물'에 기대하는 시스템으로 구동되지 않을 테니, 인간의 뇌로 인지하려고 시도하는 한 그 생명체의 존재를 알아볼 수 있을지조차 불투명해요."

이케가야는 이렇게 말한 후 나와 오부나이의 얼굴을 차례로 바라보았다.

"인간이 뇌를 써서 '나는 무엇일까'를 고민하는 건 말하자면 자위 같은 겁니다. 인간의 뇌라는 남루하게 짜깁기된 장치를 써서 스스로에게 말하는 셈이니, 옆에서 보면 '뭐하는 거야?'라는 느낌만 들죠. 그건 극히 한정적인 사고에 그치는 무익한 작업입니다. 그런데 우리는 그런 결함뿐인 뇌로, 그것도 가까스로 이해할 수 있을 만한 대상에 초점을 맞추고 세상의 시스템을 기술하는 일에 푹 빠져 있습니다. 그것이 바로 과학이라는 학문입니다. 자위와 마찬가지인 세계죠. 뇌의 버그라고 할까요.

그렇기 때문에 만약 우주인이 우리보다 더 고도의 문명을 가지고 있고 우리가 그곳에 가서 뭔가를 본다고 해도, 우리는 그들이 발견한 물리법칙을 전혀 이해할 수 없을 겁니다. 과학의 정의는 자연 현상을 인간이 이해할 수 있는 언어로 기술하는 행위이기 때문입니다. 혹은 기술하는 데 성공했다는 기분에 희열을 느끼는 행위라고 바꿔 말하는 편이 정확할지도 모르겠네요."

"하지만 물리법칙은 우주 공통 아닙니까?"

"아뇨, 그렇지 않을 겁니다. 예컨대 개구리에게는 움직이는 대상만 보입니다. 곤충을 잡아먹을 때는 혀를 쏙 내밀죠. 즉 개구리에게는 질량 보존의 법칙이 성립하지 않는 겁니다. 윅스퀼의 환세계론은 아니지만, 그 생물 특유의 물리법칙이라는 것이 있습니다. 그러니 우주인과 우리의 물리법칙이 다를 수도 있죠."

"그렇다면 $E=mc^2$ 등의 대명제는요?"

"다를 겁니다. $E=mc^2$ 이라는 건 어디까지나 인간이 이해할 수 있도록 고안한 수식이니까요. 우주는 인간에게 이해받으려는 목적으로 존재하는 것이 아닙니다. 인간이 물리법칙을 구축하는지의 여부를 상관하지 않아요. 인간은 자신이 이해할 수 있는 범위의 수식으로 물리법칙을 기술할 뿐이에요. 따라서 지구인의 법칙과 우주인의 법칙은 다를 법합니다. 우주인들이 자기들 나름의 물리법칙을 가지고 있다고 해도 이상하지 않아요. 하지만 우리에겐 그들의 법칙이 흑마술 같은 것으로 보일 수밖에 없죠. 인간 사고의 사정거리는 기껏해야 그 정도입니다.

SF가 그리는 세계는 결코 인간의 사고 패턴을 벗어날 수 없습니다. 한정적이죠. 사실은 상상의 영역 밖에서 벌어지는 일이 있을 겁니다. 저는 폴란드 SF작가 스타니슬라프 렘Stanisław Lem의 소설《솔라리스Solaris》를 좋아하는데요, 등장인물이 한 행성에서 어떤 생명체를 우연히 만나는데 끝내 그 생명체를 이해하지 못한 채 인간 세계로 돌아와요. 매우 겸허한 소설이고, 정말 그럴 만하다고 생각했습니다."

렘은 허버트 조지 웰스Herbert George Wells 식의 우주인을 전면 부정한다. 웰스의 우주인은 어디까지나 인류의 지성과 감각과 상상력의 사정거리 안에서 조형한 생명체다. 극도로 고도의 지성을 가진 (듯한) 솔라리스의 바다는 그 행성에 발을 내디딘 인류의 의식 활동에 여러 가지 간섭을 한다. 하지만 의사소통은 하지 못한다. 하기야 바다다. 언어가 있는지조차 알 수 없다. 감정도 생각도 알 수 없다. 그 소설이 그리는 것은 철저한 '불통'이다.

## 우리는 세계를 왜곡함으로써 인식한다

…여기까지는 이케가야와의 대화를 그대로 옮긴 것이다. 의견이 일치했다고는 결코 말할 수 없고, 지금도 완전히 납득하지 못한 부분이 몇 군데 있다(이해가 될 때까지 더 물어야 했다). 하지만 이케가야의 말을 들으면서 나는 미디어 리터러시에 대해 생각했다.

객관적인 정보 따위는 존재하지 않는다. 모든 정보는 기자와 작가와 PD와 카메라맨 등 여러 감각세포를 통과하면서 신호로 변환되어 읽는 쪽과 보는 쪽의 의식에 재생된다. 그리고 그 순간 기자와 작가와 PD와 카메라맨의 해석(주관)으로부터 절대 자유로울 수 없다.

하지만 논픽션과 다큐멘터리는 그 사전적 정의인 '허구를 이용하지 않고 기록을 바탕으로 만든 것. 기록문학·기록영화의 일종. 실록'이 뜻하듯 사실 그 자체라는 인식을 갖고 있는 사람들이 굉장히 많다.

거듭 말하지만, 이른바 '짜고 치는 고스톱'이나 '날조'는 논외다. 그런 수준의 것들에 대해 논할 생각은 없다. 내가 말하고 싶은 것은 논픽션이든 다큐멘터리든 제작한 사람의 주관에서 결코 벗어날 수 없다는 점이다.

"예를 들어 우리는 영상을 보고 이건 진짜일 거라고 생각하죠. 그런데 실제로는 프레임(화각)이라는 것이 있습니다. 카메라맨이 프레임을 선택해요. 즉 우리는 텔레비전과 영화와 인터넷을 통해 한정된 프레임에 자의적으로 담긴 영상을 봅니다. 그건 확실한 사실입니다. 정확하게 말하면 사실의 일부죠. 어느 부분을 어떻게 잘라내느냐에 따라 전혀 다르게 보입니다. 이걸 알아차리는 것이 리터러시입니다. 내가 지금 접하는 정보는 반드시 누군가를 통과해온 정보라는 것. 그리고 관점은 다른 곳에도 아주 많다는 것."

여기까지 말하고 나서야 대담의 영역이 너무 넓어지는 것이 아닌가 하는 생각을 잠깐 했다. 뭐 어떠랴. 너무 넓어졌다면 나중에 삭제하면 된다. 이야기를 조금 더 계속해보자.

"글의 경우도 똑같습니다. 예를 들어 이케가야 씨에게 호의적인 기자라면 인터뷰 때 이케가야 씨가 싱글벙글 웃었다고 느끼고 그렇게 쓰겠죠. 하지만 악의적인 기자라면 같은 미소를 히죽히죽 웃었다고 느끼고 그렇게 쓸 겁니다. 어느 쪽이 거짓이고 어느 쪽이 참인지 논해봐야 소용이 없습니다. 어느 쪽이든 사실이고 어느 쪽이든 기자의 주관이죠. 같은 사건을 보도하면서 아사히신문과 산케이신문의 논조가 왜 이렇게 다르냐고 묻는 사람이 더러 있습니다. 대체 어느 쪽이 맞느냐면서요. 이것도 마찬가지죠. 어느 쪽이 맞는지 생각해봐야 답은 없어요. 관점이 다를 뿐이죠. 하지만 관점이 다르면 세계는 글자 그대로 웍스퀼적으로 완전히 달라집니다. 그런 점에서 저는 미디어 리터러시가 인지 또는 뇌의 감각과 통하는 면이 있다고 봅니다."

묵묵히 이야기를 듣던 이케가야는 천천히 고개를 끄덕였다.

"그렇죠. 뭔가를 보거나 느끼는 건 대상에 대한 일종의 섭동perturbation입니다. 즉 특정한 무엇의 동적 프로세스죠. 조금 더 적나라하게 말하면 인식한다는 것은 왜곡하는 것이기도 합니다. 인간은 망막으로 빛을 받아들이거나 고막으로 공기의 진동을 포착해 그걸 뇌로 해석합니다. 그러니 있는 그대로 보일 리가 없습니다. 삼차원의 세계가 망막에 비친 시점에서 이차원으로 왜곡되고 있으니까요. 그래서 우리는 기본적으로 눈앞에 있는 이 커피 잔의 '실물'을 볼 수 없습니다. 이것과 마찬가지죠. 보도한다는 행위도 사실을 왜곡하는 것과 같은 뜻입니다. 자신이 이해할 수 있도록, 경우에 따라서는 무의식의 선호에 따라 왜곡하는 셈이죠."

"니체Friedrich Nietzsche는《권력에의 의지*Der Wille zur Macht*》에 '사실 따위는 존재하지 않는다. 해석만이 존재한다'고 썼습니다."

내가 말했다. 니체만이 아니다. 칸트는 "우리는 표상만을 인식하고 있다"고 설했고, 쇼펜하우어Arthur Schopenhauer는 "세계는 우리의 표상에 지나지 않는다"고 썼다. 이 잠언에 더 덧붙일 요소는 아무것도 없다. 객관적 세계 같은 것은 존재하지 않는다. 단 하나의 세계도 존재하지 않는다. 세계는 한 사람 한 사람의 해석 위에 성립할 뿐이다. 법칙이라고 해도 좋다. 즉 미디어 리터러시의 원칙인 '미디어의 정보는 기자와 카메라맨과 PD의 해석이다'라는 우리의 세계 인식과 공통점이 있다. 이케가야는 조용히 고개를 끄덕였다.

"비슷한 면이 있죠. 니힐리즘nihilism에는 일부 공감합니다."

이케가야의 입에서 돌연 나온 니힐리즘이라는 말을 인터뷰 당시 나는 제대로 소화하지 못했다. 너무 갑작스러웠는지도 모른다. 무의식 중에 듣고 흘려버렸다. 지금 원고를 정리하면서 생각한다. 뇌과학자와 니힐리즘의 친화성. 이건 키워드에 가깝다. 뇌의 시스템을 밝히려고 하면 할수록 니힐리즘에 빠지지 않을 수 없다. 그러고 보면 사상도 감정도 연애도 희망도 절망도 모두 뇌 내 이온과 전위차에 따른 이동으로 발생하는 현상이다. 다시 말해 메커니즘. 매우 기계적이다. 그런 현실을 실감하면 할수록 니힐리즘에 빠지는 것도 당연하다. 그래서 더 생각한다. 그래서 더 번뇌한다. 우리는 무엇인가. 어디서 왔고 어디로 가는가. 내가 말했다.

"…생물의 가시광선 범위는 종에 따라 다르고 실제로 보이는 것도 생물에 따라 완전히 다르지 않습니까. 시각이 아니라 청각과 후각으로 세계를 인식하는 생물도 얼마든지 있고요. 그러면 그들의 세계는 지금 우리가 느끼는 세계와는 완전히 다른 모습이겠네요. 인간은 자신이 좋을 대로 세계를 해석하고 그걸 세계의 모습이라고 착각하고 있고요. 가시광선의 파장 범위가 조금만 바뀌어도 세계는 완전히 변하는데 말이죠."

이케가야는 "맞습니다"라고 말한 뒤, "다만 오해하지 않으셨으면 하는 게" 하고 덧붙였다. "세계를 자신이 좋을 대로 해석하는 것이 나쁘다는 건 아닙니다. 그렇게 하지 않으면 '생각'할 수가 없다고 말씀드리는 겁니다. 즉 왜곡하는 기능이 우리에게는 마음이고 생각하는 프로세스 그 자체라는 뜻이에요."

"그 경우 '왜곡한다'는 말의 의미는 특정한 관점을 정한다는 거고요."

"그렇죠. 그 관점에서만 현상을 볼 수 있도록 좁게 한정한다는 뜻입니다. 인간의 뇌가 불완전한 것을 보고 있다고 가정할 때 문제가 되는 점은, 그렇다면 완전이란 무엇인가, 사물의 진짜 모습이란 무엇인가 하는 의문입니다. 우리 과학자들은 이 의문에 바로 답할 수가 없습니다. 왜곡된 인지를 통해 생각할 수밖에 없다는 숙명을 안고 과학을 하는 것이 우리의 모습입니다. 왜곡되지 않은 사실이 대체 무엇인가를 과학으로는 정의 내릴 수 없습니다. 뇌를 사용해서 과학을 하는 한 영원히 알 수 없죠. 그러니 비트겐슈타인처럼 사고 정지를 하는 편이 현명할지도 모르겠네요."

사족일 수 있지만 조금 보충하겠다. 이케가야가 언급한 '비트겐슈타인의 사고 정지'는 그의 저서《논리철학 논고*Tractatus Logico-Philosophicus*》 마지막 절에 실린 '말할 수 없는 것에 대해서는 침묵해야 한다'는 말을 가리킨다. 물론 비트겐슈타인은 단순히 사고 정지를 권한 것이 아니고(나는 이 말의 의미를 뭔가를 언어로 규정함으로써 왜소화하는 것에 대한 경종이라고 해석하고 있다), 이케가야도 그런 의미로 사고 정지를 거론한 것은 아니다. 이 경우 문제는 '말할 수 없는 것'의 범위를 가늠하는 일이다. 남용해서는 안 된다.

## 신체는 뇌의 잠재력을 제한하고 있다

나도 모르게 "그럼 생각이 멈춰버릴 텐데"라고 중얼거렸고, 이케가야는 고개를 살짝 끄덕이고는 시험하듯 "그렇지만 안전하잖아요"라고 속삭였다.

"안전하지만 재미가 없죠. 자극적이지 않아요."

이케가야는 "그렇죠"라며 빙그레 웃었다. 히죽거리는 웃음이 아니라 싱글벙글이다. "우리는 왜 이유를 찾아야만 할까요. 그 동기가 뇌에 심어져 있어요. 원인을 탐구하려는 욕구는 진화적으로 유리했을지도 모릅니다. 예를 들면 다리가 아플 때 '다리가 아프다. 이상!' 이렇게 끝낼 수는 없죠. 생존하려면 아픈 이유를 찾아 대처할 필요가 있었던 겁니다. 다친 걸 알아차린 뒤에는 언제 어디서 왜 다쳤는지 자기 나름대로 이유를 밝혀내고, '여기서 수풀의 가시에 찔렸으니까 다음부터는 조심하자' 하고 학습합니다. 이처럼 원인을 규명하려는 욕망이 뇌에 프로그래밍되어 있어요. 더 엄밀하게 말하면 어쩌다 보니 뇌에 그런 욕망이 기본으로 설정되었고 그래서 진화적으로 도태되지 않을 가능성이 높아졌습니다. 이런 경향이 현재 우리의 뇌에 전해지고 있어요. 즉 이유를 탐구하는 본능은 결코 '나는 무엇인가'를 묻기 위해 프로그래밍된 것이 아닙니다. 그런데 인간은 그 본능의 화살을 자기 자신에게 돌려버렸습니다. 그래서 저는 그것을 언어의 부작용이라고 부르는 거고요."

부작용으로 왜소화된 덫에 걸려 돌아가는 무한 루프다. 그러나 그 부작용을 가장 강력하게 추동하는 이들이 뇌과학자들이고, 이케가야 유지는 그 분야의 일인자 가운데 한 명이기도 하다. 내가 이렇게 말하자 이케가야는 "그러게요"라며 쓴웃음을 짓는다.

"결국엔 벗어날 수 없겠죠. 뇌의 잠재력을 제한하는 건 신체입니다. 우리에겐 손가락이 열 개밖에 없지만, 만약 한 개 더 있었대도 우리의 뇌는 그 손가락을 활용할 수 있다고 생각할 겁니다."

"그러니까 우리 뇌에는 손가락이 하나 더 있어도 대응할 수 있을 만큼의 잠재력이 갖춰져 있다는 말씀입니까?"

"네. 예컨대 지구자기가 그렇습니다. 인간은 감각으로 느낄 수 없는 환경 정보죠. 그 지구자기 정보를 뇌에 직접 송신하면 우리가 그걸 활용할 수 있을까요. 실제로 지구자기 정보가 담긴 미세 칩을 쥐의 뇌에 심는 실험이 진행되었어요. 그러자 놀랍게도 눈이 보이지 않는 쥐가 지구자기를 이용해 미로에서 길을 잘 찾아갔습니다.

뇌는 처음부터 가지고 태어나는 감각이 아니더라도 충분히 활용할 수 있습니다. 덧붙이자면 이 실험은 새로운 감각을 통해 결핍된 기능을 보완하는 능력이 뇌에 있다는 점도 증명해낸 거죠. 지구자기 감각이 있으면 눈이 보이지 않아도 마치 보이는 것처럼 행동할 수 있는 셈이니까요. 다음 실험으로는 뇌와 뇌를 연결해보려고 합니다. 실은 쥐 두 마리의 뇌를 연결하는 프로젝트를 이미 시작했는데요. 듀크대학교 신경공학센터 설립자이자 의학박사인 미겔 니코렐리스Miguel Nicolelis가 이끄는 연구팀이 올해 먼저 성과를 내버렸습니다."

뇌와 뇌를 연결해보려고 합니다, 라는 이케가야의 말을 들으면서 나는 후지이 나오타카와의 대담을 떠올렸다. 내심 '진짜 연결했단 말이야!' 하고 경악하면서. 하긴, 분야도 가깝고 최첨단 분야이니 관심 영역이 비슷한 건 당연할지도 모른다.

"니코렐리스 연구팀은 브라질 나탈Natal의 연구기관과 미국 노스캐롤라이나 주의 대학 연구실에 쥐를 한 마리씩 두었습니다. 두 마리 쥐는 거리로 치면 1만 킬로미터 떨어져 있는 건데, 대뇌피질에 전극을 심어 뇌와 뇌를 연결함으로써 0.1초 이내의 시간차로 두 개의 뇌를 동기화했습니다. 즉 감각과 운동 정보를 두 마리가 공유하게 했어요."

듀크대의 뇌과학자인 미겔 니코렐리스는 일본에서도 《월경하는 뇌—브레인 머신 인터페이스의 최전선*Beyond Boundaries*》 등이 번역 출간되어 알려졌고(국내에는 2012년 《뇌의 미래》라는 제목으로 출간되었다—옮긴이), 뇌와 기계 사이의 정보 전달을 중개하는 브레인 머신 인터페이스 연구의 일인자이기도 하다. 그런데 니코렐리스가 두 개의 뇌를 동기화하는 데 성공했다는 사실은 몰랐다. 어떻게 정보 전송이 이루어진 걸까.

"인터넷입니다. 브라질 쪽 쥐의 뇌에 심은 전극으로 활동을 기록하고 그걸 컴퓨터로 처리해 미국 쪽 쥐에 전기신호를 보냅니다. 그리고 뇌의 같은 부분에 전기 자극을 주면 브라질에 있는 쥐의 감각을 사용해서 미국의 쥐가 미로를 풀고 먹이를 얻을 수 있었습니다. 수염의 감각 정보를 상대 쥐의 뇌에 전송하자 0.1초 이내의 시차로 감각을 공유할 수 있었어요."

이 실험은 배양한 신경세포를 회로로 이용한 유기 컴퓨터의 실현을 떠올리게 한다. 실제로 미겔 니코렐리스는 뇌의 신호를 이용하는 의수와 의족 등의 개발에도 기여하고 있으며, 그 개발은 이미 SF 수준을 넘어섰다. 사고를 통해 움직이는 기계는 현실이 되고 있다. 말하자면 아바타다.

제임스 캐머런James Cameron 감독의 2009년 영화 〈아바타Avatar〉에 등장하는 가상 육체(아바타)는 가상 육체 제작에 유전자를 제공한 인간의 뇌신경을 연결해 움직일 수 있는데, 최첨단 뇌과학은 그 수준에까지 근접했다. 영화 끝부분에서 남자 주인공은 타행성인을 통해 가상 육체에 정신을 이식받는다. 그리고 그 아바타의 정체성을 고민하게 된다. 그것을 문제 삼는(신경 쓰는) 자체가 이미 덫에 걸렸다는 뜻이라고 이케가야는 말하겠지만 신경 쓰지 않을 수가 없다.

"우리는 지금 쥐의 해마를 동기화하는 실험을 하고 있습니다."

"해마는 기억의 메커니즘에서 중추를 담당하지요. 그럼 해마를 동기화하면 기억도 공유할 수 있는 건가요?"

"그것도 가능할 거라 생각합니다."

"말하자면 내가 아닌 다른 사람의 기억이 내 뇌에 그대로 복사된다는 거죠?"

"그렇게 하고 싶습니다. 저는 오사카에도 연구실이 있는데, 거기서 10명의 뇌를 연결하는 실험을 해보려고 합니다. 물론 그리 쉽게 연결할 수는 없겠지만 MRI를 잘 활용하면 가능하지 않을까 합니다. 가령 10명의 뇌 정보를 한 대의 컴퓨터에 전송하면서 컴퓨터에게 투표를 시키는 거죠. 선택지를 준비한 뒤에 A와 B중 어느 쪽이 좋습니까, 하고 묻는 거예요. 그 10명에게는 각자 마음속에 생각하는 바가 있을 테고 그 의중을 컴퓨터 안에서 통합하는 거죠. 그러면 거기서 생겨나는 건 인간의 마음과는 다른 새로운 차원의 '마음'이 아닐까 생각합니다."

"A가 여섯이고 B가 넷이라면 결과적으로 A는 남고 B는 배제되지 않을까요?"

"집단지성이 태어나게 됩니다. A와 B 사이의 양자선택은 너무 간단한 문제일 수도 있겠네요. 예를 들면 더 어려운 문제를 풀도록 하는 겁니다. 그 경우 각자의 대답은 알 수 없지만, 10명이 모여 논의하면 답이 나오는 경우도 있습니다. 뇌를 직접 결합해서 이와 비슷한 실험을 진행해보려고 합니다."

## 집단지성은 마음인가, 새로운 인격인가

들으면서 어느새 SF의 세계에서 헤매는 기분이 들었다. 인터넷으로 연결되는 집단지성. 그것은 마음일까, 새로운 인격일까.

"집단지성이 곧 마음이냐고 묻는다면 그건 또 고민스러운 문제지만, 저는 그런 새로운 마음을 인공 합성하고 싶습니다. 그렇게 마음의 수비 범위를 확장하고 싶은 겁니다."

"저는 이 나이에도 만화를 자주 읽는데요, 〈빅 코믹 스피릿ビッグコミックスピリッツ〉(쇼가쿠칸 출판사에서 발행하는 청년 만화 잡지—옮긴이)에 마세 모토로間瀬元朗의 《데모크라티아デモクラティア》라는 작품이 연재되고 있어요. 주인공은 휴머노이드 연구를 하는 과학자인데, 물론 인공지능을 만들지는 못합니다. 이 주인공은 다수결 시스템이라는 프로그램을 휴머노이드에 탑재하면 모범적인 존재가 되지 않을까 생각합니다. 휴머노이드를 움직이는 다수결에 참여하는 사람들은 인터넷을 통해 선발된 3,000명입니다. 참고로 그 사람들은 자세한 내용을 듣지 못한 상태죠. 인기순으로 상위 3개의 선택지에 선착순 소수의견 2개를 더한 의견이 그때그때 휴머노이드의 행동에 반영됩니다. 연재가 시작된 지 얼마 되지 않았지만(2015년 12월에 완결되었다—옮긴이), 아마 이 휴머노이드는 앞으로 폭주하지 않을까 싶습니다.

10명의 의식을 통합해 새로운 마음을 만드는 발상은 이 만화와 비슷한 면이 있지 않나 싶은데요?"

"신기하게도 그렇네요. 물론 저는 윤리적으로 문제가 있는 일을 진행할 생각은 없습니다. 하지만 SF작품은 연구에 힌트를 많이 줍니다. '어차피 몽상 속 얘기잖아'라며 아무도 진지하게 받아들이지 않던 발상을 현실의 과학적 접근법을 통해 받아들이면 '인간이라는 것'의 정의가 넓어지죠. 그러면 '나는 누구인가', '마음이란 무엇인가'라는, 기존에 문과적으로 여겨졌던 질문에 이과적으로도 다가갈 수 있습니다. 이런 철학적인 명제는 너무 유치하고 중2병처럼 낯부끄러운 감이 없지 않아 있지만, 앞서 말씀드렸듯이 제 안 어딘가에 줄곧 뿌리내리고 있는 질문입니다."

문학소녀. 중2병. 유치함. 맞다. 그 부분은 아무래도 비슷한 모양이다.

"하지만 당연히 그 답에 도달하지는 못할 거라는 사실도 알고 있습니다."

"살아 있는 인간의 뇌를 사용하는 한 무리겠죠."

"제가 인간인 이상 이 명제를 증명하는 건 미래에도 영원히 무리죠."

"그것이 이미 자명함에도 불구하고 나를 알고 싶어하도록 뇌가 프로그래밍되어 있다는 것이 참 흥미로워요. 어쩔 도리가 없는데 이리저리 치이고 있네요. 이것에 대해 다시 한번 깊이 생각하게 만든 사건이 2013년 8월에 있었죠. 호주의 한 연구팀이 iPS세포를 통해 '인공뇌'를 만드는 데 성공했잖아요. 아직 약 10개월까지만 배양할 수 있어서 4밀리미터 크기밖에 안 되지만, 눈도 제대로 있고 인공뇌 내의 신경세포도 독자적인 활동을 하고 있어요. 그걸 '마음'이 아니라고 잘라 말할 수 있을까요?"

이케가야는 질문을 받고 생각에 잠긴다. 그래도 "…그건 어렵지 않을까요"라고 답할 수밖에.

"그 연구팀은 안드로이드라는 말을 따서 '오거노이드'라는 말을 쓰고 있습니다. 인조 장기라는 의미죠. 만약 그것이 마음을 가지고 있다면 문제가 심각해요. 그것은 쥐의 뇌가 아닌, 인간의 세포에서 생겨난 뇌거든요. 시험관 안에서 얼마든지 '수경 재배'가 가능합니다. 게다가 인간의 피부세포에서 만든 뇌예요. 인공뇌가 자기 자신인지 아닌지는 차치하더라도, 행여나 뭔가를 느낄 가능성을 완전히 부정할 수는 없습니다. 그렇다면 제작한 인공뇌를 쓰레기통에 버리면 살인죄가 적용되는 걸까. 여러 생각이 들 수밖에 없습니다."

나는 이건 '태아는 어느 단계부터 의식과 마음을 가지는가'와 같은 수준의 문제겠구나 생각하면서 "마음을 어디까지 규명할 수 있다고 생각하십니까?"라고 물었다. 슬슬 정리해야 한다.

"인간의 뇌로 사고하는 이상 한계가 있다는 제 입장은 변함이 없지만, 뇌와 뇌를 결합해온 '집단지성'이나 iPS세포에서 만들어진 '인공뇌'라는 새로운 마음의 형식을 탐구함으로써, 역으로 '인간 마음'의 윤곽을 드러낼 수 있을지도 모르겠습니다. 그러니 희망은 있습니다. 뇌의 시스템에 관해서는 아직 밝혀내야 할 부분이 많아요. 서서히 연구가 진행되면 정교한 시스템을 알 수 있게 될 가능성이 큽니다."

"즉 뇌에는 우리가 아직 알아차리지 못한 정교한 시스템이 숨어 있을 가능성이 있다는 뜻입니까?"

"네. 혹은 그 반대의 가능성도 있는데, 생각 외로 너무나 간단한 시스템일지도 모르죠. 어떤 경우든 해야 할 일이 산적해 있어요. 동시에 거듭 확인해야 할 장벽은 뇌의 시스템을 파헤침으로써 처음으로 엿보는 '진실'과 '왜'라는 철학적 질문 사이에는 메울 수 없는 간극이 있다는 점입니다."

"최근 200년 만에 대뇌생리학에서 뇌 기능 국재론 등 새로운 이론이 다수 발표되었습니다. 하지만 그걸 규명해낸다 해도 철학적인 '왜'에 대한 대답을 얻을 수는 없죠. 거기서부터는 철학·종교·언어학의 영역이니까요.

하지만 그와 동시에 뇌 자체가 더욱 진화한다면 지금의 우리와는 다른 차원의 수준까지 도달할 가능성도 있습니다. 물론 그건 수천 년 혹은 수만 년처럼 터무니없이 먼 미래의 이야기지만요."

"그렇게 될 겁니다."

"이케가야 씨도 아까 언급하셨지만 인간 진화의 여정은 다른 생물과는 다릅니다. 인간은 스스로 환경을 변화시키죠. 그 변화가 다음 세대 이후의 진화에 영향을 미치고요."

"생태적 지위 구축 말씀이군요. 인류는 유전자뿐 아니라 환경에 따라 생물학적으로 진화와 퇴화를 합니다. 사실 인간 유전자의 다양성은 농경이 시작된 약 5,000년 전에 순간적으로 늘어났습니다. 수렵과 채집을 했던 약 2만 년 전이었다면 우성이 아닌 유전자는 배제되었을 거예요."

"그런데 그것이 배제되지 않게 되었다, 다시 말해 열성 유전자도 포섭하게 되었다는 말씀이죠?"

"맞습니다. 저는 눈이 나쁘기 때문에 수렵·채집 시대였다면 살아남지 못했을 겁니다. 그런데 지금은 근시가 불리하지 않죠. 문제없이 생활할 수 있습니다. '안경을 맞춘다'는 의미는 유전자가 아니라 환경을 바꾼다는 의미입니다. 생태적 지위를 구축하는 전형적 사례죠. 의료기술이 발달하면 적합하지 않은 유전자가 배제되지 않더라도 문제가 없습니다. 따라서 유전자의 다양성이 단숨에 늘어납니다. 요즘엔 누구나 최소한 수십 개의 유전병을 가지고 있다고 합니다. 모두가 '병 있는 사람'이죠. 그렇다면 '건강'이란 대체 무엇인가 하고 묻게 되겠죠. 사실 완벽하게 건강한 사람이 세상에 한 명이라도 있을까요.

생태적 지위가 구축된 결과 지금은 '병'이라고 인식하지 않게 된 사례도 있습니다. 하지만 '그러면 된 거 아닌가?' 하는 단순한 얘기는 아닙니다. 가령 난임 등이 그렇습니다. 그렇게 눈에 보이는 형태로 나타나는 부적합성도 있습니다. 종의 보존 능력으로 볼 때, 난임이 이렇게 많은 생명체는 드물죠. 아이를 원하는 부부의 난임 치료는 장려해야 하지만, 이 점을 염두에 둘 필요도 있습니다. 인간의 윤리관이 이런 인공적 개입을 용인하기 시작한 현대에 들어 인간이라는 종은 유전적 진화를 스스로 멈췄다고 볼 수도 있습니다."

유전적 진화를 멈춘 생물. 물론 비유적 표현이지만, 다윈주의적 진화가 환경에 대한 적응이라는 점을 고려하면 이 정도로 환경에 손을 댄 인류는 이미 자연선택의 압력에서 상당히 먼 위치에 와 있다는 인식도 가능하다. 그렇다면 SF 등에 흔히 등장하는, 머리는 비대하고 팔다리는 허약한 미래인도 현실이 되지 않으리라는 보장이 없다. 이렇게 질문하는 나에게 이케가야는 "그 정도까지 가지는 않을 겁니다"라고 말했다.

"그렇다면 인류는 스스로 구축한 환경에 맞춰 진화해갈 수밖에 없겠군요."

"물론 그렇겠죠. 다만 인간의 자연적인 행위에서 비롯된 흐름상 그렇게 되어갈 것이므로 우려할 만한 일은 아니라는 해석도 가능합니다. 생태적 지위의 구축 범위가 확장되는 현상을 넓은 의미의 진화로 해석하면 되니까요."

10장

# 과학은 무엇을 믿는가

과학 작가 다케우치 가오루에게 묻다

**다케우치 가오루** 竹内薫

과학 작가·이학박사. 1960년 도쿄 출생. 도쿄대학교 이학부 물리학과 졸업. 캐나다 맥길대학교 대학원 박사 과정 졸업. 고에너지물리학 전공. 물리·수학·뇌·우주 등 난해한 분야를 알기 쉽게 전달하는 글로 정평이 나 있다.

## 다시 일본의 과학에 묻는다

이번 약속 장소는 요코하마의 호텔 바. 하지만 밤은 아니다. 대낮이다. 그래서 술은 마시지 않는다. 다케우치 가오루와 오부나이이는 따뜻한 커피를 주문했다.

첫 모금을 마시면서 내가 "자극 야기 다능성 획득STAP 세포 논문 조작 사건(일본 이화학연구소에 연구주임으로 근무하던 오보카타 하루코小保方晴子가 일명 '만능 세포'로 불리는 STAP세포를 만드는 쥐 실험에 성공했다는 논문을 발표해 일약 과학계의 스타로 부상했다가 논문이 변조·날조됐다는 사실이 밝혀져 큰 화제가 된 사건. 국내에는 '일본판 황우석 사건'으로 보도되기도 했다—옮긴이) 때 다케우치 씨도 여러 곳에서 의견을 피력해달라는 요청을 받으셨죠"라고 말하자, 다케우치는 조용히 고개를 끄덕였다.

"그 이야기도 청하고 싶지만, 본론은 당연히 그건 아닙니다. 이 대담의 주제는 '인간은 어디서 왔고 어디로 가는가'인데요, 예를 들어 양자론적 생물학이라든가 우주론이라든가… 후자는 어떤 의미로 보면 당연할지 모르지만, 예전에는 양자론적 접근법이 다른 분야에도 적용될 수 있는가 하는 의문이 있었죠. 흐릿하다든가 불확실성이라든가 하는 점이 관건이 되지 않을까 하는데요. 오늘은 그 부분에 대해서도 조금 여쭤볼 수 있으면 좋겠습니다."

"STAP세포 자체는 일단 제쳐두고, 이번 사건을 통해 과학이 어떠해야 하는가 하는 문제가 크게 조명된 건 사실입니다.

일단 오늘날 과학 연구 현장은 분업이 지나치게 진행되었어요. 그 정도로 쟁쟁한 인력을 모아놓고는. 뭐, 오보카타 하루코 씨는 박사 학위를 딴 지 이제 3년밖에 안 되었지만, 어쨌든 상황을 전체적으로 파악하고 있는 사람이 아무도 없다는 사실이 충격이었습니다.

실제로 100명이나 되는 사람들이 논문의 공동 저자로 이름을 올리는 경우가 적지 않습니다. 그런 경우 한 사람이 실험을 전체적으로 파악하기란 쉽지 않겠죠. 하지만 대개 제너럴리스트로서 연구를 종합적으로 파악하고 총괄하는 사람이 있기 마련입니다. 어떤 특수한 기능에 특화되기보다 이 실험은 무슨 실험인지, 콘셉트는 무엇인지, 어떻게 증명할 수 있는지를 명확히 하는 감독 역할이 필요해요.

분자생물학에서는 20여 년 전부터 물리학과 같은 분업 체제를 도입하고 있는데, 감독이 전체를 총괄하는 시스템은 확립되어 있지 않습니다. 그래서 이번처럼 공동 저자들이 입을 모아 "오보카타 하루코가 실시한 실험 부분은 모른다"고 말하는 겁니다. 그 부분이 잘못되면 전체가 뒤집혀버리는데도 아무도 확인하지 않았어요.

iPS세포는 추시追試하는 데 반년 정도의 시간이 걸렸어요. 그런데 STAP세포는 간단하다는 점을 내세우는 만큼 약 일주일이면 추시할 수 있습니다. 그런데도 연구팀 중 어느 누구도 일주일을 할애해 추시를 실시하고 전체를 정리하지 않았어요. 이 점이 매우 이상합니다. 연구팀 전원을 관리하고 전체를 파악하는 작업을 왜 아무도 하지 않았

나. 이 부분이 아무리 생각해도 이해가 안 되는 거죠."

"역시 총괄 감독이 없는 분업 체제의 병폐일까요?"

"제가 자주 하는 말이 있습니다. 과학의 '과科'는 과목科目의 '과'자잖아요. 니시아마네西周(에도 시대 말기부터 메이지 시대까지 활동한 일본의 사상가이자 교육자—옮긴이)가 메이지 시대에 들어온 서양의 '사이언스science'를 보고 여러 과목으로 나뉘어 있다는 의미로 '과학科學'이라고 번역했어요. 그 말도 맞지만, 지금은 한 연구 안에서도 과하게 세분화되어 있어 연구자들끼리도 의견 조율을 못하죠.

현재 일본의 과학에는 인지를 추구하고 분업을 실시하는 동시에 전체를 아우르는 서양 과학의 근본정신이 결여되어 있습니다. 사이언스라는 단어는 지식을 의미하는 라틴어 스키엔티아scientia에서 왔다는 사실을 서양 과학은 확실히 인식하고 있습니다. 우리가 그렇게 되려면 시간이 한참 걸리겠죠. 일본의 과학자들은 높은 기술력을 보유하고 있지만 과학은 곧 지식이라는 근본정신이 결여되어 있어요. 그래서 세부적 실험에는 굉장히 몰두하지만, 자기가 왜 그걸 하는지 철학적으로 묻는 경우는 거의 없다시피 해서…. 여하튼 그 사건을 통해 일본 과학계의 문제점이 드러났다는 느낌을 받습니다."

"지금 다케우치 씨가 지적하신 문제를 듣고… 이런 말씀을 드리면 틀림없이 당황스러우시겠지만, 저는 홀로코스트가 떠올랐습니다. 유대인 수송 계획의 책임자였던 아돌프 아이히만은 전후 십수 년에 걸친 도피 끝에 붙잡혀 재판을 받게 되죠. 그는 옳고 그름에 대한 판단은 차치하고, 맡은 업무만 열심히 수행했습니다. 재판에서도 '나는 유대인들이 그 후 어떻게 되는지 알았지만 그곳에 입회하지는 않았다. 나는 그저 시키는 대로 했을 뿐이다'라고 항변했죠. 아이히만이라는 사람은 나치에서 특별한 존재가 아니라 오히려 평범한 사람이었을 겁니다. 각자가 전체의 요소였고, 아무도 전체를 파악하지 못했습니다. 나치를 이끈 히틀러조차 현장에 한 번도 간 적이 없고, 그가 홀로코스트를 지시했다는 문서도 발견되지 않았습니다. 사실 누가 홀로코스트를 주도했는지는 정확히 알 수 없습니다. 역사학자 라울 힐버그Raul Hilberg는 '나치에는 제대로 된 지도 체계가 없고 행정만 돌출되어 있었으며 관료들은 각자 자신의 영역만 다스렸다. 그 귀결로 홀로코스트가 시작되었다'라고 썼습니다. 2차 세계대전 때의 일본과 매우 비슷하죠. 해군이 이렇게 하라고 해서 했다. 아니, 육군은 제지하지 않았다. 참모 본부의 잘못인가. 정치인에게 책임이 있는가. 천황은 지시를 내렸는가. 왜 그런 무모한 전쟁이 시작되었고, 패전이 확실시된 후에도 왜 계속했는가. 그 메커니즘이 잘 이해가 안 됩니다. 사실 이런 구조는 옴진리교의 지하철 사린가스 테러 사건 등과도 근저에서 통한다고 봅니다. 간단하게 말하면 아사하라와 제자들의 상호작용요.

독일과 일본은 개인이 조직에 종속되기 쉽고 규율을 중시하는 점 등 닮은 부분이 많죠. 그래서 경제 분야 등에선 소정의 성과를 거두었지만(패전국임에도 전후에 일시적으로 나란히 GNP 2위와 3위였으니 희한하죠) 때때로 조직이 폭주하고 맙니다. 심지어 개인의 자각이 없는 상태로. STAP 세포 사건에도 그런 요소가 있지 않나 합니다."

## 신을 전제로 하는 서구,
## 신이 없는 일본

지금까지 이야기한 STAP 세포 사건과 일본인론은 어디까지나 도움닫기다. 지금부터는 다른 경로로 화제를 유도하려고 한다. 그런데 다음 순간 다케우치 쪽에서 기어를 변속했다.

"일본의 과학에는 신이 없어요. 어떤 의미로는 어쩔 수 없는 부분이기도 합니다만. 미국과 유럽 과학자들의 경우 자기 안에 신이라는 개념을 갖고 있습니다. 뉴턴도 갈릴레오도 마찬가지였습니다. 그들에게는 신이 만든 세계라는 전제가 있죠. 〈네이처Nature〉지가 조사한 바에 따르면, 현재도 구미의 과학자 중 절반 정도는 어떤 형태로든 신이라는 개념을 가지고 있다고 합니다. 물론 그것이 모두 인간의 얼굴을 한 신은 아니고요. 어떤 형태로든 초월적인 존재가 이 세계를 만들었고, 자신은 그 수수께끼를 푸는 일을 하고 있다는 인식이 있습니다.

그런데 일본 과학자들 안에는 대부분 그런 초월적인 존재가 없습니다. 물론 삼라만상에 신이 존재한다고까지 하지는 않아도 자연에 혼이 깃들어 있다는 애니미즘적 발상은 가지고 있죠. 따라서 이 세계는 초월적 존재가 만든 것이 아니라 원래부터 존재했다고 인식합니다. 미국이나 유럽과는 태도가 전혀 다르죠.

신이 이 세계를 만들었다는 전제가 있는 한, 과학이 그걸 모방하는 것은 기본적으로 좋은 일이라고 여겨지죠. 신은 선한 존재니까요. 그러므로 그 과정에 여러 실패가 있더라도 모방하는 방법이 잘못된 데 원인이 있으니 개선하면 됩니다. 예를 들어 보잉 787 비행기에 불이 나더라도, '제대로 된 대책을 강구한다는 조건으로 비행을 다시 허가한다'고 결정하는 겁니다.

일본이라면 절대 용납할 수 없는 일이죠. 일본의 경우 자연과학이 선이라는 인식이 없기 때문인 듯해요. 오히려 과학기술을 필요악으로 간주합니다. 본래 자연은 손대서는 안 되는 것이지만 편리하고 문제만 없다면 그렇게 할 수 있게 해주자, 하지만 실패하면 두 번 다시 손대지 못하게 하자, 그런 인식이 있는 것 같습니다.

방금 전 독일 이야기가 나왔는데, 독일에 간 지인의 이야기에 따르면 독일은 기독교 국가지만 한편으로는 게르만 신화의 분위기가 매우 강하다고 하더군요. 숲의 민족이라고 할 정도로 자연을 무척 좋아하는 국민이라고요. 그런 의미에서 신은 존재하지만 의외로 일본인과 비슷한 정신 구조를 가지고 있답니다. 실제로 독일도 일본과 마찬가지로 실수를 잘 용납하지 않죠.

저는 가톨릭 신자인데, 뭔가 잘못했을 때 신에게 '잘못했습니다'라고 말하면 어딘지 모르게 용서받은 느낌이 듭니다. 그래서 '이 정도 실수는 괜찮겠지'라고 생각하게 되어 정신적으로 매우 편합니다. 그런데 그런 믿음이 없는 사람은 항상 자신을 통제해야 합니다. 자연은 신성한 것이니 본래 손을 대서는 안 됩니다. 그런데 굳이 그걸 건드리고 있으니 실패는 결코 용납할 수 없죠. 일본과 독일에는 그런 애니미즘적 감정이 뿌리 깊이 존재하기 때문에, 과학기술에 대해서도 매우 엄격한 태도를 갖게 됩니다. 에너지에 대한 태도를 봐도 일본과 독일은 역시 자연 쪽을 향해서 가죠. 신재생에너지가 어쩌고 하면서요. 그 부분은 여타 구미 국가와 다르지 않나 해요."

"종교적 요소가 배경에 있는 나라의 과학과 다신교·애니미즘적 요소가 배경에 있는 나라의 과학 사이의 차이군요. 신의 뜻을 따르는 건 선한 일이죠. 그래서 실수에 대해서도 관용적입니다. 확실히 그런 경향은 있어요. 하지만 일본에 실수가 용납되지 않는 엄격함이 있느냐고 묻는다면 저는 의문이 듭니다. 일본은 실수한 사람을 공격하는 경향이 강하지만, 동시에 실수를 외면하는 경향도 매우 강한 나라라고 느낍니다. 결국 주어의 차이라고 생각합니다. 일신교의 세계에는 '신 vs 자신'이라는 구조가 있지만, 애니미즘의 세계에서는 'vs'를 가운데 두고 양쪽이 모두 복수複數가 되어버립니다. 그래서 일본은 집단의 논리에 얽혀들어가기 쉽죠. 그 결과 제대로 절망하지 않는 사회가 되어버렸습니다. 자기 안으로 끝까지 파고들지 않죠. 애매한 상태로 놓아둡니다. 특히 오늘날에는 집단화가 가속화하면서 그런 경향이 강해지고 있습니다.

원자력발전도 마찬가지예요. 실수를 용납하느냐 마느냐의 수준이 아니라, 결국 눈을 돌려버리지 않습니까. 강력한 의지 없이 안이한 방향으로 스윽 밀려가는 거죠. 애초에 세계에서 유일한 피폭국이니 원자력발전에 더욱 굳은 의지를 보여야 했습니다. 세계 최초의 공해병이라는 미나마타병도 그런 의미에서 같은 선상에 있습니다.

일신교의 세계에는 신의 뜻에 절대로 반해서는 안 된다는 규율도 있습니다. 이른바 근본주의지요. 낙태를 하면 안 된다든가, 진화론은 틀렸다든가. 복제인간에 대해서도 논의가 진행되고 있습니다. 따라서 서구에서는 아무래도 배아줄기세포 연구가 늦어질 수밖에 없습니다. 즉 신의 영역에 손을 대지 말라는 건데, 그 부분에선 방금 다케우치 씨가 하신 말씀과 반대의 방향성이 작용하는 것 같습니다."

다케우치가 말없이 커피 잔을 입으로 가져간다. 그는 원자력발전소 재가동 용인을 주장한다. 그러나 나는 다르다. 에너지 정책을 근본부터 재고해야 한다고 생각한다. 하지만 이 자리에서 그 논쟁을 하고 싶지는 않다. 몇 초 후 다케우치가 "그렇긴 하죠. 그렇지만 배아줄기세포를 연구하는 사람들은 그런 걸 별로 의식하지 않을 거예요"라고 말했다.

"오랜 옛날 이야기지만 갈릴레오는 가톨릭교회 소속이었습니다. 그는 자신을 옹호하던 토스카나 대공비에게 보낸 편지에 이렇게 적었어요. '성서에는 인간이 어떻게 살아가야 하는가가 적혀 있습니다. 그것은 신의 말씀이지요. 그러나 성서에는 자연이나 세계의 성립에 대해서는 일절 쓰여 있지 않습니다. 제 일은 지금 여기 눈앞에 있는 자연과 세계를 밝혀내는 것입니다.'

과학자는 다양한 방법을 통해 자연이 품은 수수께끼를 밝혀나갑니다. 그러나 일반적인 과학자들은 어떻게든 신이 만든 것에 손을 대서는 안 된다는 근본주의와 부딪치게 됩니다. 그때 일본과 독일이 비슷한 태도를 취하는 거죠. 과학자나 기술자가 어떤 자연관을 가지고 있는가 하는 것은 의외로 중요합니다."

"거기서 애니미즘적인 일본과 프로테스탄트 국가인 독일을 동일선상에 놓는 것은 조금 위험한 것 같습니다. 물론 집단을 중시한다는 점

등 몇몇 기질은 비슷합니다만…. 방금 전에 다케우치 씨는 서구 과학자들의 절반 정도는 신의 존재를 마음 한구석으로 믿고 있다고 말씀하셨습니다. 다시 말해 신앙을 가지고 과학을 병행하는 건데요, 곰곰이 생각하면 의아합니다. 신의 실재를 믿으면서 상대성이론과 진화론, 암흑 물질과 소립자 등에 대해 생각하는 것에 모순은 없을까요? 가톨릭 신자인 다케우치 씨 본인은 과학과 신앙의 합의점을 어떻게 찾고 계신가요?"

## 인간 따위가 이 세계를 밝혀낼 수 있을 리 없다

이 질문에 다케우치는 잠시 생각에 잠겼다. 그러나 대답을 고심하는 분위기는 아니다. 아마도 이제껏 몇 번이나 묻고 답해온 질문일 것이다. 대답을 고민하기보다는 나에게 전달할 어휘를 고르고 있는지도 모른다. 이윽고 다케우치는 "자연의 모든 것이 밝혀지면 신이 사라질 수도 있다고 생각합니다"라고 말했다.

"그런데 어느 순간, 공부를 하면 할수록 모르는 부분이 오히려 더 많아진다는 것을 깨달았어요. 나는 여러 가지 면에서 정말 아무것도 모르고 있구나 하고 말입니다. 현재까지 과학을 통해 밝혀진 것은 극히 일부거든요.

따라서 제 신념 체계를 '아무것도 모르는 수준'으로 규정한다 해도 아무 상관 없습니다. 하지만 세계가 서서히 규명됨에 따라 지금까지의 제 신념 체계와 모순되는 부분이 발생한다면 규명된 부분을 우선시해야겠죠. 신념 체계는 내가 알고 있는 것이 아니라 어디까지나 믿고 있는 것이니까요. '아는 것'과 '믿는 것' 사이에는 넘을 수 없는 경계가 있지 않습니까."

"다른 말로 '언젠가는 이 세계의 모든 것이 밝혀질 것'이라는 분명한 의식이 있다면 신앙이 개입할 여지가 없다는 이야기인데요, 그렇다면 다케우치 씨가 지금도 신앙을 계속 가질 수 있는 건 '인간 따위가 이 세계를 밝혀낼 수 있을 리 없다'는 의식이 어딘가에 존재하기 때문이라고 해석해도 될까요?"

"네, 그런 것 같습니다. 이건 제가 변명으로 잘 사용하는 예인데, 쥐를 미로 속에 넣으면 오른쪽으로 갔다가 왼쪽으로 갔다가 교대로 오가는 것을 학습할 수 있습니다. 하지만 아무리 노력해도 학습하지 못하는 것이 있어요. 두 번째, 세 번째, 다섯 번째, 일곱 번째 등 소수素數의 모퉁이에서 도는 건 하지 못합니다. 쥐에게는 소수의 개념이 없기 때문이지요.

아마도 언어—우리가 사용하는 기호 체계로서의 수학—가 없기 때문이 아닐까 합니다만. 그렇다면 그건 쥐라는 종이 가진 한계라는 뜻이겠죠. 인간에게도 쥐처럼 종의 한계가 있을 겁니다. 현재 인간의 시스템으로는 절대 규명하거나 이해하지 못하는 부분이 있겠죠. 우주의 시작이 바로 그런 것입니다. 그러니 신이라는 존재는 당분간은 안녕하겠구나 하고 생각합니다."

"예컨대 미국의 이론물리학자 리사 랜들Lisa Randall은 오차원 우주라는 가설을 내놓았습니다. 하지만 다른 차원을 실감하고 확인하는 건 우리에게는 불가능한 일임이 틀림없습니다. 그래도 인류가 '오차원 우주가 있을지도 모른다'고 생각하기 시작했다는 건, 쥐로 말하자면 소수의 개념을 이해하기 시작했다는 뜻이 될까요?"

"그럴 겁니다. 우주의 시작에 뭔가 있었다는 사실을 깨달았죠. 인간의 기호 체계에 문제가 있다고 해야 할지도 모르겠습니다. 인간의 뇌와 기호 체계로 추측할 수 있는 부분이 어디까지인가 하는 점은 매우 흥미로운 문제입니다. 만약 인간이 사용하는 수학이라는 기초 시스템이 매우 강력해서 그것으로 우주 전체를 설명할 수 있게 된다면 신은 불필요해지겠죠. 그런데 저는 수학이라는 것이 그렇게 강력하지는 않다고 봅니다. 지금 우리가 사용하는 물리학·수학 시스템과 우주 전체의 시스템이 완전히 일대일의 관계가 될 수는 없지 않을까요."

"쥐에게 소수 개념이 없는 이유는 그들의 생활에선 그걸 이해할 필요가 없기 때문이겠죠."

"그렇죠. 그런데 필요가 닥치면 이해할 수도 있을 겁니다. 인간도 현재로서는 절실하게 필요하지 않기 때문에 모르는 것 아닐까요. 우주의 시작에 대해서도 그럴 거고요."

"그러게요. 대부분의 사람들에게 우주의 시작은 알고 싶은 부분이긴 하지만, 꼭 알아야 할 절박함이나 필요성은 크지 않다고 할 수 있으니까요."

"비슷한 예인데, 지금 신재생에너지가 국가 전체의 발전량에서 차지하는 비율은 1~2퍼센트에 불과합니다. 이걸 10~20퍼센트까지 끌어올리자고 하지만, 현재로서는 기술적 돌파구가 없습니다. 즉 저비용의 획기적인 신재생에너지가 실현되지 않았다는 거죠.

그러나 일본의 경우 원선 사고의 영향으로 그 필요성이 절실하게 대두되고 있어요. 러시아와 미국 등 대국의 입장은 그렇지도 않은 듯하지만, 지구온난화가 심각해지고 있기 때문에 전 인류적으로 고민해야 할 상황에 처해 있습니다. 그래서 저는 향후 어떤 형태로든 돌파구가 나타나지 않을까 생각합니다.

과학자라면 우주론, 양자론, 소립자론 등과 관련해 필요성을 절박하게 인식하는 사람도 있을 겁니다. 논문의 성과가 웬만하지 않은 한, 연구비를 받을 수 없는 사정 같은 것도 있을 테고요. 하지만 이런 것들은 생명과 관련이 있다거나 지구가 파멸한다거나 하는 수준은 아니니까 조금 약하지 않을까 싶기도 하고."

"종 전체의 욕망이 더욱 강해지지 않는 한 그런 돌파구는 나타나지 않을 거라는 말씀인가요?"

"네, 그런데 요 며칠 사이에 방금 말씀하신 양자우주 연구에 상당한 진전이 있었습니다. 하버드대와 스탠퍼드대 등의 과학자들로 구성된 'BICEP2' 프로젝트 팀이 남극에 설치한 전파망원경을 통해 원시중력파의 증거를 최초로 관측했다고 발표했거든요(2015년, 이 팀이 관찰한 물질은 원시중력파가 아니라 우주먼지의 흔적이라는 결론이 최종적으로 나왔다. 한편 2016년 2월 캘리포니아공과대학의 킵 손Kip Thorne 교수가 이끄는 연구팀이 중력파의 존재를 처음으로 확인했음을 발표했고, 킵 손 교수는 이

업적을 인정받아 2017년에 노벨물리학상을 수상했다—옮긴이). 굉장히 커다란 성과라고 봅니다."

"그 발견은 어떤 의미와 성과로 연결될까요?"

"학부 시절 제 지도 교수님이 우주론 연구자인 사토 가쓰히코佐藤勝彦 씨였습니다. 우주 인플레이션을 최초로 검증한 연구자 중 한 분이죠. 인플레이션 우주가 있었고, 그때 중력의 요동이 잔물결로 존재했습니다. 그것이 지금 여기 쏟아져내리는 우주 마이크로파 배경 복사에 각인되어 있다는 사실이 발견되었어요. 말하자면 우주가 열릴 때 양자 우주 중력파의 각인 같은 것을 발견했다는 말이죠. 이건 정말 엄청난 뉴스입니다. 지금까지 인플레이션 우주라는 개념은 어떤 의미로는 수학 이론상의 픽션에 지나지 않았어요. 그런데 이 발견으로 '이건 수학이 아니라 물리다'라며 단번에 논픽션이 된 거죠. 그래서 우주가 실제로 검증되고 싶어한다고 해야 하나, 이쪽으로 오고 있구나 하는 느낌이 들어서 제법 큰 충격을 받았습니다."

우주가 실제로 검증되고 싶어한다. 다케우치는 분명 그렇게 말했다. 시간 여유가 있다면 문법상의 의미에 대해서도(왜 의인법인가라든가 주체는 누구인가라든가) 질문하고 싶었지만, 이번에도 (늘 그렇듯이) 약속 장소로 오다가 길을 잃어 상대를 기다리게 만들었으니 지금은 일단 들어보자.

"즉 해상도가 올라가는 겁니다. 디지털카메라로 설명하면 이해가 쉬울 텐데요, 약 10년 전의 디지털카메라는 해상도가 별로 좋지 않아서 사진을 찍은 뒤 보면 세부가 제대로 보이지 않았죠. 그만큼 보기가 힘들었어요. 하지만 과학에서는 항상 관측 정밀도가 올라갑니다. 그에 따라 세계를 인식하는 그물코가 점점 촘촘해지기 때문에, 그 전까지 파악되지 않던 현상이 보이기 시작하죠.

이론에 관해서도 같은 논리를 적용할 수 있습니다. 수학과 이론물리학이 발달하고, 관측 정밀도가 올라가죠. 이들 셋은 서로 얽히고설키며 서로를 필요로 합니다. 어쨌든 세계를 인식하는 그물코가 그렇게 점점 촘촘해지면서 이번에 그동안 발견되지 않았던 중력파의 흔적을 마침내 확인할 수 있게 되었어요. 굉장히 미시적인 부분입니다. 중력은 매우 약하기 때문에 사실 보기가 무척 힘들거든요.

그런데 인플레이션 우주 때는 중력파의 변동이 굉장했기 때문에 공간이 상당히 크게 왜곡되었습니다. 그래서 공간 위에 있는 전자파도 큰 영향을 받았던 거고요. 그것이 이번에 발견된 중력파의 흔적이죠. 인플레이션 우주가 실제로 존재했다는 최초의 직접적인 증거가 되리라 생각합니다.

빅뱅에 관해서도 처음에는 다들 바보 취급을 했습니다. 우주가 대폭발에서 시작되었다니 말이 되느냐면서. 그러다 여러 증거들이 나타나자 서서히 인정받게 되었어요. 이번 발견은 빅뱅의 최초 증거인 허블의 법칙(우주가 팽창하고 있다는 사실을 증명한 법칙)에 가까운 것이 아닐까요."

## 우주를 설계한 존재의 정체는 무엇인가

"방금 전에 다케우치 씨가 말씀하셨듯이…" 하고 내가 말을 꺼냈다. 다시 한번 종교와 과학으로 화제를 전환하고 싶었다. "서구의 경우 많은 과학자들이 기독교 신자이기도 합니다. 아랍권 국가에도 알라의 존재를 믿으면서 연구를 하는 과학자들이 많죠."

다케우치는 살짝 고개를 끄덕였다. 내가 무슨 말을 하려는지 어느 정도 짐작한 듯한 표정이다.

"그렇다면 지적설계론은 그들에게 그야말로 많은 모순과 번민을 해결해주는 이론 아닙니까?"

다케우치는 인터뷰가 시작되자마자 자신이 가톨릭 신자라고 밝혔다. 즉 나의 이 질문은 서구 및 아랍계 과학자뿐 아니라 신앙을 가지고 있으면서도 과학을 직업으로 선택한 다케우치를 향한 질문이기도 하다. 지적설계론은 때때로 오컬트적 가설과 동일시된다. 다케우치의 입장이라면 일축해도 이상하지 않다. 그런데 다케우치는 "그거 아주 흥미로운 질문인데요"라고 혼잣말하듯 중얼거렸다.

"저는 지적설계론을 어느 정도 인정할 수 있어야 한다고 생각합니다. 우주 전체를 설계한 존재가 무엇인지는 알 수 없습니다. 생명체인지 기계인지 그 외의 존재인지. 어떤 경우든 우주를 설계한 뭔가 다른 시스템이 존재할 가능성은 충분히 고려해볼 수 있습니다."

조금 놀랐다. 이토록 깨끗하게 긍정하리라고는 전혀 예상하지 못했기 때문이다. 그런 생각이 내 표정에 드러났는지도 모르겠다. 다케우치는 어조를 살짝 바꾸더니, "…다만 생명에 관해서는 잘 모르겠네요"라고 덧붙였다.

"우리가 이 지구에 우연히 태어난 건지 아니면 필연인지, 그건 아무도 모릅니다. 하지만 만약 태양계 외의 행성에, 혹은 목성의 위성인 유로파나 토성의 위성인 엔켈라두스와 타이탄 등에 탄소와 산소가 아닌 물질을 에너지원으로 삼는 생명체가 있다면, …지구에도 열수분출공 같은 곳에 그런 생명체가 있긴 하지만요, 어쨌든 지구 이외의 장소에서 또 다른 다양성을 지닌 생명이 발견된다면 그건 필연이라는 뜻이 되겠죠. 즉 설계자가 있다는 말입니다. 그러니 생명에 관해서는 앞으로 발견되는 정보를 보지 않고서는 뭐라고 말할 수가 없습니다."

어설픈 과학자였다면 자신을 지키기 위해서라도 지적설계론을 전면 부정했을 것이다(실제로 그런 사람들이 많다). 그러나 다케우치는 가설을 배제하지 않는다. 자기 신앙과의 상응성도 부정하지 않는다. 예를 들어 미디어에 자주 등장하는 초자연현상을 부정하는 과학자처럼 '있을 수 없다'라든가 '어이없다' 같은 말은 하지 않는다.

물론 나도 지적설계론을 지지하지는 않는다. 그건 다케우치도 마찬가지일 것이다. 하지만 '지지하지 않는다'와 '있을 수 없다'는 다르다. 만약 '어떤 의지가 이 세계를 설계했다'고 단정하는 사람이 눈앞에 있다면 '그럴 가능성은 거의 없다'고 답할 것이다. 하지만 여기서 쓰는 부사는 '절대로'가 아니라 '거의' 아니면 '아마도'이다. '절대로'는 근본주의다. 시야가 협소하다. 중요한 것은 망설임이다. 번민이고 주저다.

법칙과 공식과 정리의 틈새에, 전제와 상식과 규범 사이의 영역에, 그럴 수 있는 가능성은 조용히, 하지만 '절대로' 존재한다.

"우주와 지구의 물리상수와 환경이 인류의 생존에 너무도 딱 맞아떨어지는 것에 대해서는 별도의 가설이 있죠. 평행우주(어떤 세계로부터 나뉘어 평행하게 존재하는 또 다른 세계) 가설이라든가."

"저는 예전에 데이터 사이언티스트로 일한 적이 있습니다" 하고 다케우치가 말을 꺼냈다. "각 실험에 모든 조건을 대입해 계산기를 돌려봅니다. 즉 매개 변수parameter를 미세하게 바꿔가며 계산기 실험(컴퓨터 시뮬레이션)을 실시합니다. 그것이 일종의 평행우주가 아닐까 생각해요. 이 우주는 하나의 시뮬레이션 결과에 지나지 않는다고 말하는 사람도 있죠. 가령 그렇다면 그 시뮬레이션을 돌리는 주체와 목적에 대해 고민하지 않을 수 없을 겁니다.

아이들에게 우주를 그림으로 그려보라고 하면 대체로 산을 그립니다. 하지만 그건 틀렸어요. 인간이 고생하면서 등반하는 후지산과 에베레스트의 높이도 실제로는 (지구의 윤곽을 그리기 위해) 연필로 그은 선의 일부에 불과합니다. 궤도상의 국제우주정거장도 지상에서의 직선거리는 도쿄-신오사카 구간(신칸센 노선으로 약 550킬로미터—옮긴이)과 비슷합니다. 그 정도 거리에 불과해요.

인간은 달까지 갔습니다. 하지만 태양계에서 보면 달과 지구는 상당히 가까워요. 보이저 호가 1970년대부터 계속 여행을 하면서 마침내 태양계 바깥으로 살짝 나가긴 했지만, 어쨌든 탐사선으로 여행할 수 있는 범위는 여전히 매우 좁다는 뜻입니다.

조금 기묘한 가설이 있습니다. 우주에는 여러 정보(빛 등의 전자파)가 넘치므로 우리는 우주가 굉장히 광활하다고 착각합니다. 하지만 거울에 마치 깊이가 있는 것처럼 보이는 현상과 마찬가지로 실제의 우주 공간은 상당히 좁다는 가설이지요."

그 가설은 몰랐지만, 이 우주가 또 다른 우주의 정보를 투영한 홀로그램일지도 모른다는 가설(홀로그램 우주 가설)은 알고 있었다. 그 또 다른 우주는 이 우주보다 저차원이고 중력이 없는 우주다. 이렇게 들으면 조악한 SF 같지만, 미국의 페르미 연구소에서는 지금도 이 가설을 검증하기 위해 연구를 진행하고 있다. 다케우치는 계속 말했다.

"그렇다면 지구인은 자연보호구 안에서 사육되고 있고 그 범위 안에서만 자유롭게 살아가도록 설정되어 있다는 생각도 해볼 수 있겠죠. 그러니까 앞으로도 우리는 지구 밖으로 나갈 수 없다는 건데, 그럴 가능성도 있다고 봅니다. SF에 흔히 그런 이야기가 나오는데, 그걸 반증할 방법이 없어요. 처음부터 우주가 있었고 앞으로도 있을 거라고 생각하는 편이 나을지, 아니면 상상할 수 없을 만큼 거대한 시스템이 어떤 목적을 가지고 이 우주를 만들었다고 생각하는 편이 나을지. 어느 쪽이 자연스러운 사고일지 모르겠습니다."

나는 고개를 끄덕이며 이야기를 듣다가, 초등학교 때 자꾸 뒤를 돌아보던 이야기를 들려주었다. 지금까지 인터뷰에서 내가 몇 번이나 언급한 에피소드다. 다케우치는 웃으면서 내 이야기를 들었다.

"…그때 제가 무슨 틈을 찌르려고 했던 건지. 말하자면 어떤 '의지'였겠죠. 어린아이였으니 거기까지는 생각하지 못했지만."

"논리적으로는 그럴 가능성도 존재합니다."

"뒤에 있는 세계가 변화할 가능성 말인가요?"

"논리적으로 가능성이 있다는 건 수학적으로 가능성이 있다는 뜻입니다. 그리고 수학적으로 가능성이 있다는 건 그것에 대한 물리 이론이 생길 수도 있다는 뜻이고요. 물론 그러려면 검증을 해야겠지만, 물리 이론으로는 충분히 성립할 수 있습니다. 수학적으로 어긋나지만 않는다면 어떤 생각이든 좋아요."

"만약 정말로 변화하는 세계를 목격한다면 나는 어떻게 해야 하나. 그때는 그것까지는 생각하지 못했습니다."

"그때는 어떻게 될까요. 그 기억이 사라져버릴지도 모르죠."

다케우치는 이렇게 말한 뒤 웃었다. 그도 그 생각이 어린아이의 몽상이라는 전제 아래 말하고 있다. 하지만 부정하지는 않는다. 수학적으로 어긋나지 않는다면 그 가설을 비웃을 수는 없다. 우리는 왜 소수가 원주율 및 자연로그(소용돌이의 상수)와 관련이 있는지 아직 그 단서조차 전혀 밝혀내지 못하고 있으므로.

하지만 '모른다'고, '가능성이 있다'고 서술한다 해도, 결국 어디에도 가닿을 수 없다는 것 또한 분명하다. 나는 언어를 원한다. '우리는 어디서 왔고 어디로 가는가'와 짝을 이룰 언어 말이다. 그것은 분명히 존재한다. 그렇게 생각했기 때문에 이 연재를 시작한 것이다.

"만약 따님이 갑자기 '아빠, 우리는 어디서 왔고 어디로 가는 거야?'라고 묻는다면 다케우치 씨는 뭐라고 대답하시겠습니까?"

지금까지 질문에 막힘 없이 대답하던 다케우치가 잠시 생각에 잠기더니 작은 목소리로 "…그건 너무 어려운 질문인데요"라고 말했다.

"우선 저 자신이 어디서 왔고 어디로 가는지를 생각해봅니다. 자의식이라고 해도 될지 모르겠지만, 내가 나인 것과 내가 아닌 무언가가 있다는 것, 인간으로 태어난 건 남는 장사라는 것, 그런 생각을 해요. 그런 생각을 모두 뇌가 하는 건지, 그건 모르겠고요.

많은 사람들이 인공지능을 만들려고 합니다. 미래에 그 인공지능이 지금보다 진화해서 우리 뇌의 시뮬레이션을 더 정밀하게 돌릴 수 있게 되었을 때 그 뇌는 자의식을 가질 것인가. 그리고 자신이 어디서 왔고 어디로 가는지를 생각할 것인가. 그게 가능하다 치더라도, 그 의식은 다름 아닌 우리가 설계하고 있을 텐데 말이죠. 물론 자의식을 가진 인공지능은 영원히 만들어지지 않을지도 모르지만요."

"그런 인공지능이 영원히 만들어질 수 없다면, 우리의 뇌나 의식에는 시냅스와 뉴런 이상의 플러스알파가 있다는 뜻이 됩니다."

"인공지능의 연산 능력을 극한까지 높인다 해도 의식을 갖지는 못할 겁니다. 플러스알파가 있을 수도 있죠. 인류가 여기까지 진화하는데 수억 년이 걸렸습니다. 백지 상태에서 그런 것을 만들고자 할 때, 아무리 효율을 높인다 해도 100년이나 200년으로는 무리라고 봅니다. 그렇게 여러 시행착오를 거쳐 진화해온 결과, 우리는 굉장히 풍부한 감정을 갖게 되었어요. 예를 들면 공포가 그렇습니다. 오랜 진화의 역사에서 그런 감정을 가지는 편이 생존에 유리하기 때문에 이 정도로 강력하게 남았을 테고요."

"문제는 오직 시간 아닐까요. 이제 우리는 표본을 입수할 수 있잖아요. 이론적으로는 뇌에서 공포라는 감정이 일어나는 메커니즘이나 그 때의 단백질 조성, 신경세포 간의 전위차, 이온의 농도를 밝혀내면 똑같은 감정 회로를 가진 인공지능을 만들 수 있을 것 같은데."

"그 부분에 대해서는 과학자들 사이에서도 의견이 분분합니다. 저는 입장이 조금 미묘한데…."

다케우치는 자신이 없다는 듯 살짝 말끝을 흐렸다. 나는 "다케우치 씨도 단언하실 수는 없나 봐요?"라고 얄궂게 확인했다.

## 신에 대해서는 말하지 않는 것이 규칙이지만…

"그렇게 되네요. 신을 믿는 사람들은 단언하지 않습니다. 과학자 커뮤니티에서는 신에 대해 말하지 않는 것이 암묵적 규칙이지만….

제가 대학원에 있을 때의 일입니다. 각국에서 온 대학원생들이 화이트보드 앞에 모여 소립자 계산을 하고 있었습니다. 그때 이슬람권 유학생이 "잠깐만. 다들 틀렸어"라면서 화이트보드 위에 '알라'라고 쓰는 거예요. 모두 너무 놀라서 '어?' 하는 느낌으로 일순간 정적이 흘렀죠. 그 유학생이 "아냐, 농담이야" 하고 바로 지웠지만. 그런데 나중에 "반은 농담이지만 반은 진담이었어"라더군요. "그럼 정말로 소립자의 근원에 신이 있다고 생각하는 거야?"라고 물었더니, "나는 그렇게 믿어"라고 대답했어요. 그는 성적이 매우 좋은 학생이었고 착실히 박사 학위를 따서 모국으로 돌아갔죠."

"일류 과학자이면서 동시에 독실한 신자인 사람이 많죠."

"아인슈타인도 신이라는 말을 여러 번 썼어요. 물론 그가 말하는 신은 기독교 근본주의자가 말하는 신과는 완전히 다른 뉘앙스지만 말입니다. 하지만 미지의 영역에 신이 존재한다는 인식이 있느냐 없느냐에 따라 과학에 대한 태도는 상당히 다를 거라 생각합니다."

들으면서 생각한다. 나는 신앙을 갖고 있지 않다. 게다가 '신이 존재한다'고 생각하지 않는다. 하지만 존재할 가능성을 전면 부정하지는 않는다. 신이 존재한다고 생각하지는 않지만 아무래도 단정할 수는 없다.

신앙을 가진 생명체는 (아마도) 인류뿐이다. 왜냐하면 인간은 생명체 중 자신이 죽는다는 사실을 알고 있는 유일한 존재이기 때문이다. 자신의 소멸을 인정하는 것은 고통스럽다. 그래서 모든 종교가 사후 세계와 영혼의 윤회를 보장한다.

그러나 그것만은 아니다. 미지의 존재에 대한 경외심, 성스러운 존재에 대한 동경. 이는 공포의 메커니즘과 마찬가지로 필연성이 있어 발생했고, 유익하기 때문에 남겨졌다. 다윈주의적으로는 그렇게 해석된다. 태곳적부터 신앙이 메커니즘(혹은 윤활유)이 되어 인간은 인간을 죽여 왔다. 종교의 크나큰 위험 요인이다. 지금도 그런 일이 계속되고 있다. 하지만 신앙은 인간을 용서하는 근거가 되기도 한다. 바로 그런 이유로 신앙은 살아남았다.

어쨌든 신과 위대한 존재의 의지를 대입하지 않고 '인간은 어디서 왔고 어디로 가는가'를 생각하는 것은 불가능한가. 내가 말했다.

"전에 후쿠오카 신이치 씨가 양자론을 응용하는 생물학의 가능성을 언급한 적이 있습니다."

"현재 양자론은 화학까지만 진행되었지만 앞으로는 생물학 쪽으로도 진행될 거라고 저도 생각합니다.

현재로서 생명의 수수께끼는 거의 풀리지 않았다고 봐야 합니다. 뇌 내의 암호·정보 인코딩encoding(정보를 부호화하는 일) 및 디코딩decoding(부호화한 것을 원상태로 복구하는 일) 시스템에 관해서도 아무것도 밝혀지지 않았어요. 그래서 지금은 MRI를 찍어 혈류를 본다든가 하는 간접적인 연구만 진행하고 있습니다. 즉 생명체의 블랙박스에 대해서는 아무것도 규명하지 못한 셈이죠. 하지만 그걸 알게 되면 매우 특수한 상황에서 양자론적 발상이 유효해지지 않을까요?

이건 정말 가설 중의 가설이라고 해야 하나, 현 단계에서는 아날로지밖에 없지만 양자의 거동과 인간 심리의 움직임은 매우 닮아 있는 것 같습니다. 붙잡을 수 없고 부정확하고… 양자의 그런 신기한 성질은 마음의 성질과 매우 비슷해요. 아마도 많은 과학자들이 동의하지 않을까 합니다.

뇌와 세포가 정보를 주고받을 때 양자 수준에서 뭔가를 주고받을 가능성은 충분히 있습니다. 거기서 양자 얽힘이라 불리는 상관관계가 나타나는 거죠. 아주 멀리 떨어져 있는데도 정보가 전달됩니다. 세포와 세포가 연동하고요. 양자의 복잡한 얽힘과 그에 따른 정보 수신이 생명의 근원이라고 말해도 이상하진 않으리라 생각합니다."

방송국 PD 시절, 나는 초능력자를 주제로 다큐멘터리를 한 편 찍었고, 그 제작 과정을 책으로 쓰기도 했다(《직업란은 초능력자》). 그때 만난 '자칭' 초능력자들과 지금도 인연을 이어가고 있다('자칭'이라고 말하는 데 약간의 찜찜함이 있지만, 아무 실명 없이 그냥 '초능력자'라고만 하는 데도 거부감이 든다. 정말이지 까다로운 분야다). 결론부터 말하면, 항간에 떠도는 초능력과 초자연현상은 대부분 억측이나 착각, 그리고 속임수다. 95퍼센트라고 해도 좋다. 하지만 전부는 아니다. 나머지 5퍼센트가 있다. 우연과 속임수로는 설명할 수 없는 현상도 분명히 존재한다.

그리고 양자론적 사고(특히 양자 얽힘)를 활용하면 먼 거리에서도 순간적으로 정보를 주고받는 텔레파시와 순간 이동, 투시와 염력 등의 현상을 그럴듯하게 설명할 수 있다.

다만 어디까지나 '그럴듯하게'다. 소립자의 거동을 연구하는 양자론은 미시 세계에 한정되어 있고, 우주를 설명하기 위한 상대론과 마찬가지로 우리의 일상 수준에 응용하기에는 무리가 있다. 이렇게 스스로를 달래면서도 모든 물질의 최소 단위인 소립자의 거동을 일상의 물리현상과 완전히 분리해버리는 것에도 거부감이 느껴진다.

이 말을 하니 다케우치가 "그러고 보니 며칠 전에 초자연현상을 주제로 한 프로그램 녹화에 참여했어요"라고 말했다. 그 프로그램에서는 과거에 미 육군과 CIA가 양성한 초능력 스파이 부대 출신 남성 두 명이 출연해 원격 투시를 보여주었다. 그들을 검증하기 위해, 다케우치 외에도 마술사 바루토 고이시パルト小石(마술 듀오 '나폴레온즈'의 멤버)와 초심리학 연구자 이시카와 미키토石川幹人(메이지대학 정보커뮤니케이션 학부장)가 녹화에 참여했다.

검증 실험은 이렇게 진행되었다. 초능력을 검증할 세 사람이 우선 준비된 일본의 풍경 사진들 중 12장을 골라 1에서 12까지 번호가 적힌 봉투 안에 넣고 단단히 봉인한다. 이때 세 사람은 각자 따로 작업했고 따라서 어느 사진이 어느 봉투에 들어 있는지 알지 못한다.

다음으로 마술사 바루토 고이시가 속임수가 개입될 여지가 없는지 모든 과정을 다시 확인한 뒤, 프로그램 담당 PD가 봉투를 넣은 금고를 가지고 초능력 스파이 부대 출신의 두 남성에게 간다. 카메라 앞에서 두 남성은 금고 안에 들어 있는 봉투 중 그 자리에서 무작위로 굴려 나온 주사위 눈의 숫자가 적힌 봉투 안에 어떤 사진이 들어 있는지를 투시했다. 예를 들면 커다란 문이 있다든가, 사람들이 많이 있다든가, 높은 탑이 보인다든가.

"중계방송을 보면서 매우 놀랐습니다. 두 사람이 투시한 4장 가운데 3장까지는 우리가 가져간 12장의 풍경 사진 중 일치하는 것이 있었고, 특히 어느 한 장과는 놀랄 만큼 일치했기 때문입니다. 우연으로는 도무지 설명할 수 없을 정도였습니다."

나는 동감했다. 그 분야는 많이 보기도 하고 프로그램을 찍기도 해서 그 정도의 일은 별로 이상하지 않다고 생각한다. 그런데 잠시 후 다케우치가 "하지만 그 실험은 실패했어요"라고 말했다.

"왜요?"

"투시한 사진과 봉투의 번호가 전부 어긋났거든요. 번호들이 이상할 정도로 정연하게 어긋나 있었어요. 그때 문득 인간의 뇌에 양자 얽힘과 같은 현상이 일어날 수도 있겠다고 생각했습니다."

이때 내가 아아 역시, 하고 중얼거렸는지도 모르겠다. 이른바 숨바꼭질 현상이다.

"저도 비슷한 경험을 한 적이 있습니다. 왜 그런지 모르지만 그 분야는 실험하려고 하면 대부분 밀리거나 비거나 하더군요.

대표적인 초능력 묘기로 숟가락 구부리기가 있죠. 이 묘기를 보여줄 때 대부분 (초능력자들은) 숟가락이 구부러지는 순간을 손가락 등으로 가려 숨기려고 합니다. 사람들의 눈을 피하는 거죠. 또 심령 영상에서 가장 많이 보이는 패턴은 여럿이 모여 술을 마시면서 시끄럽게 떠들 때 방구석에 의심스럽고 기묘한 무언가가 있는 모습을 한순간 카메라가 포착하는 식입니다. 몇 초 후 카메라가 같은 장소를 다시 찍으면 아무것도 없고요. 공포영화에서 흔히 사용하는 편집 기술이기도 하죠."

참고로 공포영화는 반대의 기술을 쓰기도 한다. 순간적으로 뭐가 나타난 것 같아서 잘 보면 아무것도 없다. 안심한 주인공이 뒤를 돌아본다. 그러면 등 뒤에서 나타난다. 어떤 경우든 완급을 조절하는 것이다. 있나 싶으면 없고 없나 싶으면 있다.

"실제로 그런 인터넷 동영상들은 대부분 속임수라고 생각합니다. 하지만 그 '숨바꼭질하는' 거동은 이른바 모든 초자연현상에 공통으로 나타나는 특징입니다. 항상 숨으려고 하죠. 하지만 완전히 숨지는 않고 한 번씩 살짝 모습을 드러냅니다. 구석에서 살랑살랑 손을 흔들어요. 하지만 시선을 주면 사라지고 없습니다.

다케우치 씨가 체험하신 원격 투시 실험도 그들이 투시한 4장의 사진 중 3장이 처음 선택한 12장 중 몇 장과 거의 부합하면서도 왠지 모르게 번호는 보란 듯이 어긋나 있었죠. 그 어긋남이 저에게는 매우 리얼하게 다가옵니다. 실제로 그런 경험이 있어요. 적중률을 확인하는 실험을 하면, 늘 불가능한 확률로 어긋납니다. 처음에는 역시 맞을 리가 없지, 하고 생각하다가 중간부터 안색이 변하기 시작하죠. 왜냐하면 맞지 않을 확률도 어마어마한 거잖아요. 아니면 이번처럼 깨끗하게 어긋나거나요. 방송계에서 심령을 주제로 현지 촬영을 나갈 때는 예비로 기자재를 더 가지고 가는 것이 관례입니다. 이유는 알 수 없지만 현장에서 기자재가 고장 나는 일이 많아서요. 이것도 실제 경험입니다. 그리고 그런 일은 심령현상뿐만 아니라 UFO나 UMA(Unidentified Mysterious Animal의 약자로, 미지 혹은 신비의 동물을 뜻하는 일본식 조어—옮긴이) 등을 대상으로 한 촬영에도 공통적으로 나타납니다. 중요한 순간에 기자재가 돌연 고장 나거나 카메라 작동이 우연히 멈추거나 하는 일이 아주 많아요. 비정상적으로 빈번하게 일어납니다.

즉 심령현상과 초자연현상뿐 아니라 불가사의한 존재 전반에 주목하고자 하면 왜인지 그 현상이 나타났다 사라졌다 하는데요. 연구자들 중에는 이것을 '현상이 부끄러움을 탄다shy'고 표현하는 사람도 있습니다. 여기에 지적설계론을 끼워맞출 수도 있겠지만, 저는 '숨은 의지'가 숨바꼭질을 한다기보다는 보는 것을 억제하는 뭔가가 그 현상을 보고자 하는 사람들의 심리에 집단 무의식적으로 작용한다고 설명하는 것이 좀 더 합리적이라고 생각합니다.

그러나 동시에 '존재한다'와 '존재하지 않는다'라는 각각 50퍼센트의 확률이 둘로 나뉘지 않고 중첩된다는 양자론적 사고를 응용하면 이 현상이 또 다른 답을 던져주지 않을까 하는 생각이 드는 것도 사실입니다."

## 과학에 철학적 사고는 필수불가결하다

다케우치는 내가 던진 이 긴 물음(이 주제만 나오면 어쩔 수 없이 흥분하고 만다)에 대해 잠시 생각하다가 말했다. "최근 제가 놀란 건 '오자와 부등식'입니다. 수학자 오자와 마사나오小澤正直가 제안한 이 부등식은 어떤 의미로는 하이젠베르크의 불확정성 원리 공식을 수정하여 확장한 것입니다. 실험으로 그 정확성도 어느 정도 증명된 모양이에요. 그러니까 양자역학 체계는 사실 아직 미완성이라는 뜻입니다."

"그렇다면 가까운 미래에 양자역학이 분자생물학 등에 응용될 가능성은 충분히 있다는 뜻입니까?"

"그런 움직임이 나타나지 않을 수 없으리라 봅니다. 생명의 모든 원리가 양자의 영향이 없는, 큰 분자 수준에서 결정된다고 생각한다면 그건 완전히 고전론에서 멈추는 것 아니겠습니까?"

"굉장히 초보적인 질문인데요, 이제 세포의 구성에 대해서는 거의 다 밝혀지지 않았습니까? 막이 있고, 리보솜(RNA의 정보를 통해 단백질을 합성하는 작은 알갱이)이 있고, 리보솜 중 3분의 2가 리보솜 RNA이고, 나머지 3분의 1이 단백질이고요. 물론 단백질을 구성하는 아미노산의 화학식과 결합 방식도 알려졌죠. 그렇다면 왜 실험실에서 살아 있는 세포를 제작해 재현하지 못하는 걸까요?"

"부품이 전부 갖춰져 있더라도, 그걸 어떤 순서로 어떻게 조립해 어느 타이밍에 스위치를 누르면 되는지 알지 못하기 때문입니다. 요컨대 리버스 엔지니어링(기계와 제품을 분해하여 그 기술과 구조 등을 조사하는 것)을 시도할 수 없을 만큼 시스템이 복잡한 거죠. 보기에는 단순한 듯해도요."

"최근에 우리 신체 주변에 있는 '일반 물질', 원자가 우주의 겨우 4퍼센트를 차지하고 있다는 것이 밝혀졌습니다. 나머지 96퍼센트에 대해서는 거의 밝혀진 바가 없어요. 글자 그대로 암흑입니다. 분자생물학이 이토록 발전해서 게놈 분석도 가능한 마당에, 여전히 단세포생물 하나 만들지 못하고 있어요. 당연하다는 견해도 있지만, 왜 아직도 모르나 하는 생각이 드는 것도 사실입니다."

"자신이 아무것도 모른다는 것을 알아차린 사람은 그 시점에서 꽤 철학적인 질문을 하게 되잖아요. 그런 사람은 '우리는 어디서 왔고 어디로 가는가'를 고민하고 전체를 보죠. 한편 지금 빛이 비추는 곳만 보는 사람들도 있어요. 그 사람들에게는 이 세상에 알지 못하는 것도 있다는 인식이 결여되어 있기 때문에 결국 컨베이어 벨트 식의 연구를 할 수밖에 없습니다. 나는 무엇을 위해 이 연구를 하고 있나 고민하지 않아요."

그렇다면 고민해보자. 나는 무엇을 위해 이 실험을 하고 있는가. 물론 나는 과학자가 아니다. 그러나 이 명제는 그 자체로 내가 이 연재를 지금까지 계속해온 이유와 겹친다.

답은 얼마든지 있다. 먹고 살아야 하니까, 라는 멋없는 대답도 그중 하나다. 하지만 단지 그 때문만은 아니다. 우리는 어디서 왔고 어디로 가는가. 그리고 우리는 무엇인가. 그걸 알고 싶다. 쉽게 답을 얻을 수 있으리라고는 생각하지 않지만 적어도 힌트는 필요하다. 그건 과학자들도 마찬가지일 것이다. 분자생물학자도 우주물리학자도 종교학자도 문화인류학자도, 최전방에서 싸우고 있다면 적어도 이 명제를 피할 수는 없으리라. 나는 다케우치의 말을 반복했다.

"과학에 철학적 사고는 필수불가결하다."

"저는 그렇게 생각합니다. 하지만 일본의 과학자들은 그런 의식이 희박합니다. 이 부분에서 서구와의 큰 차이를 느낍니다. 내 안에 신이 있다면 좋든 싫든 철학적 질문 쪽으로 인도받을 것이고 그에 따라 갈등도 생길 겁니다. 서구의 경우 절반은 신을 믿지만 나머지 절반은 (적극적인) 무신론자입니다."

"어떤 경우든 일본처럼 애매하지는 않다는 말씀이군요. 서구에서는 일본처럼 신앙에 대해 애매한 태도를 유지하기 어렵기 때문에 신이 있다 또는 없다, 하는 식으로 강한 신념이 필요하겠죠. 도킨스처럼요."

"동료의 절반이 신을 믿는 혹독한 상황에서 연구를 하기 때문에 역시 갈등이 발생합니다. 신앙이 없는 이들은 자기 안에 신이 없다는 데 괴로워하는 거죠. 그래서 서구에서는 신이 있다는 파와 없다는 파 사이에 긴장관계가 있어요. 한편 일본의 경우 대부분은 신을 가정하지 않습니다. 그 부분에서 큰 차이가 있는 듯합니다."

나는 잠시 생각한 뒤, "그렇다면 불교는 어떨까요?" 하고 물었다.

"불교를 종교라고 할 수 없다는 사람도 있습니다. 왜냐하면 붓다는 사후 세계를 보장하지 않거든요. 윤회전생, 정토와 지옥 개념은 모두 나중에 갖다붙인 것입니다. 불교의 기본 사상은 무상無常, 변하지 않는 것은 없다이지요. 이 사상에 심취한 과학자가 일본에 있다면 흥미로운 관점을 제시할 수 있을 거예요."

말하면서 생각한다. 불교에는 이 밖에도 수없이 많은 가르침이 있다. 한 예로 불교의 핵심 사상 중 하나인 유식唯識은 일체의 지각과 인식, 나아가 그것들과 서로 영향을 주고받는 무의식의 영역도 결국 여덟 개의 감각으로 지각되는 것에 불과하다는 개념이다. 즉 순수한 객관은 존재하지 않는다. 이 세계는 개별 의식의 투영이다.

반야심경의 한 구절인 "색불이공 공불이색 색즉시공 공즉시색色不異空 空不異色 色卽是空 空卽是色"은 붓다가 설한 다음 논리에 의거한다.

"이 세상의 물질적 현상에는 실체가 없으며, 실체가 없기 때문에 물질적 현상(일 수 있는 것)이다. 실체가 없다고 해도 그것은 물질적 현상과 다르지 않다. 또한 물질적 현상은 실체가 없는 것과 다르지 않아 물질적 현상이 아니다."(《반야심경·금강반야경》)

으음. 읽으면 읽을수록 양자론적이다. 이러한 이론을 바탕으로 최첨단을 연구하는 과학자는 누구일까. 수학자 오카 기요시岡清가 유명하다. 14대 달라이라마는 양자론과 생명과학을 정면으로 다루는 저서를 몇 권이나 발표했다. 그러고 보니 양자역학의 정립에 공헌한 물리학자 닐스 보어Niels Bohr는 불교와 도교에 심취해 자신의 문장紋章에 태극 문양을 넣기도 했다. 다케우치가 큰 공감을 표했다.

"서구의 물리학자가 만년에 도교나 동양 사상에 빠지는 케이스는 아주 많죠. 데이비드 봄David Bohm도 그렇고요. 그는 인도의 종교 지도자 크리슈나무르티Jiddu Krishnamurti와 깊은 우정을 나눴습니다. 동양 사상은 자연을 있는 그대로 받아들이는 경향이 있잖아요. 그것과 양자의 세계가 서로 잘 맞는 것 아닐까요?"

"미국에서는 연구 현장에서 활약하는 과학자가 라디오에 출연해 무신론이나 기독교 근본주의를 주장하는 사람들과 배아줄기세포 연구의 윤리적 문제와 유전자조작 식품 찬반 여부를 놓고 긴장감 넘치는 논쟁을 벌입니다. 과학자들이 그렇게 정보를 공유하고, 일반 사람들이 그것을 경청하죠. 그런 환경이 조성되어야 비로소 과학에 대한 관심이 생겨납니다.

그런데 일본에서는 종교 이야기가 금기시되기 때문에 학자들이 공식적인 자리에서 발언할 기회가 거의 없어요. 일반인들도 그런 이야기를 들을 기회가 없으니 '그런 문제는 과학자들이 알아서 하겠지. 나랑은 상관없어' 하는 식이 되어버립니다. 이런 사회에선 실수를 하면 큰일이 나죠. 미국처럼 보통 사람들이 연구에 참여하는 환경에서는 그런 논의가 가능합니다. 하지만 일본에서는 그런 일이 절대 없으니 오직 일방적으로 책임을 추궁할 뿐입니다. 여기서 모두가 함께 과학을 생각하지 않는 현실이 여실히 드러납니다. 어쨌든 종교를 둘러싼 긴장관계가 없으니 과학자가 정보를 제공하지 않고, 일반인도 그런 논의를 들을 기회가 없고요."

"일본인은 공동체의 규범이나 규칙에 순응합니다. 바꿔 말하면 동조 압력에 약하죠. 다들 오른쪽으로 가면 나도 오른쪽으로 가는 경향이 무척 강하기 때문에, 틀릴 경우 나 외의 누군가에게 책임을 전가하게 돼요. 이러한 경향의 결과 모든 것에 대해 주관이 약해집니다. 물론 과학에 대해서도요. 그래서 유사 과학에 속기 쉽죠."

얼마 전 인터넷에서 흥미로운 글을 발견했다. 제목은 〈일산화이수소DHMO, Dihydrogen Monoxide 규제해야!〉. 아래에 그 일부를 인용한다.

> 무색, 무취, 무미한 성질이 있는 DHMO는 매년 무수한 사람들을 죽음에 이르게 한다. 사망 사례의 대부분은 우연히 DHMO를 흡입한 데 따른 것이나 위험은 그뿐만이 아니다. 고체 형태의 DHMO에 장시간 노출되면 신체 조직에 심각한 손상을 입는다. DHMO를 흡입하면 다량의 발한, 다뇨, 복부팽만감, 구역질, 구토, 전해질 이상 증상이 나타날 가능성이 있다. DHMO 의존증 환자에게 금단증상은 곧 죽음을 의미한다.
>
> DHMO는 수산水酸의 일종으로, 산성비의 주요 성분이다. 지구온난화의 원인인 '온실효과'와도 관련이 있다. 또한 열상의 주요 원인이자 지표 침식의 원인이기도 하다. 많은 금속을 부식시키고 자동차의 전기 계통 이상과 브레이크 기능 저하를 야기한다. 절제해낸 말기암 조직에는 이 물질이 반드시 포함되

어 있다.

이 물질로 인한 오염은 생태계에도 영향을 미친다. 다량의 DHMO가 미국 내의 하천, 호수, 저수지에서 발견되고 있다. 오염은 전 지구적으로 남극 빙하에서도 발견되었고, 미 중서부와 캘리포니아에서만 수백만 달러에 이르는 피해를 초래했다.

이런 위험에도 불구하고 DHMO는 용해와 냉각 목적으로 산업 현장에서 사용되고 있으며, 원자력 시설과 발포 스틸 롤 제조, 소화제, 동물 실험에도 쓰이고 있다. 농약 발포에도 이용되며 세정 후에도 오염이 남는다. 그뿐 아니라 특정 종류의 '정크푸드'에도 다량 함유되어 있다. (이하 생략)

여기까지 읽은 사람들은 대부분 이런 위험한 물질은 바로 규제해야 한다고 생각할 것이다. 그런데 일산화이수소란 'H2O', 즉 물이다. 규제와 근절은 불가능하다. 위의 내용이 거짓은 아니다. 하지만 어떤 사항을 어떻게 다루는가에 따라 관점은 완전히 달라진다.

다른 예로는 상대론이 있다. 서로 스쳐 지나가는 한쪽 로켓에 타고 있는 A의 입장에서 보면 또 다른 로켓에 타고 있는 B의 시간이 늦다. 하지만 B의 입장에서 보면 A의 시간이 늦다. 어느 쪽이 맞는 걸까. 두 사람 다 맞는다. 시점이 달라지면 다르게 보인다. 이 원리를 미디어 리터러시에도 그대로 적용할 수 있다. 다케우치가 말했다.

"문제의 근원은 신문과 텔레비전이 보도하는 내용을 나라는 필터를 거치지 않고 그대로 받아들이는 데 있겠군요."

"그래서 베스트셀러가 쉽게 나오죠."

"다들 읽으니까요."

"다들 읽으니까 나도 읽죠. 다들 사니까 나도 사고요. 그런 충동이 무척 강한 나라예요."

"동의합니다."

"이번 STAP 세포 사건도 그 연장선에 있는 것 같습니다."

"문제가 드러나면 성한 곳이 없어질 때까지 두들겨패죠. 그런데 이번 사건의 의문점인 과학적 분석은 전혀 이루어지지 않고 있어요. 그 사건 이후 같은 업계 사람들은 다들 그런 식으로 일하는 것 아니냐는 시선 때문에 곤혹스러워하고 있고요. 세계적으로도 '일본 그렇게 안 봤는데' 하는 식으로 바라보지 않습니까. 참 당혹스러워요."

조금은 잡담이 되어버렸다. 나는 한 번 더 궤도를 수정한다.

"만약 따님이 '우리는 어디서 와서 어디로 가는 거야?'라고 물으면 뭐라고 대답하실지 아직 말씀을 못 들었는데요."

## 우리는 어디서 와서 어디로 가는지조차 알지 못한다

"가족과 생활하면서 항상 느낍니다. 우리는 모르는 것이 너무 많습니다. 어디서 왔는지도 어디로 가는지도 모르겠습니다. 인간이라 그런 겁니다. 이 문제를 줄곧 생각해왔지만, 결국 전혀 철학적이지 않은 답에 다다랐습니다.

안타깝게도 우리는 어디서 왔는지도 어디로 가는지도 모릅니다. 그건 과학으로도 물리로도 풀 수 없는 문제예요. 어떤 사람은 종교적 설명을 붙입니다. 아니면 과학적인 설명을 하면서 아는 척해도 되겠지요. 그렇지만 '모르는 게 너무 많다'는 전제 아래에서 무엇을 할 수 있을까. 그런 느낌인 것 같습니다. 딸아이에게는 이렇게 말할 것 같습니다. 학교에서는 수학 시간에 하는 것처럼 정답이 있는 공부를 하겠지만, 앞으로는 그것이 진짜 정답이 아닐 수 있어. 실제 사회에서 쓰이는 수학은 정답을 모르는 문제가 대부분이야. 그래서 엔지니어들이 새로운 것에 도전하지. 과학자들은 여러 방정식을 고안하고. 다들 모르기 때문에 그렇게 하는 거야. 그런 식으로 조금씩 알아가는 거고. 그래도 대부분 거의 모르는 채로 남게 돼."

다케우치는 여기까지 말한 후 할 말을 찾는 듯 잠시 침묵했다가 다시 이야기를 이어갔다.

"철학자나 다양한 사람들이 영겁회귀 등을 말하지 않습니까. 완전히 똑같은 일이 반복된다는 발상인데요, 한편으로 지금 이 순간은 유일합니다. 이것에 대해 끊임없이 생각한 결과, 그들은 이 순간이 단 한 번밖에 없다는 사실과 영겁회귀가 같다는 사실을 깨달았어요. 그래서 그토록 끈질기게 영겁회귀에 대해 계속 고민하는 것이 아닐까, 저는 그런 결론에 이르렀습니다.

저는 방금 '우리는 어디서 왔고 어디로 가는가'라는 명제에 대해 인생은 단 한 번뿐이라는 뜻으로 '지금이 중요하다'고 말했어요. 한 번뿐인 인생과 무한하게 되풀이되는 영겁회귀는 과학적으로 구별할 수 없습니다. 둘이 같으니까요. 이것이 저의 답이 될 수 있을지."

다케우치는 이렇게 말하면서 커피 잔을 입으로 가져갔다. '우리는 어디서 왔고 어디로 가는가'라는 명제에 대한 다케우치의 답을 요약하면 '단 한 번뿐인 인생과 무한하게 되풀이되는 영겁회귀'가 된다. 니체의 아날로지를 잘 연구했다는 느낌도 없지 않아 있다. 그러나 매우 성실하게 고민한 끝에 나온 답이라고 볼 수도 있다. 여하튼 다케우치다운 답이다. 나는 "그 영겁회귀라는 생각에는 종교적 요소도 약간 있네요"라고 슬쩍 말했다. 다케우치는 조용히 고개를 끄덕였다.

"매번 다른 인생을 살 수 있는 건 아닙니다. 영겁회귀는 매우 무시무시하고 궁극적인 순환입니다. 영겁회귀와 단 한 번뿐인 순간은 사실 완전히 똑같아요."

"스티븐 호킹은 다수의 저서를 통해 우주는 무한하게 팽창과 수축을 반복한다고 주장했습니다. 우주 수준에서는 시간과 공간을 같은 요소로 볼 수 있죠. 저는 공간이 팽창과 수축을 한다면 마찬가지로 시간도 팽창하고 수축하지 않겠는가, 즉 지금 이 순간이 언젠가 다시 돌아오지 않겠는가, 하고 생각한 적이 있습니다. 다만 시간의 방향은 반대겠지요. 그걸 영원히 반복하는 겁니다."

"저도 그렇게 생각합니다. 그렇다면 완전히 돌이킬 수 없게 되는 거죠. 영원히 반복된다면 지금 제대로 잘해둬야 합니다. 실수해도 다시 노력하면 되는 게 아니에요. 최근에 제가 호킹의 스승인 로저 펜로즈의 책 《시간의 순환*Cycles of Time*》을 번역했어요. 펜로즈는 우주의 시작과 끝은 수학적으로 동일하다고 주장합니다. 우주는 점점 팽창합니다. 즉 우주의 끝은 아무것도 없던 시작과 같다는 말이 됩니다."

"그 경우 시작은 우주 인플레이션, 즉 양자우주보다 더 이전이라는 뜻이네요. 그럼 허시간imaginary time이라는 건가요?"

"허시간은 호킹의 가설입니다. 펜로즈는 조금 달라요. 물질이 없고 질량이 없을 때 수학적으로 의미가 있는 것은 각도뿐입니다. 시간과 공간은 팽창과 수축을 하기 때문에 역시 의미가 없죠."

"각도요."

나는 한 번 더 반복해서 말했다. 갑작스러웠기 때문이다. 수학적으로 유의미한 것은 각도뿐이다. 으음. 하지만 듣고 보니 그럴 수도 있겠다는 생각이 든다. 길이와 무게는 상대적이고 실체도 의심스러우니까.

"스케일이 크든 작든 각도만은 불변입니다. 공간이라는 개념은 애매모호해도 각도는 항상 존재하죠. 즉 우주의 시작과 끝을 말할 때도 의미를 가질 수 있는 것은 각도뿐입니다. 시간도 공간도 길이도 무게도 무의미하죠. 펜로즈는 이것을 두고 우주의 시작과 끝이 같다고 단언합니다. 철학자가 영겁회귀를 말하듯이 우주학자도 마찬가지로 모든 것이 순환하는 우주를 말합니다. 초끈이론도 그렇습니다."

"그런데 순환우주론은 지금 상황이 좀 좋지 않죠."

내가 말했다. 다케우치는 고개를 끄덕였다.

"호킹의 우주론이 꽤 후퇴하고 있긴 합니다."

"방금 전 동양철학 이야기가 나왔는데, 그것도 말하자면 순환이죠. 그 부분이 양자론과 잘 맞을지도 모릅니다."

"양자론을 가미한 우주론과 신이라는 주제가 또 상당히 잘 맞죠."

다케우치의 말에 동의하면서 나는 해야 할 질문은 웬만큼 다 했다고 생각했다. 예정한 시간은 진작 지나 있었다. 나는 오부나이를 바라보았다. 오부나이가 "과학자로서 본인이 나이 들어 죽는다는 사실은 어떻게 인지하고 계시는지요"라고 물었다. 그렇지. 죽음에 대해서 이야기를 더 들어봐도 좋겠다. 다케우치가 고개를 갸우뚱하자, 오부나이는 "그러니까 육체를 가진 자신과 과학자로서 자신이 인지하는 죽음에 어떤 차이가 있는지, 아니면 같은지요"라고 덧붙였다.

"…죽음이라는 건 내가 지금 세상을 인지하는 시스템이 기능하지 않게 되는 일이라고 생각합니다. 그렇다면 지금까지 한 신의 말씀은 어디로 갔는가 하는 말이 나올 텐데.

일단 내가 가진 정보가 딸에게 전달되었죠. DNA정보는 물론이고, 생활 속에서도 다양한 정보가 전달돼요. 내가 이 세계에서 하고 있는 다양한 활동도 누군가의 뇌 내 정보로 축적될 겁니다. 지금 이렇게 말하는 내용도 여러분이 죽기 전까지 정보로서 축적됩니다. 인간은 살아 있는 한 여러 사물과 장소에 흔적을 남깁니다. 그런 새로운 정보가 더 이상 추가되지 않는 것이 곧 저의 죽음이라고 생각합니다. 이 세계에서 정보가 서서히 줄어들어 적어질 테죠. 뭐, 그런 이미지입니다. 저는 생명을 정보라는 관점으로 인지하고 있거든요."

"두려움은 없으십니까?"

내가 질문하자 다케우치는 "지금으로선 없네요"라고 즉답했다.

"그건 다케우치 씨가 신앙을 가졌기 때문인가요?"

"그 이유가 클 것 같습니다."

이날의 인터뷰는 여기서 마쳤다. 이후는 잡담. 그러나 여기까지 녹취록을 읽으면서 알게 된 것이 있다. 다케우치는 생명을 정보로 인지한다. 당연한 말이지만 그건 언젠가는 사라진다. 자손이 계속 태어나는 한 DNA는 남겠지만, 전달되어 다음으로 계승될 뿐이라는 관점을 취할 수도 있다. 다케우치나 나 같은 일을 한다면 책이나 영상 등으로 다소 오랫동안 남을 수 있겠지만, 그것도 (길어봐야) 100년 혹은 200년일 것이다. 우주와 인류의 역사로 보면 한순간이다. 물론 거대한 의미의 순환론을 따를 수도 있겠으나, 적어도 나나 여러분은 그대로 재현되지 않는다(고 생각하는 편이 좋다).

그것이 생명. 거기에 신은 절대 개입하지 않는다.

물론 다케우치도 그런 자각을 하고 있다. 그래서 "지금까지 한 신의 말씀은 어디로 갔는가 하는 말이 나올 텐데"라고 덧붙였다. 그때 말해야 했다. 그 모순에 대해서도 조금 더 이야기를 듣고 싶다고. 그것은 종교 신자이자 과학자라는 데서 오는 모순인가, 아니면 살아 있는 인간이라면 모두 안고 있는 번민인가.

지금 메일을 보내 물을 수도 있다. 하지만 그렇게 하지 않기로 한다. 그렇게 해도 '우리는 어디서 왔고 어디로 가는지'에 대해서는 여전히 알 수 없다. 당연하다. 답을 얻지 못할 거라 처음부터 예상하고 있었다. 알 수 있을 리가 없다.

중요한 것은 정답이 아니다. 거기에 이르는 과정이다. 치열하게 고민할 것, 모순과 번민에서 눈을 돌리지 않을 것.

11장

# 우리는 어디서 와서 어디로 가는가

모리 다쓰야에게 묻다

## 지금까지 말하지 못한 부모님의 죽음

연재를 시작하기 얼마 전, 아버지가 운명하셨다. 그러고 나서 반년 후 어머니도 그 뒤를 따라 돌아가셨다.

그래서 '우리는 어디서 왔고 어디로 가는가'는 그 시기의 나에게 더욱 절박한 명제였으리라.

그러나 이 연재에서 아버지와 어머니의 죽음에 대해 말할 수는 없었다. 이 연재에 두 분이 등장하는 건 딱 한 번. 그것도 첫 회에서다. 게다가 두 분의 죽음은 언급하지 않았다. 어릴 적 나와 두 분의 이야기를 했다.

그때는 더 이상 말할 수 없었다. 이 주제로 연재를 시작하는 데 부모님의 연이은 죽음이 큰 동기가 된 것은 틀림없다. 하지만 말할 수 없었다.

정확히 표현하면, 말하려고 했는데 못한 것이 아니라 말해야겠다는 생각조차 들지 않았다. 그래서 어떻게 해야 하나 하고 고민한 기억도 없다. 내 안에서는 말해야 하는 이야기가 아니었다. 두 분 모두 향년 여든셋. 결코 이른 작별은 아니다. 오히려 천수를 누렸다고 할 수 있다.

지금도 말할까 말까 하는 갈등은 없다. 지금까지의 내용을 다시 한 번 읽으면서, 그러고 보니 두 분에 대해 거의 말하지 않았다는 것을 알았다. 솔직하게 말하면 그 정도다. 그렇지만 내가 아는 아버지라면 너는 왜 우리 얘기는 하나도 안 하냐고 정색하며 말씀하실 것 같다. 어머니는 옆에서 빙그레 웃으면서 이상한 데서 망설인다니까, 하실지도 모르겠다.

…딱히 망설이는 건 아니지만.

장례식이 끝나고 유품을 정리했다. 상자 몇 개 분량의 책과 잡지와 신문이 있었다. 절반 이상은 내가 낸 책이었고, 나머지는 내 인터뷰와 기고문이 게재된 잡지와 신문이었다. 해당 페이지에 포스트잇 대신 가스 요금 영수증과 슈퍼에서 받은 영수증, 잘게 찢은 티슈 등이 끼워져 있었다.

…이제 안 계시는구나.

상자를 정리하면서 문득 생각했다. 죽는 게 무섭다고 울던 어린 아들을 앞에 두고 당황하면서도 죽는 건 잠자는 거나 마찬가지라고 말하며 달래던 두 분은 이제 이 세상에 없다. 틈만 나면 아들의 인터뷰가 실린 잡지와 신문을 모아 그 페이지에 가스 요금 영수증과 슈퍼 영수증을 끼워놓던 두 분은 여러 흔적을 남긴 채 이 세계에서 홀연히 사라져버렸다.

때때로 이상한 기분이 든다. 왜 두 분은 이 세계에 없는가. 왜 사라져버렸나.

묘는 어머니의 고향인 우쓰노미야에 있다. 두 분을 모시고 살던 남동생 부부가 가끔 가서 살피고 있다. 올해 오봉(우리의 추석에 해당하는 일본의 명절—옮긴이)에 성묘하러 갔다가 저녁에 집에서 함께 술을 마시던 중 동생이 말을 꺼냈다. "사실은 말이야, 이상한 일이 있었어."

남동생의 말에 따르면, 오봉 연휴 바로 전날 한밤중에 거실에 있던 탁상시계가 갑자기 울렸다고 한다. 동생 부부는 옆의 침실에서 자고 있었다. 잠이 덜 깬 동생이 알람을 껐다고 했다. 나는 고개를 갸웃했다.

"별로 이상한 일은 아닌데."

동생은 잠시 입을 다물었다. 어떻게 설명할지 생각하는 모양이었다.

"…그때는 밤중이어서 잠에서 덜 깬 채로 거실에 나가 알람을 끄고 다시 잠들었거든. 그런데 이튿날 아침에 생각해보니, 그 시계는 몇 년 동안이나 멈춰 있었더라고."

나는 시계를 바라보았다. 동생 부부가 필리핀에 다녀오면서 선물로 사온 장난감 같은 탁상시계다. 부모님은 시계로는 사용하지 않고 장식품으로 거실 텔레비전 옆에 놓아두었다. 내가 말했다.

"뭐, 어쩌다 보니 움직였겠지. 특별히 신기한 일도 아니네."

"아니, 건전지를 빼놨다니까."

이렇게 말한 뒤 동생이 그 시계를 가져왔다. 나는 술잔을 탁자 위에 내려놓고 시계 밑면을 봤다. 건전지가 없긴 했다.

"언제 뺐어?"

"한참 됐지."

으음, 하고 말문이 막힌 나에게 동생은 "오봉이다, 하는 신호였나" 하고 중얼거렸다. "아니면 묘에서 집으로 왔다고 말하고 싶었나."

그때는 뭐, 아버지라면 장난으로 그 정도 일은 하실 법도 하지, 하고는 더 이상 이야기하지 않았다. 옆에 앉아 있던 제수씨가 "어머님 보고 싶다"라고 숙연하게 말했는지도 모르겠다. 한창 저녁을 먹는 중이었다. 이튿날 성묘 때문에 아침 일찍 나서야 해서 그날은 일찍 잠자리에 들었다. 물론 시계는 더 이상 울리지 않았다.

그 후 한 달이 지났다. 건전지를 빼놓은 시계의 알람이 울렸다. 아무리 생각해도 있을 수 없는 비합리적인 현상이긴 하지만, 영혼이 어쩌고 하는 생각은 지금도 없다. 이과가 아니라 전문적인 것은 잘 모르지만, 어쩌다 보니 그때 전자장의 대전이 포화(용어부터 이상하지만) 상태였거나, 아니면 알람용으로 작은 전지가 세팅되어 있었거나, 설명 가능한 이유가 분명히 있을 거라고 생각한다. 그리고 내가 아는 아버지 어머니라면, 가령 건전지가 없는 시계의 알람을 울릴 정도로 현실에 간섭할 힘이 있다면 더 여러 가지의 사인을 보냈을 것이다.

죽은 이후에도 영혼이 변함없이 존재한다면, 인간은 어디서 왔고 어디로 가는지를 고민할 필요가 없다. 어디서 왔는지는 몰라도 어디로도 가지 않으니까.

안타깝지만 그렇지는 않다(고 생각한다). 인간은 반드시 어디론가 간다. 이곳에서 사라진다. 어디로 가는지는 모른다. 그냥 어디에도 없다고 생각하는 편이 나을지도 모른다.

그러나 때때로 생각한다. 혹시 '없어진 것이 아닌' 걸까. 뒤에서 계속 보고 있는 걸까. 혹은 가끔씩 (어디선가) 오는 걸까. 그렇다면 가끔은 말을 걸어주면 좋겠다. 모습을 보여주면 좋겠다.

어찌 되었든 2년 남짓한 연재 기간 동안 나는 편집 담당 오부나이 겐이치로와 함께 분자생물학자부터 우주물리학자, 우주공학자, 과학 저널리스트, 행동생태학자, 뇌과학자 등 여러 분야의 과학자를 만나 인간은 어디서 왔고 어디로 가는가를 주제로 각 분야 최첨단의 정보를 들을 수 있었다. 까다로운 사람, 상냥한 사람, 수다스러운 사람, 과묵한 사람 등 성격도 다양했다. 공교롭게도 후쿠시마 제1원전과 STAP 세포 사건으로 과학적 관점과 사회, 그리고 과학 저널리즘의 근간에 크게 균열이 생긴 시기이기도 했다.

당연히 인터뷰에서 이 주제를 언급한 사람도 매우 많았다. 그러나 기본적으로는 대부분 생략했다. 중요한 주제라고 생각하지만(특히 방사능과 내부 피폭은), '인간은 어디서 왔고 어디로 가는가'라는 명제와는 상당한 거리감이 느껴졌기 때문이다.

나는 1장에 '발버둥 치고 싶다'고 썼다. 그러니까 지난 2년 반은 계속 발버둥 치고 몸부림친 시간이었다. 당연한 말이지만 '인간은 어디서 왔고 어디로 가는가'에 대한 명확한 해답을 얻으리라고는 전혀 기대하지 않았다. 그러나 최첨단 과학을 연구하는 많은 과학자들의 이야기를 들으면서 발끝에 무언가가 닿는 듯한 감촉은 몇 번 느꼈다. 물론 발끝이다. 그 무언가가 무엇인지조차 여전히 알지 못한다.

하지만 닿은 것만은 분명하다. 부드럽지만 심이 있는 무언가가. 너무도 미묘한 감촉이었지만 말이다.

## 덧붙이자면 끝이 없다

이 책은 이번 장으로 마친다. 그 전에 보충할 내용이 몇 가지 있다. 그중 하나는 진화론이다. 이른바 신다윈주의. 이것은 이 연재의 중요한 키워드였고 '인간은 어디서 왔고 어디로 가는가'를 생각하는 데 있어서도 중요한 모티브였다.

돌연변이와 자연선택을 대전제로 삼는 신다윈주의는 내가 고등학생이었을 무렵인 1980년대에는 확고한 정설에 가까웠으나 현재는 상당히 흔들리고 있다고 생각하는 편이 나을 것이다.

물론 돌연변이와 자연선택은 기본이다. 그 밖에도 여러 요소가 있다. 다만 (후쿠오카 신이치, 하세가와 도시카즈와의 인터뷰에서 내가 말했듯이) 예를 들면 성 선택설을 포함시키더라도 설명할 수 없는 현상이 너무 많다.

최근 신다윈주의의 발전형으로 나타난 구조주의 생물학은 한 개의 유전자가 그 기능과 형태를 결정하는 것이 아니라 복수의 유전자 순열 조합에 따라 합성되는 단백질이 그것들을 결정한다는 가설을 제시한다. 그리고 이 가설에 따라, 유전자 자체는 변이하지 않더라도 그것이 발현되는 장소가 변하면 생명체의 형질이 크게 변한다는 사실이 밝혀졌다.

실제로 물벼룩의 두상돌기처럼, 유전자의 돌연변이가 일어나지 않더라도 외부 적의 존재 등 환경의 자극만으로 형태가 변하는 현상이 적지 않은 듯하다. 즉 이 경우 환경 자극이 유전자의 발현 패턴을 바꾸는 진화 인자가 되었다고 추측할 수 있다.

자연선택에 대해서도 이제는 환경으로부터 도태된다는 논리에 형질이 바뀐 개체가 스스로 환경을 선택한다는 가설을 조합한 쪽이 좀 더 합리적이라고 여겨진다.

그런 의미에서, 현재는 다윈주의적 진화가 바탕에 있다 해도 스티븐 제이 굴드가 제창한 단속평형설(생물의 진화는 단계적이고 돌발적으로 일어난다), 기무라 모토오의 중립 진화론(진화의 메커니즘에는 적응이 아니라 유전적 유동이 중요하다), 린 마굴리스가 제창한 공생진화론(진화의 원동력은 개체 간 경쟁이 아니라 공생이다), 그 공생의 개념을 더욱 확대한 이마니시 긴지의 서식권 분할론(종 사회를 구성하는 종 개체 전체가 동시다발적으로 변이한다) 등이 다양하게 조합되는 추세다.

우주의 시작을 설명할 때 말하는 '진공의 요동'에 대해서도 (내가 현재 이해하는 범위에서) 보충하고자 한다.

이 '진공'을 '무無'로 바꿔 말할 수도 있다. 그렇다면 '무'는 무엇인가. 언어로 하면 아무것도 없는 상태다. 즉 에너지(질량)가 제로. 아무것도 없다는 것은 확실하다. 그러나 더 작은 에너지의 진공은 존재하지 않는 걸까.

수학적으로는 있을 수 있다. 마이너스 에너지를 가진 진공이다. 0보다 작은 마이너스 에너지(질량)가 존재한다. '무'라 해도 무언가가 있다.

선문답 같지만 양자론에서 말하는 진공은 결코 '아무것도 없는' 상태가 아니다. 항상 전자와 양전자의 가상 입자로서의 쌍생성과 쌍소멸이 일어나고 있다고 여겨진다.

1948년 조지 가모George Gamow가 발표한 빅뱅 가설은 훗날 우주배경복사가 관측된 후 정설이 되었다. 그러나 빅뱅이 왜 일어났는지는 가

모뿐만 아니라 아무도 설명하지 못했다. 결국 '신의 일격'을 꺼내들 수 밖에 없다.

알렉산더 빌렌킨Alexander Vilenkin은 진공에서 물질과 반물질이 태어나 바로 사라짐으로써 요동이 발생하고 마침내 빅뱅으로 연결된다고 생각했다. 사토 가쓰히코는 이 논리를 수식화하여 지수함수적 우주 팽창 모델을 발표했다. 통칭 인플레이션 이론이다. 비슷한 시기에 미국의 소립자물리학자인 앨런 하비 구스Alan Harvey Guth도 비슷한 논문을 발표했다.

마이너스 에너지로 가득한 진공에서는 마이너스 전자와 양전자가 쌍으로 생성된다. 그러나 서로 각각 마이너스와 플러스이므로 생겨나서는 부딪쳐 사라져버린다. 이것이 바로 진공의 요동이다.

사토와 구스는 우주 탄생 $10^{-36}$초 후부터 $10^{-34}$초 후 사이에 발생한 진공의 요동에 따라 상相전이가 일어나, 유지되던 진공의 에너지가 열이 되어 빅뱅을 일으켰다고 생각했다. 그러나 인플레이션 이론을 따르더라도 결국 $10^{-36}$초 전의 우주에 대해서는 알 수가 없다. 역시 '신의 일격'이라는 여지가 남는다.

…내가 이해한 수준에서 간단히 써봤지만, 사실 내가 정말로 이해하고 있는 건지 의심스럽다. '양자론적 진공'이나 '터널 효과', '허시간' 등의 어휘와 개념을 쓰지 않을 경우 더 자세히 설명해야 하는데, 나는 양자론적 진공과 허시간의 의미를 제대로 이해하지 못하고 있다.

아, 그렇다. 시간에 대한 고찰도 빠져 있다. 시간이란 무엇인가. 시간은 왜 일방향인가. 아인슈타인의 특수상대성이론에 따라 뉴턴이 발표한 절대 시간은 부정당했다. 시간은 수축하고 팽창한다. 중력에 따라 진행이 다르다. 공간과 일체화한다. 유카와 히데키湯川秀樹는 시간의 최소 단위를 상정했고, 호킹은 시간의 끝을 부정하기 위해 허수의 시간을 만들었다. 초끈이론과 베이비 유니버스 등 시공과 관련된 개념은 지금도 업데이트되는 중이다.

가끔씩 상상한다. 지구에서 300광년 떨어진 곳에 정밀도가 어마어마한 망원경을 설치해 지구를 살펴보면 300광년 전의 정경이 눈앞에 펼쳐질 것이다. 60광년 떨어진 곳에서는 우리 부모님의 청춘 시절이 보일 것이다. 약 500광년 떨어진 곳을 찾으면 신대륙을 발견하기 전후 콜럼버스의 얼굴을 볼 수 있을 것이다. 2,000광년 떨어진 위치에서는 예수의 탄생을, 500만 광년 떨어진 위치에서 아프리카 대륙으로 렌즈를 돌리면 최초의 인류가 사냥하는 모습을 관찰할 수 있을 것이다.

여기까지 읽은 여러분은 이렇게 생각할 것이다. 그럼 지구에서 몇 광년 떨어진 위치에 망원경을 놓으면 과거의 나도 볼 수 있겠구나. 그 나는 울고 있을 수도, 웃고 있을 수도, 절망하고 있을 수도, 환희에 차 소리를 지르고 있을 수도 있다. 그 순간 나를 감싸고 있던 빛의 입자가 지금도 우주에 가득 차 있다. 사라지는 일은 없다. 계속 남아 있다.

진화론과 우주의 시작과 시간에 대해 (이과의 방식과 문과의 방식을 섞어가며) 보충 설명을 해보았다. 이 밖에도 덧붙여야 할 내용이 많다. 정말로 많다. 끝이 없다. 그리고 아마도(가 아니라 틀림없이) 정답을 찾지 못할 거라는 사실도 알고 있다. 그러니 슬슬 펜을 놓아야겠다.

그렇지만 앞으로도 계속할 것이다. 계속 생각할 것이다. 나는 어디서 왔고 어디로 가는가. 그리고 무엇인가. 아마 죽을 때까지 계속 생각할 것이다.

끝으로 최첨단 연구 현장에서 활약 중인 이과계 지성과 백 퍼센트 문과형 인간이 마주 앉아 대담을 하는 기획을 제안하고, 나아가 교정 작업을 마치기까지 크나 큰 조언과 도움을 아끼지 않은 아내 야마자키 히로코에게 가장 큰 마음을 담아 감사의 뜻을 전한다. 고맙습니다.

이상하고 거대한 뜻밖의 질문들

**초판 1쇄 인쇄** 2019년 1월 22일
**초판 1쇄 발행** 2019년 2월 1일

**지은이** 모리 다쓰야 **옮긴이** 전화윤 **펴낸이** 김종길 **펴낸곳** 글담출판사 **브랜드** 아날로그

**기획편집** 이은지 · 이경숙 · 김진희 · 김보라 · 김은하 · 안아람
**마케팅** 박용철 · 김상윤 **디자인** 정현주 · 박경은 · 손지원 **홍보** 윤수연 · 김민지 **관리** 박은영

**출판등록** 1998년 12월 30일 제2013-000314호
**주소** (04029) 서울시 마포구 월드컵로8길 41(서교동)
**전화** (02) 998-7030 **팩스** (02) 998-7924
**페이스북** www.facebook.com/geuldam4u **인스타그램** geuldam
**블로그** blog.naver.com/geuldam4u **이메일** geuldam4u@naver.com

ISBN 979-11-87147-37-4 03400
* 책값은 뒤표지에 있습니다.
* 잘못된 책은 구입하신 곳에서 바꾸어 드립니다.

* 이 도서의 국립중앙도서관 출판시도서목록(CIP)은 e-CIP 홈페이지(http://www.nl.go.kr/ecip)와 국가자료공동목록시스템(http://www.nl.go.kr/kolisnet)에서 이용하실 수 있습니다. (CIP 제어번호 : 2018043154)

**만든 사람들**
**책임편집** 김은하 **본문 디자인** 손지원 **교정·교열** 최정수